Beck'sche Reihe

BsR 1252

BsR

„Die Chemiker sind komische Leute. Sie spüren in sich einen verrückten Drang, sich zu freuen an Rauch und Dämpfen, Ruß und Flammen, Gift und Armut. Aber das Leben mit all diesen Übeln scheint mir so süß zu sein, daß ich eher sterben möchte, als mit dem Kaiser von Persien zu tauschen." Johann Joachim Becher (1635–1682), vermutlich der erste Chemiker in Deutschland, kennzeichnet mit diesen Worten treffend die vorindustrielle Chemie, die um die Mitte des 19. Jahrhunderts endete. Sie war geprägt von Neugier und Experimentierfreude, von Versuch und Irrtum, von zuweilen tödlicher Naivität im Umgang mit hochgiftigen Verbindungen und von ersten Einsichten in den systematischen Aufbau der Elemente.

Ernst F. Schwenk porträtiert 17 dieser frühen, oft noch alchemistischen Traditionen verhafteten Chemiker, die – wie der Erfinder des Meißener Porzellans Johann Friedrich Böttger – leicht mit einem Fuß auf der Treppe zum Galgen stehen konnten, wenn sie ihr Versprechen, Gold herstellen zu können, nicht einzulösen imstande waren. Schwenk schlägt in diesem „Zeitalter der chemischen Amateure" den Bogen von den alchemistischen Wurzeln über die immer exakter werdende Naturerkenntnis bis hin zu den Begründern der wissenschaftlichen Chemie, Martin Heinrich Klaproth und Justus von Liebig.

Über den biographischen Zugang erschließen sich auf unterhaltsame Weise naturwissenschaftliche Erkenntnis und Zeitkolorit – Freunde von Anekdoten kommen auf ihre Kosten: So wurde der Stuhl, den Gay-Lussac in 7000 m Höhe aus seinem Ballon abwarf, um an Höhe zu gewinnen, zum Gegenstand einer theologischen Disputation: Der Stuhl mußte, da der Himmel „oben" war, ohne Zweifel aus dem Paradies stammen.

Ein Buch, wie man es sich wünscht: Wissenschaftsgeschichte als reines Lesevergnügen!

Dr. *Ernst F. Schwenk* war in der chemischen Industrie tätig. Er ist Autor zahlreicher Publikationen zur Chemie- und Technikgeschichte. Für sein Buch *Mein Name ist Becquerel – Wer den Maßeinheiten den Namen gab* erhielt er 1995 den DVT-Preis „Technik und Öffentlichkeit".

ERNST F. SCHWENK

Sternstunden der frühen Chemie

von Johann Rudolph Glauber bis Justus von Liebig

VERLAG C.H.BECK

Mit 42 Abbildungen

Die Deutsche Bibliothek – CIP Einheitsaufnahme

Schwenk, Ernst:
Sternstunden der frühen Chemie von Johann Rudolph Glauber bis Justus von Liebig / Ernst F. Schwenk. – Orig.-Ausg. – München : Beck, 1998
(Beck'sche Reihe ; 1252)
ISBN 3 406 42052 4

Originalausgabe
ISBN 3 406 42052 4

Umschlagentwurf: Uwe Göbel, München
Umschlagabbildung: Der Quacksalber (Der Alchemist), Gemälde von David Teniers d.J. (1610–1690), Ausschnitt.
Foto: Museum der bildenden Künste, Leipzig

Gesamtherstellung: C. H. Beck'sche Buchdruckerei, Nördlingen
Gedruckt auf säurefreiem, alterungsbeständigem Papier
(hergestellt aus chlorfrei gebleichtem Zellstoff)
Printed in Germany

Inhalt

Zu diesem Buch

„Es läßt sich wohl behaupten, daß die Geschichte der Wissenschaften die Wissenschaft selbst sei. Man kann dasjenige, was man besitzt, nicht rein erkennen, bis man das, was andere vor uns besessen, zu erkennen weiß."
Johann Wolfgang Goethe

Mit dieser Behauptung könnte Goethe heute wohl wenig Beifall ernten. Zu gewaltig ist das Wissenschaftsgebäude seit Goethes Zeiten angewachsen, zu groß wäre der zeitliche Aufwand, wollte man alles erkennen und erlernen, was frühere Generationen an Wissen besessen haben. Profunde Kenntnisse in der Wissenschaftsgeschichte sind heute nicht mehr unerläßliche Voraussetzung, in der Wissenschaft Großes zu leisten.

Andererseits: Historische Zusammenhänge zu erkennen, schärft den Blick. Welcher Chemiker hat sich nicht schon gefragt: Wie hat das alles angefangen? Wer hat das kleinste, zugleich aber wichtigste chemische Element gefunden, den Wasserstoff? Wem verdanken wir die Entdeckung der elementaren Gase Sauerstoff und Stickstoff, der Alkalimetalle Natrium und Kalium, der Halogene Chlor und Jod? Wer hat das Reagenzglas erfunden und das Filterpapier, die Spritzflasche und den Scheidetrichter? Und wer war es, der jenes System von Kürzeln ausgebrütet hat, die Symbol- und Zeichensprache, die uns Chemikern über alle Sprachgrenzen hinweg eine fachliche Verständigung ermöglicht?

Wer sich über die Entdecker und Erfinder aus der Frühzeit der chemischen Wissenschaften ein Bild machen will, hat einige Probleme, fündig zu werden. Den einschlägigen Nachschlagewerken kann er kaum mehr als die Geburts- und Sterbedaten entnehmen, dazu noch – in Stichworten – einiges über ihre wichtigsten Arbeitsgebiete. Wesentlich mehr Mühe kostet es, eine eingehendere Würdigung ihres Lebenswerkes oder gar eine Beschreibung des persönlichen Lebensweges zu finden. Zwar gibt es über die meisten Chemiepioniere Biographien oder zumindest Aufsätze in biographischen Sammelwerken. Für den eiligen Leser, wie auch für den in dieser Wissenschaft weniger Bewanderten sind diese Quellen jedoch ihres Umfangs und der zahlreichen Fachausdrücke wegen weniger geeignet.

In diesem Buch werden die Schwerpunkte etwas anders gesetzt. Im Vordergrund steht der forschende, neugierige Mensch, sein Leben, das familiäre Umfeld, seine Arbeitsgebiete. In zweiter Linie gewähren die Biographien Einblick in die Zeit vor der Industriellen Revolution, in eine Zeit, als das Wissen um die Materie und den Mechanismus chemischer Reaktionen noch sehr lücken- und laienhaft war. Es wird gezeigt, welche Konstellationen, Irrwege und Zufälle zu den großen Entdekkungen und Erfindungen geführt haben. Erst in dritter Linie, sozusagen über die Hintertreppe, erfährt der Leser einiges über chemische Stoffe, Reaktionen und Anwendungen. Dabei reichen Schulkenntnisse für das Verständnis aus, komplizierte chemische Formeln sind nicht zu befürchten.

Die Liste der hier porträtierten Vordenker der Chemie ist nicht vollständig. Um den Umfang des Buches zu begrenzen, mußte eine Auswahl getroffen werden. Auch die Biographien selbst können nicht den Anspruch erheben, das Leben der betreffenden Forscher lückenlos zu beschreiben. Ergänzende Erklärungen und Querverweise findet der interessierte Leser in den Anmerkungen. Wer sich eingehender mit der Frühzeit der Chemie und ihren Hauptdarstellern beschäftigen möchte, wird auf das Literaturverzeichnis im Anhang verwiesen.

Zur besseren Orientierung in der Chemiegeschichte dient eine Zeittafel. Wer auf Reisen den Vorvätern der Chemie Reverenz erweisen möchte, findet im Anhang außerdem eine Aufstellung über einschlägige Museen und die noch erhalten gebliebenen Gedenkstätten und Grabmäler.

Dieses Buch ist kein Lehrbuch. Es wurde von einem Chemiker nicht nur für Fachkollegen geschrieben, sondern vor allem auch für Menschen, die den Naturwissenschaften und ihrer Geschichte gegenüber aufgeschlossen sind. Ihnen – aber auch Lehrern, Studenten und Schülern – erlauben die Lebensläufe der großen Forscher möglicherweise einen leichteren Zugang zu den Wurzeln der chemischen Wissenschaften.

Das Zeitalter der großen Amateure

Daß man Wollgewebe mit dem Saft der Indigopflanze blau und mit dem Sekret der Kermesschildläuse scharlachrot färben kann, wußten schon die alten Römer. Die Ägypter verwendeten Bleisulfid für die Herstellung der Augenschminke und Kiefernharz zum Einbalsamieren ihrer toten Könige. Weitere Beispiele chemischer Tätigkeiten, die bereits in der Antike bekannt waren, sind die Seifenherstellung aus pflanzlichen Ölen und Pottasche, die Bereitung von Bier, Käse und Wein mit Hilfe von Gärungsvorgängen, das Glasschmelzen und das Glasieren von keramischen Erzeugnissen.

Im Mittelalter begannen die Menschen Arzneien, Genußmittel und Giftstoffe herzustellen und anzuwenden; sie lernten, Erze zu Blei, Silber und Kupfer zu verhütten und aus Tierhäuten Leder zu gerben. Alle diese Handwerkskünste beruhten auf chemischen Verfahren, die auf empirischer Grundlage entwickelt wurden. Die streng gehüteten Rezepte wurden vom Vater auf den Sohn vererbt, und keiner der Söhne fragte sich, welcher Art die Triebkräfte seien, die bei diesen chemischen Vorgängen zusammenwirken. Der Gerber benötigte keine chemischen Kenntnisse, um zu wissen, wie lange das Kalbsfell in der Lohe liegen muß, der Seifensieder brauchte nicht zu begreifen, warum die Seife schäumt. Es genügte die Erfahrung und die Einhaltung des althergebrachten Rezepts.

Die Frage „Warum?“ wurde erst sehr spät gestellt. Aber dieses kleine Wort war die unerläßliche Voraussetzung, damit sich – etwa ab der 2. Hälfte des 17. Jahrhunderts – aus der handwerklichen eine auf wissenschaftlichen Erkenntnissen basierende technisch-industrielle Chemie entwickeln konnte.

Wenn man so will: Es gibt für das Geburtsjahr der chemischen Industrie sogar ein genaues Datum. Es war 1655, als der aus Karlstadt am Main stammende *apothecarius* Johann Rudolph Glauber in Amsterdam die erste Werkstätte für die gewerbliche Herstellung chemischer Produkte gründete. Glauber ließ sechs große, aus Stein gebaute Werkhäuser errichten, die mit Öfen, Blasebalgen und hohen Schornsteinen ausgerüstet waren. Mit mehreren Gehilfen produzierte er in diesen Werkstätten Essig und Branntwein, Salmiakgeist und Salzsäure, Höllenstein (Silbernitrat) und Antimonbutter. Glauber war der erste *chymicus,* der von den Produkten seiner Arbeit existieren konnte. Aber auch er lebte noch überwiegend in und von der Empirie, er bezog sein Wissen vom Halbwissen seiner Vorgänger und aus den geheimnisvollen Büchern der Alchemisten.

Der erste Forscher, der durch hartnäckiges Fragen nach dem „Warum?“ das Tor zu einer wissenschaftlichen Erforschung der chemischen Zusammenhänge aufstieß, war der spleenige englische Aristokrat Henry Cavendish. Er bemerkte 1772, daß die Luft aus mehreren „Lüften“ – Gasen – zusammengesetzt ist. Und er entdeckte den Wasserstoff. Diese Ersttat bildete den Auftakt für eine Serie weiterer Entdeckungen, die im Laufe der nächsten 150 Jahre Schritt für Schritt den chemischen Bauplan der Materie enthüllten. Scheele identifizierte die Luftbestandteile Sauerstoff und Stickstoff, Priestley das Ammoniak und den Chlorwasserstoff, Klaproth fand die Metalle Uran und Titan, Runge das Anilin und Schönbein das Ozon.

Der Franzose Lavoisier lehrte seinen Forscherkollegen das genaue Wiegen und legte damit die Grundlage für die chemische Analytik, der Schwede Berzelius steuerte eine ausgefeilte Labortechnik bei und dachte sich die chemische Zeichensprache aus. Das erste großtechnische Verfahren stammt von Nicolas Leblanc. Mit seiner kleinen Sodafabrik bei Paris gab er – ungewollt – den Anstoß für die Entwicklung einer später mächtigen anorganischen Industrie in England und Deutschland.

Die in diesem Buch geschilderten Pioniere haben entscheidend dazu beigetragen, der Chemie den Weg zu einer modernen Naturwissenschaft zu ebnen. Es waren Privatgelehrte,

Theologen, Heilkundige, Apothekergesellen, Rechtsgelehrte, die sich von dieser „Geheimwissenschaft“ bezaubern ließen. Keiner von ihnen hatte eine spezielle chemische Ausbildung erhalten. Wo hätten sie auch ein ordentliches Chemiestudium absolvieren können? Das Fach Chemie wurde noch an keiner Hochschule gelehrt. Sie selbst waren es, die mit ihrer Suche nach den Bausteinen der Materie erst das Lehrgebäude zu errichten begannen. Sie schickten sich an, das undurchdringliche Gestrüpp von unverstandenen Reaktionen, philosophisch-mythologischen Deutungsversuchen und Irrlehren beiseite zu räumen, zum Nutzen nachfolgender Forschergenerationen.

Der letzte in der Reihe großer Entdecker, die in diesem Buch beschrieben sind, ist der gelernte Apotheker Justus von Liebig. Er war der große Reformator, der all seine Vorläufer an Klarheit der Gedanken, an Energie und Durchsetzungsvermögen überstrahlte. Er war der erste, der 1839 das Lehrfach der experimentellen Chemie an einer deutschen Universität (Gießen) einführte. Durch seine systematische Ausbildung der Nachwuchs-Chemiker schuf er die Voraussetzung für die Führungsrolle der deutschen Chemie.

Zwei Jahrhunderte liegen zwischen Johann Rudolph Glauber und Justus von Liebig. In diesen zweihundert Jahren haben geniale „Hobbyforscher“ ein neues Wissensgebiet erschlossen, auf dem später „Vollblut-Chemiker“ wie Robert Wilhelm Bunsen (1811–1899) und August Kekulé (1829–1896), Dimitri Mendelejew (1834–1907) und Emil Fischer (1852–1919) das mächtige Gebäude der exakten Naturwissenschaft Chemie errichteten.

Der Zeitraum zwischen 1650 und 1850 war für die chemische Wissenschaft das *Zeitalter der großen Amateure*. Ihnen, den Entdeckern und Erfindern aus der Frühzeit der Chemie ist dieses Buch gewidmet. Es enthält die biographischen Porträts jener Amateure, die mit ihren Forschungen der Chemie entscheidende Impulse gegeben haben. Der Autor wünscht dem Leser viel Vergnügen auf dieser Expedition in die graue Vorzeit einer faszinierenden Wissenschaft.

Wiesbaden, im Frühjahr 1998 *Ernst F. Schwenk*

Sal mirabilis Glauberi

Johann Rudolph Glauber, deutscher Apotheker
* etwa 1604 in Karlstadt am Main
† 10. März 1670 in Amsterdam

Wer an Darmträgheit leidet, findet in der Apotheke ein altbewährtes Hausmittel, das Glaubersalz. Der Patient fragt üblicherweise nicht nach der Zusammensetzung, auch nicht, woher das bei Verstopfungen hilfreiche Salz seinen Namen hat. Hauptsache, er fühlt sich nach der Einnahme erleichtert. Die chemische Zusammensetzung könnte der Apotheker schnell erklären. Es ist simples Natriumsulfat. Über den Ursprung des Namens „Glauber" müßte er dagegen schon etwas nachdenken. Johann Rudolph Glauber, ein Alchemist, in der frühen Neuzeit. Im Lexikon steht, er sei „der Vater der chemischen Industrie" gewesen. Wie kam er zu diesem Ehrentitel?

Die Entdeckung des Heilsalzes

Johann Rudolph Glauber ist in Karlstadt geboren, einem hübschen, an der „Bocksbeutelstraße" gelegenen Weinort am Main. Das genaue Geburtsdatum ist unbekannt. Der damalige Ortspfarrer, Hochwürden Kilian Breuttigam, hatte jahrelang versäumt, seine Täuflinge ordnungsgemäß zu registrieren. Glauber wußte wohl selbst nicht, wann er geboren ist, jedenfalls erwähnt er das Datum nicht einmal in seiner autobiographischen Rechtfertigungsschrift *Der wiederauferstandene Glauber.*[1]

Die Mutter stammt aus Karlstadt, der Vater, ein Barbier, aus dem Nachbardorf Hundsbach. Die Ehe ist mit 15 Kindern gesegnet, Johann Rudolph ist die Nummer acht. Der Junge be-

Johann Rudolph Glauber (etwa 1604–1670)

sucht die Lateinschule und kommt, nachdem beide Eltern gestorben waren, in die Obhut des Apothekers von Karlstadt, um sich in die Geheimnisse der *Ars pharmaceutica* einweihen zu lassen. Nach der Lehre begibt sich Johann, wie es damals üblich war, auf Wanderschaft. Er durchstreift, nach eigenen Worten, „ein zimlich theil von Europa".

Um dem Hofalchemisten des Kaisers Ferdinand II. etwas von seinen „hermetischen[2] Künsten" abzuschauen, reist Glauber 1625 nach Prag. Kaum dort angekommen, bricht in der Stadt die Pest aus. Der Kaiser und sein Hofstaat suchen schleunigst das Weite, Glauber schließt sich an. In Wien wird er von der „ungarischen Krankheit" (Fleckfieber) befallen. Schwerkrank schleppt er sich zu einer Heilquelle in der Nähe von Wiener Neustadt, trinkt von ihrem Wasser und wird wieder gesund.

Glauber denkt über dieses Wunder nach und fragt sich, woher wohl die Heilwirkung des Wassers komme. In der Kunst des „Distillirens" bewandert, dampft der Laborgeselle eine Probe des Wassers bis zur Trockene ein und untersucht das heilende Salz. Es besteht zum größten Teil aus Natriumsulfat. Warum sollte er das Heilwassser nicht künstlich herstellen und zum Verkauf anbieten? So könnte doch der Kaiser und sein Gefolge auch unterwegs in den Genuß eines Gesundheitstrunkes kommen. Aus Kochsalz und Schwefelsäure ist das Salz schnell hergestellt, das kaiserliche Gesinde freute sich, und der junge *apothecarius* wurde ein geschätzter Reisebegleiter.

Vagabundenleben

Für Glauber ist das Heilsalz, das später (und bis heute) seinen Namen trägt, der Ausgangspunkt einer beispiellosen Karriere. Es macht ihn zum ersten Chemiker der Geschichte, der vom Verkauf seiner Produkte leben kann. Im Jahr 1632 ist er in Frankfurt am Main zu finden, am Hofe König Gustav Adolfs von Schweden. Hier verdient der junge *apothecarius* seinen Lebensunterhalt mit der Kunst des Spiegelmachens, wobei besonders seine „Feuerspiegel" – Hohlspiegel – guten Absatz finden. Sie werden von den „fürnehmen Herren" zum Rasieren benötigt.

Wo Glauber sich in den nächsten Jahren herumgetrieben hat, ist nicht bekannt. Einmal taucht er in Salzburg auf, um das Grab seines geistigen Vorgängers Paracelsus[3] zu besuchen. Dann wird er in Paris, wenig später in Regensburg, Amsterdam und Basel gesehen. Es ist das übliche Wanderleben der Alchemisten und Quacksalber, die von Stadt zu Stadt, von Jahrmarkt zu Jahrmarkt ziehen, Wund- und Wundersalben anpreisen, ärztliche Hilfe leisten, gutgläubigen Menschen die Zukunft weissagen und mit allerlei Taschenspielertricks das Geld abluchsen.

Glaubers Verkaufsschlager auf den Märkten ist das *Sal mirabilis Glauberi,* das Glaubersche Wundersalz. Er preist es gegen Darmträgheit an und verkauft es an Kranke, denen die Reise nach Karlsbad zu beschwerlich ist. Mit seinen kristallisierten Hauskuren macht Glauber glänzende Geschäfte. Aber auch andere selbstgefertigte Heilsalben, Pülverchen und Tinkturen gehören zu seinem pharmazeutischen Angebot, beispielsweise solche aus „Arsenicum, Auripigmentum, Kobaltum, Zinnober, Mercurium und dergleichen gifftigen Mineralien, welche ich auf mancherley weyse habe tractirn müssen und dabei viel Gifft in den leib gezogen". Das „Gifft" ist für seine Gesundheit nicht gerade förderlich, deshalb ist er auch „solchen untüchtigen und gefährlichen Schmierwercks bald müde geworden". Dafür verlegt er sich jetzt auf den Verkauf „herrlicher Secrete" wie Ochsengalle, Dachsfett und Bocksblut. Auch Veilchensirup für die Kinder und Pflanzensäfte von Tollkirsche und Fingerhut finden immer guten Absatz.

Eine Dame namens Rebecca

Des ewigen Wanderns müde – und von einer Dame namens Rebecca verzaubert –, wird Johann Glauber endlich seßhaft. In Gießen heiratet er 1636 seine Angebetete und „versieht trewlich die Fürstlichen Hoff-Apothecken" daselbst. Weit weniger „trewlich" versieht die angetraute Ehefrau ihren Haushalt. Als der Hofapotheker einmal früher als erwartet von einer Einkaufsreise aus Amsterdam zurückkehrt, ertappt er seine Frau „auff meinem Bett bey meinem daselbstmahligen Diener im Ehebruch". Er habe, berichtet er später beruhigend in seinen Memoiren, „weder den Diener noch das Weib geschädiget, welches ich wol hätte tun können, weil ich das Gewehr noch bey mir hatte". Im Gegenteil, der betrogene Ehemann, Kavalier alter Schule, schenkt der Treulosen „ihre Kleider sampt einem Zehrpfennig und brachte sie ... auff ein Schiff nach Cölln". Auch er selbst muß Gießen bald den Rücken kehren. Die Wirren des Dreißigjährigen Krieges waren nach Hessen zurückgekehrt. „Alles ist verändert, und wer gekönt, hat sich in Sicherung salvirt".

Glauber „salvirt“ sich vorsichtshalber und geschäftlich nach Holland. Amsterdam war – neben Venedig – das europäische Zentrum des Chemikalienhandels. Hier standen die ersten Zuckerfabriken, hier wurde aus exotischem Holz[4] Campher extrahiert, hier blühte die Seifenfabrikation. In dieser chemie- und handelsfreundlichen Stadt gründet Glauber ein Laboratorium und produziert mit Hilfe von drei oder vier „Subjekten“ die verschiedensten Chemikalien für Handel und Handwerk, beispielsweise Spiritus, Salmiakgeist[5] und Ammonsulfat, sowie das *oleum salis*, heute als Salzsäure bekannt. Kupfervitriol und Silbernitrat sind ebenso im Sortiment zu finden wie Antimonbutter und natürlich die Hausmarke, das *Sal mirabilis Glauberi.*

Im Glauberschen Labor wird mit den damals modernsten Methoden gearbeitet. Es wird fraktioniert, dephlegmiert und rektifiziert, es werden Pflanzenteile digeriert und Naturstoffe extrahiert. Glauber führt das erste mechanische Rührwerk in die Laboratoriumstechnik ein und erweist sich als Meister der Destillationskunst. Auch beherrscht er das Glasbläserhandwerk. Die im Betrieb benötigten Retorten und Destillierapparate stellt er selbst her, zahlreiche neuartige Glasgeräte für den Laborbedarf, zum Beispiel Glastrichter, Tiegel und Glasstöpselflaschen, werden von ihm entwickelt und auf den Markt gebracht.

Als Jünger des von ihm verehrten Paracelsus[5] verwendet er Metallsalze für die Herstellung von Heilmitteln und das „hitzige und blutrote Oleum“ (phenolhaltige Gemische) für die Wundbehandlung. Im Hinterhof läßt er ein landwirtschaftliches Versuchsfeld anlegen, um die Wirkung des von ihm künstlich hergestellten Salpeters auf das Getreidewachstum untersuchen zu können.

Das alles zeigt eine für das Zeitalter der Alchemie erstaunliche Weitsicht. Zu Recht wird Glauber stets als Mitbegründer der modernen Chemie genannt.

Das Destillieren von Schwefelsäure, Holzschnitt 17. Jh.

Flucht vor den Gläubigern

Die feuchte Luft in Amsterdam bekommt dem erfolgreichen *apothecarius* Glauber gar nicht gut, „... und weilen er auch die Holländische Kost nicht vertragen" hat, muß er sich „nothwendig wieder in den Ehestand (desto bessere wartung zu haben) begeben". Und er fügt hinzu: „Hätte mir sonst das vorige eine Warnung seyn lassen und wäre vielleicht nimmer zur Ehe geschritten". Diese zweite eheliche Verbindung, 1641 mit Helene, der Tochter eines Herrn Cornelis aus Flensburg geschlossen, gestaltet sich harmonisch und wird mit acht Kindern beschenkt. Einer der Söhne, Jan Glauber, gilt als einer der besten niederländischen Landschaftsmaler seiner Zeit.

Nach Ende des 30 Jahre dauernden Krieges liegt Europa wirtschaftlich am Boden. Auch in Amsterdam gehen die Geschäfte schlecht, das Glaubersche Labor macht bankrott. Um sich der Gläubiger zu erwehren, muß Glauber die Stadt fluchtartig verlassen – er verliert dabei die Laboreinrichtung und seine gesamte Habe. Seine Familie läßt er nach Bremen nachkommen, um sich dann mit Sack und Pack auf dem Land- und Wasserweg in die angestammte Heimat durchzuschlagen. In Wertheim am Main, wo der gute Frankenwein gedeiht, mietet er sich ein Haus und richtet wieder ein Laboratorium ein. Ihn lockt jedoch weniger der Wein, sondern die Weinhefe, aus der er den wertvollen Weinstein gewinnen kann.

Aufruhr in Kitzingen

Zwei Jahre später zieht Glauber nach Kitzingen und kauft sich dort ein steinernes Haus, das „Schlößlein". Er bekommt das Privileg, „Weinstein aus Heffen zu pressen", daneben stellt er auch Essigsäure her. Dann steigt er ganz groß in den Weinhandel ein, sehr zum Mißvergnügen der einheimischen „Weinküffer". Sie rebellieren und intrigieren gegen den „geschäftstüchtigen Holländer" und setzen alle Hebel in Bewegung, damit er möglichst bald wieder aus der Stadt verschwinde.

Auch mit den Apothekern der Stadt legt sich Glauber an. Seine *Panacea antimonalis*, eine antimonhaltige Zubereitung mit stark schweißtreibender Wirkung, auch als Brechmittel verwendet, beschert ihm einen so großen Zulauf von Kranken, daß er sich täglich mehrere Stunden Zeit nehmen muß, um „ihnen Audientz und Medizin zu geben". Und diese verabreicht er seinen Patienten kostenlos, zum verständlichen Ärger der einheimischen Ärzte.

Das Faß zum Überlaufen bringt schließlich ein mit großer Verbitterung geführter Rechtsstreit gegen den „Speyrischen Dom-Stiffts Schaffner" Fahrner. Dieser hatte von ihm „Secrete" (Fabrikationsgeheimnisse) erhalten, den versprochenen Verkaufspreis aber nie bezahlt.

Nach vier streitbeladenen Jahren tut Glauber den empörten Küfern, Apothekern und Medizinern endlich den Gefallen und verläßt 1655 das ungastlich gewordene Kitzingen. In Frankfurt verlädt er die Laboreinrichtung sowie die auf 15 Köpfe angewachsene Familie samt Hausrat auf ein Segelschiff nach Holland. In Amsterdam, „auf der Keysers Grafft", gründet er erneut ein Chemieunternehmen. Dort baut er einen großzügigen Laboratoriumskomplex mit mehreren Abteilungen, jede speziell auf das jeweilige Produktionsverfahren eingerichtet. Die erste Abteilung stellt Beizen und Farbstoffe für die Tuchfärber her, in der nächsten wird Gerste zu Malzextrakt verarbeitet, ein Stärkungsmittel für werdende und stillende Mütter. Die Kirchenbauer können im dritten Labor das azurblaue und rubinrote Glas für Kirchenfenster bestellen, und im vierten kaufen die Konditoren den aus Trauben, Rosinen und eingedicktem Most hergestellten Traubenzucker. Das *Laboratorium Glauberianum* wird zur ersten Chemiefabrik der Welt.

„Thu nicht alles, was du kannst ..."

Der große *chymicus* Glauber steht nun nicht mehr selbst im Labor, sondern beschäftigt Handwerker, Laborkräfte und Verkäufer. Er denkt über die Grundsätze chemischer Reaktionen nach und formuliert seine Erkenntnisse über die Wirkungen der chemischen Verwandtschaft, der Affinität. Von seinen Laborkräften läßt er Pflanzensäfte untersuchen und findet dabei die Alkaloide Strychnin und Morphin. Er beschäftigt sich mit der Konservierung von Lebensmitteln und mit der Bereitung von Trinkwasser aus Seewasser. Die Ergebnisse werden in einem Buch über die Methoden, „wie sich die Seefahrenden vor Hunger und Durst ... bewahren können", veröffentlicht.

Weitere Themen sind die Kristallbildung, die Herstellung von Aceton und Acrolein, die trockene Destillation des Holzes und die Produktion von Kaliumchlorat, das zur Herstellung von Zündhölzern benötigt wird. Die Biographen bescheinigen dem Autodidakten Johann Rudolph Glauber eine unglaubliche Vielseitigkeit, Phantasie und Energie.

Das unstete Leben, das ständige Arbeiten mit Arsenik und Chlorwasserstoff, das ungeschützte Einatmen giftiger Dämpfe

Das Firmensiegel von Johann Rudolph Glauber zeigt die alchemistischen Symbole der wichtigsten Rohstoffe, die in seiner Fabrik verarbeitet wurden:

Antimon ♁

Kupfer ♀

Grauspießglanz ♂

Zinnober ♃

C = Kristalle 

Ein Lorbeerkranz umgibt die chemischen Zeichen – wohl das Symbol für Glaubers wissenschaftliche Verdienste.

fordert seinen Tribut. Seit 1660 leidet Glauber an einer geheimnisvollen Krankheit (vielleicht die Folge einer Quecksilbervergiftung). „Meine Hände zitterten wie Espenlaub und außer Haut und Knochen hatte ich höchstens noch 10 Pfund Fleisch am Körper". Von 1666 an ist er teilweise gelähmt und für die letzten vier Jahre seines Lebens ans Bett gefesselt. Aber selbst in dieser Lage bleibt Glauber nicht untätig, er setzt seine literarischen Arbeiten fort, sogar in verstärktem Umfang. 1668, in seinem „Anno Climakterio" (65. Lebensjahr) erscheint die Schrift *Glauberus concentratus oder Laboratorium Glauberianum.*

Geradezu moderne Züge trägt sein sechsbändiges Werk: *Dess Teutschlands Wohlfahrt.* Hier ist er ganz Patriot, hier führt er beredte Klage über die wirtschaftliche Benachteiligung des Standortes Deutschland. „Teutschland ist von Gott sonderlich hoch begabet mit allerhand Bergwerken. Mangelt es nur an erfahrenen Leuten ...". Und an anderer Stelle: „Warum sind wir so schlecht, daß wir unser Kupffer nach Holland ... und das Bley nach Venedig schicken müssen, Spanisch-Grün und Bleyweiss daraus zu machen, denen wir es hernach theuer abkaufen." Es folgt ein siebenbändiges Opus, *Opera Omnia*, ein Rückblick auf sein Arbeitsleben, seine Erfindungen und Verfahren.

Nach einem arbeitsreichen, erfolgreichen Leben stirbt Johann Rudolph Glauber am 10. März 1670 in seiner Wahlheimat Amsterdam im Alter von 66 oder 67 Jahren. In den nachgelassenen Papieren findet sich ein kurzes Gedicht, das man als Quintessenz seiner Lebenserfahrung ansehen könnte:

Thu nicht alles / was du kannst,
Sag nicht alles / was du weißt,
Glaub nicht alles / was du hörst!

Wenig ist geblieben von diesem Vordenker der Chemie, verblaßt ist die Erinnerung an seine Erfindungen, an die bewundernswerten Unternehmerfähigkeiten, vergessen sein Beitrag zur Laboratoriumstechnik und zur chemischen Nomenklatur. Doch sein größter Verkaufsschlager wirkt noch heute Wunder, wenigstens in gewissen unangenehmen Situationen: Das *Sal mirabilis Glauberi*.

Milchweißes Gold

Johann Friedrich Böttger, deutscher Alchemist
* 4. Februar 1682 in Schleiz
† 13. März 1719 in Dresden

Alchemisten, die fernen Vorläufer der heutigen Chemiker, genossen im 17. und 18. Jahrhundert hohes Ansehen. Doch sie lebten auch gefährlich. Manch einer, der vorgab, er könne Steine, Quecksilber oder Blei in pures Gold verwandeln, endete, wenn er den Beweis für seine alchemistischen Künste schuldig bleiben mußte, auf dem Galgenberg. So der neapolitanische Graf Cajetan[1]*, einer der berühmtesten Alchemisten seiner Zeit. Mit der öffentlichen Vorführung der „Transmutation" von Quecksilber in Gold hatte er bereits den englischen Schatzkanzler, den schwedischen König und sogar Kaiser Leopold I. beeindruckt und erkleckliche Vorschüsse ergaunert. Als er auch noch beim preußischen König*[2] *seine Schau abziehen wollte, geriet er an den Falschen. Nach einer abenteuerlichen Flucht wurde der Hochstapler im Jahr 1709 gefaßt und öffentlich gehängt.*

Leicht hätte dasselbe Schicksal dem Apothekergesellen Johann Friedrich Böttger blühen können. Auch er war mit seinen vorgeblichen Goldmacherkünsten ins Visier des geldgierigen Preußenkönigs Friedrich geraten. Nur die Flucht aus Berlin rettete ihn vor dem Strick – und eine geniale Erfindung. In demselben Jahr, als Cajetan in Küstrin am Galgen baumelte, war es Böttger gelungen, eine Mischung aus Ton, Quarz und Kalkspat in weißes Gold zu verwandeln, in Porzellan.

Laut Eintragung im Kirchenbuch seines Heimatortes Schleiz im Vogtland kam Johann Friedrich Böttger (oder Böttiger) am Sonntag, den 4. Februar des Jahres 1682,[3] zur Welt. Daß es ein

Sonntag war, darauf hat er immer großen Wert gelegt. Wahrscheinlich wollte er damit sagen, daß er ein Glückskind war, ein Goldjunge. Womit er nicht ganz unrecht hatte, wenn auch nur im wörtlichen Sinne. Sein Vater, ein „Münzcassirer“[4], starb schon früh, die Mutter siedelte nach Magdeburg über und heiratete dort den Stadtmajor und Ingenieur Tiemann. Das war der erste Glücksfall im Leben des kleinen Johann, denn der Stiefvater hatte sowohl den Wunsch als auch die Fachkenntnisse, den Jungen etwas Ordentliches lernen zu lassen. Er unterrichtete ihn in den Fächern Mathematik, Chemie, Fortifikation und Feuerwerkerei. Womit er den Grundstein legte für eine große Karriere. Eine Karriere mit Hindernissen allerdings, wie sich zeigen sollte.

Die rothe Tinctur

Mit knapp 13 Jahren kam Johann Friedrich zum Apotheker Bartolomäus Zorn in Berlin in die Lehre. Dort schloß er Freundschaft mit einem Lehrgenossen, der alte Schriften der berühmten Alchemisten Raimundus Lullus[5] und Paracelsus[6] besaß. Für die beiden Freunde war das eine faszinierende, aber auch verführerische Lektüre. Ganze Nächte verbrachten sie in der Apotheke und versuchten, die geheimnisvollen Rezepte nachzukochen. Als dann ein griechischer Mönch namens Lascaris auftauchte, der vor ihren eigenen Augen zwei Lot Mercur (Quecksilber) in feinstes Gold verwandeln konnte, da waren alle Dämme gebrochen. Für die beiden Lehrlinge stand fest: Jetzt wollten sie selbst Gold machen. In ihrer Begeisterung kauften sie dem Mönch für teures Geld ein Fläschchen der „rothen Tinctur“ ab.

Die „rothe Tinctur“ spielte in der Alchemie eine große Rolle. Sie wurde – nach einem Geheimrezept – folgendermaßen hergestellt: „Während 12 Tagen behandelt man Pferdedünger mit den Säften des Schöllkrauts bei gelinder Wärme. Danach destilliert man daraus einen roten Saft, die rothe Tinctur. Diese vermischt man wieder mit Pferdedünger, es bilden sich Wür-

Johann Friedrich Böttger (1682–1719)

mer heran, die sich gegenseitig auffressen, bis auf einen einzigen. Diesen füttert man wieder mit Schöllkraut, bis er so groß wie eine Kröte geworden ist. Jetzt verschließt man das Gefäß und setzt es aufs Feuer, bis der Wurm stirbt. Man äschert die sterblichen Reste des Wurmes ein. Die Asche wird mit Vitriolöl[7] vermischt. Auf diese Weise erhält man den Stein der Weisen, der, auf geschmolzenes Blei geworfen, dieses in reines Gold umwandelt.“

Flucht und reumütige Rückkehr

Zum Leidwesen der beiden Experimentatoren kam Apotheker Zorn hinter das nächtliche Treiben; es setzte ein Donnerwetter. Der 13jährige Lehrling Böttger floh – wohin ist unbekannt – und experimentierte auf eigene Faust weiter. Viel Erfolg war ihm dabei nicht beschieden, schon ein halbes Jahr später tauchte er wieder in Berlin auf. Nachdem er dem Lehrherrn hoch und heilig versprochen hatte, „sich hinfüro alles Laborirens und Sudelns zu enthalten und blos die Apotheke zu versehen", wurde der Reumütige in Gnaden wieder aufgenommen.

Doch die Katze läßt das Mausen nicht: Böttger experimentierte unbeirrt und unbemerkt weiter, angefeuert und angeleitet von dem stadtbekannten Alchemisten Kunckel[8]. Im Juli 1701 konnte der Lehrling Böttger stolz die Frucht seiner nächtlichen „Sudeleien" vorweisen: Einen Batzen gediegenen Goldes, transmutiert (umgewandelt) aus Mercur, Blei und Silber. Nachdem ein Goldschmied den Goldregulus[9] für echt erklärt hatte, war jeder Zweifel beseitigt: Der 16jährige Böttger war ein richtiger Goldmacher. Der Lehrherr allerdings war skeptisch, er warnte den Lehrling, nach seinen Erfahrungen würden „Goldmacher mehrenteils in Narrethei und Unglück geraten", und der Stiefvater beschuldigte ihn sogar, er sei ein gemeiner Dieb. Dennoch, auf inständiges Bitten der Mutter, wurde Böttger von der Lehre losgesprochen[10].

Die Nachricht von der (angeblich) gelungenen Transmutation sprach sich schnell herum, das Gerücht drang bis an den preußischen Hof. Friedrich I., soeben zum König gekrönt, reagierte prompt. Die Krönungsfeierlichkeiten[11] im fernen Königsberg hatten die Staatskasse fast völlig geleert, und die Möglichkeit, sie durch transmutiertes Gold wieder auffüllen zu können, war zu verlockend. Er ließ sich das Böttgersche Goldstück[12] vorlegen und vom Hofjuwelier untersuchen. Der junge Goldmacher am Molkenmarkt ahnte Schlimmes und flüchtete Hals über Kopf nach Wittenberg. Der König tobte und nannte seine Beamten Esel, weil sie „einen so brauchbaren Kerl aus Berlin haben entwischen lassen".

Auf Böttgers Ergreifung wurden 1000 Taler Kopfgeld gesetzt. Einige Offiziere wurden in das sächsische Ausland mit der Weisung geschickt, Böttger unverzüglich nach Berlin zurückzuholen. Die Wittenberger Behörden waren damit keineswegs einverstanden. Der Statthalter von Sachsen, Fürst von Fürstenberg, verweigerte die Auslieferung und ließ Böttger sicherheitshalber arretieren. Es folgten diplomatische Verhandlungen, zwischen dem preußischen König und dem Sächsischen Kurfürsten wurden unfreundliche Briefe gewechselt; es gab Bestechungs-, ja sogar gewaltsame Befreiungsversuche. Als diese zu keinem Erfolg führten, änderten die Preußen ihre Taktik: Sie beschuldigten Böttger des Giftmords und Betrugs, versprachen ihm aber Straffreiheit, wenn er freiwillig nach Berlin zurückkehre. Der machte keine Anstalten, den Verlockungen zu folgen – und konnte das auch gar nicht, weil er im Kerker saß.

August der Starke[13] hielt sich in Warschau auf, als er von der Sache erfuhr. Eilends setzte er seinen Arzt Dr. Nehmitz nach Wittenberg in Marsch, mit dem Auftrag, den Häftling „ohne anderen Aufenthalt als Gottes Gewalt" nach Dresden in Sicherheit zu bringen und dort ins „Arrestlokal" zu stecken. Daß sich der starke August für den schmächtigen Apothekergesellen interessierte, war nicht überraschend. Als prunkliebender Monarch brauchte er Geld und immer wieder Geld, um seine protzigen Feste und die kostspieligen Bauten in Dresden finanzieren zu können. Auch für den Erbfolgekrieg gegen Schweden[14] hätte er einen Goldmacher vom Schlage des jungen Böttger nur gar zu gut brauchen können. Schließlich war er selbst ein leidenschaftlicher Alchemist und hegte keinerlei Zweifel, daß es möglich sei, aus Blei Gold zu machen, wenn, ja wenn nur die Zauberformel bekannt wäre.

Häftling „mit sattsamer Freiheit"

Böttger wurde nach Dresden gebracht. In der Alchemistenwerkstatt[15] des Schlosses blieb er unter strengster Bewachung, wenn auch „mit sattsamer Freiheit". In seinem Zimmer durfte er sich frei bewegen, aber die Fenster waren zugenagelt, weil befürchtet wurde, daß er Selbstmord begehen könnte. Die Wächter ließen den Edelgefangenen nicht aus den Augen. Ein Bergbaubeamter hatte die Aufgabe, ihn über seine alchemistischen Künste auszuhorchen. Niemand, außer dem Beamten und dem Leibmedikus Dr. Nehmitz, hatte Zutritt zu dem Häftling, nicht einmal der Barbier. Indes, mit dem Goldmachen ließ sich Böttger Zeit. Zuerst gab er vor, es fehle ihm an geeigneten Geräten, dann bedauerte er, die „rothe Tinctur“ in Berlin zurückgelassen zu haben. Zuerst müsse er die richtige Rezeptur wieder finden.

August der Starke hatte Geduld. Er verfügte, dem (zu)vielversprechenden Gefangenen ein Zimmer im Palais des Statthalters, des Reichsfürsten Anton Egon zu Fürstenberg, zuzuweisen; im Garten solle er frei spazierengehen dürfen. Alle Geräte, die er zum Goldmachen benötige, seien ihm sofort zu beschaffen. Doch Böttgers „hermetische“[16] Kunst wollte und wollte nicht gelingen.

Der Häftling erhielt soviel zu essen, wie er mochte, auch mit Branntwein wurde nicht gespart. Der Kurfürst schickte den besten Chemiker seines Landes, den Bergbaugeschworenen Gottfried Pabst von Ohain,[17] zu Böttger, um ihn zu beraten. Als das auch nichts half, gesellte sich der über die Grenzen Sachsens bekannte Physiker von Tschirnhaus[18] hinzu. Mit den beiden Koryphäen verstand sich Böttger bestens, aber auch mit vereinten Kräften gelang es dem Triumvirat nicht, den Stein der Weisen zu finden oder echtes Gold zu erschmelzen. Mit immer neuen Ausreden und dem Versprechen, eines Tages gewiß große Schätze liefern zu können, erkaufte sich der junge Alchemist immer wieder eine Galgenfrist.

Der geheimnisvolle „l’homme de Wittenberg“

Im Juni 1703 lud August der Starke, König von Polen, Böttger ein, an den Hof nach Warschau zu kommen. Der 18jährige nutzte die Gunst der Stunde und suchte das Weite. Nach einem Vierteljahr war der Traum von der Freiheit ausgeträumt: In Enns in Niederösterreich wurde der Ausbrecher wieder eingefangen und auf der Veste Königstein in der Sächsischen Schweiz inhaftiert.

Des Königs Langmut und sein Vertrauen in den potentiellen Goldmacher waren unerschütterlich. Auf sein Geheiß wurde der Gefangene wieder nach Dresden gebracht, damit er dort weiter seinen Goldmacherkünsten nachgehen konnte. Immer größere Summen verschlang das vergebliche „Laboriren", mit immer größerem Komfort wurde der Häftling verwöhnt – irgendwann mußte das Huhn doch goldene Eier legen.

Am Hof durfte der Name Böttger nicht mehr genannt werden, es wurde nur noch vom geheimnisvollen „l'homme de Wittenberg" oder einfach vom „Baron Schrader" gesprochen. Sollte sich der Häftling bei seinen Spaziergängen einem Gartentor nähern, hatten die Wachen Befehl, sofort auf ihn zu schießen, aber natürlich nicht scharf, nur mit dem Blasrohr. Verletzt werden durfte der hoffnungsvolle Staatsgefangene auf keinen Fall. Der König unterschrieb eine Order mit 36 Punkten, wie Böttger zu behandeln und das „Arcanum"[19] dem kurfürstlichen Haus zu bewahren sei. In diesem Schriftstück wurde auch schon über die zu erwartenden Gewinne disponiert, „damit ein so heylsam und nützlich Werck zu keinem Uebel möge benutzt werden".

Fünf Jahre war Böttger bereits in Gefangenschaft, als die Schweden in Sachsen einfielen.[20] Eilends wurde der Goldkoch in Sicherheit gebracht, zuerst nach Meißen auf die Albrechtsburg, dann wieder auf die als uneinnehmbar gehaltene Veste Königstein. Wenn schon nicht durch erfolgreiche Transmutationsversuche, so wollte sich Böttger wenigstens auf andere Weise beim kurfürstlichen Hof beliebt machen: Er verriet den bevorstehenden Fluchtversuch von anderen Staatsgefangenen. Das war für den König das einzig positive Ergebnis der einjährigen Festungshaft[21], von Gold war nach wie vor nichts zu hören, nichts zu sehen.

Schmelzversuche mit Hilfe der Sonnenenergie

Nach dem Friedensschluß mit Schweden (1706) kam der Staatsgefangene auf sein inständiges Bitten hin wieder zurück nach Dresden. In der „Vulkanshöhle", den Gewölben unterhalb der „Venusbastei",[22] von der Außenwelt streng abgeschirmt, wurde ihm ein Laboratorium eingerichtet. Graf von Tschirnhaus, der die Aufgabe hatte, zur Sanierung der Staatsfinanzen und zur Stärkung der sächsischen Wirtschaft die einheimischen Bodenschätze nutzbar zu machen, nahm sich Böttger als Gehilfen. Er merkte bald, daß der junge Gefangene ein geschickter und umsichtiger Experimentator war, und beauftragte ihn, seine chemischen Versuche fortzuführen.

Um mit Hilfe der Sonnenenergie sehr hohe Temperaturen zu erzeugen und Metalle zum Schmelzen zu bringen, hatte der Graf ein leistungsfähiges System von riesigen Sonnenspiegeln und Brennlinsen mit einem Durchmesser bis 1,60 m gebaut. Blei, Zinn, Kupfer und Silber verflüssigten sich unter den gebündelten Sonnenstrahlen in Sekundenschnelle, Dachziegel, Schiefer und Kiesel glühten auf und verglasten. Auch Tonerde schmolz zu kleinen Kügelchen zusammen und wurde dabei so hart wie chinesisches Porzellan.

Chinesisches Porzellan – bei diesem Stichwort wurde Graf von Tschirnhaus hellwach. Nur zu gut wußte er, daß August der Starke ein leidenschaftlicher Sammler von chinesischem Porzellan war. Er wußte auch, daß der Kursächsische Hof für die aus China importierten Porzellanvasen weit mehr ausgab, als es die Staatskasse erlaubte.[23] Auf der anderen Seite: Die Herstellung von Porzellan war ein vom chinesischen Kaiserhof streng gehütetes Geheimnis.

Über zwei Jahrhunderte lang hatten zahlreiche europäische Glasmacher, Alchemisten und Keramiker vergeblich versucht, das bereits im siebten vorchristlichen Jahrhundert in China erfundene, zur Zeit der Yüan-Dynastie (1280–1368) zu hoher Blüte entwickelte weiße Hartporzellan zu kopieren. War hier vielleicht ein Ansatzpunkt, der sächsischen Wirtschaft einen neuen Erwerbszeug zu verschaffen? Und warum sollte man nicht den jungen Böttger mit dieser Aufgabe betrauen, der mit seinen offensichtlich haltlosen Versprechungen, Gold zu machen, die Geduld des starken August früher oder später erschöpfen und sich selbst an den Galgen bringen würde? Immerhin hatte Böttger während seiner Lehrzeit bei dem berühmten Alchemisten Kunckel von Löwenstern[24] das Glasmachen gelernt, und wer Glas zu schmelzen versteht, müßte doch auch Porzellan bereiten können.

Nun ging alles sehr schnell. Der dicke August war mit dem Plan einverstanden, eine Manufaktur zu gründen. Zunächst sollten Fayence-Fliesen nach holländischer Art hergestellt werden. Absatzschwierigkeiten waren nicht zu befürchten, die aus Holland importierte „Delfter Ware" erfreute sich auch bei den Sachsen großer Beliebtheit. Aus den Tongruben von Colditz wurden 2000 Zentner reiner Ton, „nicht mit Erde oder Sand vermischt", nach Dresden gekarrt. Die Rentkammer war angewiesen, soviel Holz beizuschaffen, wie zum Brennen der Fliesen benötigt wurde. Böttger erhielt per Dekret – zum erstenmal in seinem Leben – ein monatliches Salär von 200 Talern, außerdem so viele Arbeiter, wie er wollte, sowie die Zusicherung, daß er über die zur Errichtung der Fabrik erforderlichen Gelder keine Rechenschaft ablegen müsse. Nur eines erhielt er nicht: die lange ersehnte Freiheit.

Dennoch, für Böttger begann nun eine lohnende Aufgabe, eine große Zeit. Jetzt konnte er endlich zeigen, was in ihm steckte, jetzt konnte er den Ruf abschütteln, er sei nur ein übler Scharlatan, ein alchemistischer Schwindler. Bei der Vorbereitung der Fayence-Produktion bewies er ein zielsicheres Gespür für die zweckmäßigste Technologie, ob das nun die Brenntechnik betraf, die Optimierung der keramischen Rezepturen, die Verbesserung der Glasuren oder die künstlerische Gestaltung. Sein Schwung übertrug sich auf die Massenbereiter und Porzellanbrenner, auf die Former und Maler. Er war der Inventor und Organisator, der Antreiber und Kumpel der Arbeiter, er war die Seele des ganzen Unternehmens.

Auf der Venusbastei wurde ihm ein neues, größeres Laboratorium errichtet. Mit einem Schuß Selbstironie ließ Böttger, anspielend auf seine frühere Tätigkeit, über dem Eingang den Spruch meißeln: „Gott, unser Schöpfer, hat gemacht aus dem Goldmacher einen Töpfer."

Der König schickte seinen Leibmedicus Dr. Bartelmei durch die Lande, um nach geeigneten Tonlagerstätten zu suchen. In

Leipzig auf der Messe bestellte dieser bei den Händlern Proben von möglichst hellfarbenen Tonen, in Nordhausen fand er „über alle Maßen rein weißen und zarten Alabaster", in Hamburg verriet ihm ein „curiöser" Töpfer seine Rezeptur für eine schöne, weißglänzende Glasur, in Lübeck durfte er verschiedene Brennöfen besichtigen (und heimlich Skizzen von der Konstruktion anfertigen).

Als Bartelmei nach Dresden zurückkehrte, war die „Steinbäckerei" in Dresden-Neustadt bereits angelaufen, aber Böttger beschäftigte sich schon mit ganz anderen Plänen. In alten Schriften[25] hatte er ein Rezept für „Barcelin"[26] gefunden, mit dem versteckten Hinweis, daß es vorteilhaft sei, „leicht- und strengflüssige Materien" miteinander zu verschmelzen. Als Materialien waren genannt „geschlemmte Thone, Kiesel, Muscheln oder Austernschalen und Knochen". Böttger begriff schnell, was er zu tun hatte, um das Geheimnis des chinesischen Porzellans zu lüften.

Zunächst galt es, mit Hilfe der fokussierten Sonnenstrahlen den Schmelzfluß der verschiedensten Tone, Kreiden, Gesteine und ihrer Mischungen genau zu beobachten. Dann fing er an zu experimentieren. Eine Mischung aus Ton und Glas ergab ein weiches Porzellan.[27] Wenn er aber das Glas durch Feldspat ersetzte und die Brenntemperatur steigerte, nahm die Härte erheblich zu. Immer deutlicher wurde ihm das Prinzip klar: Es kam offenbar darauf an, einen völlig unschmelzbaren Stoff mit einem leicht schmelzbaren bei möglichst hoher Hitze zu verbinden.

Böttger arbeitete mit seinen Gesellen wie ein Besessener. Immer neue Mischungen wurden eingeschmolzen, vergossen, abgekühlt, geprüft. Alle fünf „Laborieröfen" brannten Tag und Nacht, Schlafen wurde zur Nebensache. Mit dem „Nürnberger Rot", einer mit Eisenoxid verunreinigten Erde, die als *bolus sigillata* schon seit alters her für Heilzwecke verwendet worden war, gelangen besonders schön gefärbte, dazu noch sehr harte Scherben. Böttger nannte sie stolz und großspurig „Jaspisporzellan"[28] und sandte eine Probe an den König.

Zum nächsten Brand erschien dieser höchstpersönlich, in Begleitung seines Statthalters, des Fürsten von Fürstenberg.

Zum Beweis der hohen Qualität seines Jaspisporzellans nahm Böttger eine rote Teekanne aus dem Brennofen und warf sie in rotglühendem Zustand in kaltes Wasser. Die Kanne zersprang nicht, sie bekam nicht einmal einen Riß. August war begeistert und Böttger am Ziel seiner Wünsche. Wenigstens fast, denn noch fehlte ihm das weiße, harte, durchscheinende Porzellan.

Wieder begann die Suche, diesmal nach weißbrennenden Erden. Wieder wurde Dr. Bartelmei auf Reisen geschickt, nach Belgien zu den Alaunwerken, in die Alabastergruben von Nordhausen, zu den Töpferstädten Bunzlau und Altenburg. Unterdessen war Böttger, mehr aus Zufall, wieder auf die alten Proben aus der sächsischen Grube Colditz gestoßen. Das erwies sich als Glücksgriff, denn dieser Ton war tatsächlich unschmelzbar und blieb nach dem Brand schneeweiß. Es war reines Kaolin[29]. Eine Mischung aus 50 Teilen Kaolin, 25 Teilen Quarz und 25 Teilen Feldspat,[30] bei weit über 1000 °C eingebrannt, ergab einen Porzellanscherben, den Böttger poetisch als „semidiaphanum tremuli narcissuli ideam lacteam“ bezeichnete, als „halbdurchsichtig und milchweiß wie eine Narzisse“.

„Der gute weiße Porcelain“

Am 28. März 1709 konnte der Gefangene Böttger seinem König in einem „allerunterthänigsten Memoriale“ stolz vermelden, „er könne jetzt rotes und den guten weißen porcelain sambt der allerfeinsten Glasur und allem zubehörigen Malwerk“ herstellen. Das war – zum erstenmal – nicht gelogen. Johann Friedrich Böttger, 27 Jahre alt, hatte soeben das Meißener und damit auch das erste europäische Porzellan erfunden.[31]

Am 6. Juli 1710 wurde auf der Albrechtsburg zu Meißen per Dekret die „königlich-polnische und churfürstlich-sächsische Porcelain-Fabrique“ gegründet. Mit allen Mitteln wurde versucht, das streng gehütete Erfolgsrezept gegen Verrat zu sichern. Niemand durfte in die Burg gelassen werden, jeder Angestellte mußte einen heiligen Eid schwören. Kein Katholik wurde eingestellt – wegen der Ohrenbeichte, bei der er möglicherweise sein Geheimnis hätte ausplaudern können. Und Böttger selbst, obwohl Administrator der Fabrik und Chef von bis zu 30 Arbeitern, mußte als Geheimnisträger Nr. 1 weiterhin in seinem Gefängnis am Dresdener Elbufer ausharren. Nur selten durfte der Edelgefangene die Reise nach Meißen unternehmen, und wenn, dann nur unter strengster Bewachung.

Vom „ungerathen Gut" zum Weißen Gold

Das Unternehmen „Meißener Porzellan" stand von Anfang an auf wackligen Füßen. Obwohl die Gebäude in der Albrechtsburg kostenlos zur Verfügung standen, ging es nicht voran, denn es fehlte an allem. Rohstoffe, Holz, Brennöfen, Borax, Glasuren, Malfarben: Alles kostete Geld, viel mehr, als das königliche Rentamt beischaffen konnte. Da half es wenig, daß der König im fernen Warschau großzügige Anweisungen gab, alle nötigen Dinge zu beschaffen – wo nichts ist, hat auch der König sein Recht verloren.

Böttger schrieb alarmierende Berichte an die Behörden, er versprach, auf seinen Lohn zu verzichten, wenn man die Fabrik endlich unterstütze, er setzte Himmel und Hölle in Bewegung, um Kredite zu bekommen. Fast drei Jahre lang kam die Fabrikation nicht in Gang, die „Fatalitäten" rissen nicht ab. Mal fehlten Kalkspat und Borax, ein andermal die Schamottesteine für die Brennöfen, dann wieder wurde der Ton nicht geliefert. Vor allem aber fehlten die großen Brennöfen, die Temperaturen bis zu 1400–1450 °C standhalten mußten. Die dafür erforderliche Technik war noch nicht erfunden.

Der Administrator Böttger war in Geschäftsdingen völlig unerfahren, und er hatte zweifellos auch charakterliche Schwächen. Der Biograph Engelhardt beschreibt ihn einerseits als gutmütig, dann aber auch als „im höchsten Grade eigensinnig und mürrisch, ja oft dünkelhaft und ganz unausstehlich". „Böttgers gar unartiger Sinn, auch durchgehends die gar üble Wirtschaft" brachte das junge Porzellanunternehmen in große

Das Kurfürstliche Schloß zu Meißen um 1760,
links neben dem Dom die Porzellanmanufaktur

Schwierigkeiten. Verkaufsfähige Ware fiel zu wenig an, die Ausgaben überstiegen die Einnahmen bei weitem. Aber die Arbeiter mußten ihre Löhnung erhalten, damit sie nicht wegliefen, möglicherweise unter Mitnahme der Fabrikationsgeheimnisse.

Immer wieder bekam der in Polen weilende König herzzerreißende Briefe über die Notstände auf der Albrechtsburg, mehr als einmal mußte Böttger den bevorstehenden Ruin der Manufaktur ankündigen. Endlich kam die Porzellanproduktion in Gang, auf der Leipziger Ostermesse 1713 wurde – neben dem „Böttgersteinzeug“ – das erste Meißener Porzellan verkauft. Die Nachfrage war groß, die Preise waren hoch, zum erstenmal zeigte sich, daß das Geheimnis des „Weißen Goldes“ in der Tat Gold wert war. Aber es dauerte weitere zwei Jahre, bis nicht mehr ganz so viel „ungerathenes Gut“ aus dem Ofen kam.

Krankheit und Aufruhr in der Manufaktur

Am 19. April 1714 erhielt Böttger eine Nachricht, mit der er schon nicht mehr gerechnet hatte: Nach 13jähriger Gefangenschaft schenkte ihm der König die Freiheit.[32] Doch sie kam fast schon zu spät. Der ständige Kampf um das Geld, die ewigen Stänkereien innerhalb der Administration, das Intrigenspiel am Kurfürstlichen Hof, dazu noch die Hoffnungslosigkeit, jemals die Freiheit wiederzuerlangen – das war zuviel. Böttgers Gesundheit war schwer angeschlagen. Hinzu kam, daß er heimlich seine „Transmutationsversuche" wieder aufgenommen hatte, entweder um dem König mit dem erhofften Gold zu imponieren, oder – was näher liegt – um der Manufaktur eine neue Einnahmequelle zu erschließen. Natürlich war alle Mühe vergebens.

Was Böttger nicht wissen konnte: Weit entfernt, daß das Quecksilber sich in Gold verwandelte, hatten die Quecksilberdämpfe ihn selbst in einen todkranken Mann[33] verwandelt. Zunehmend litt der erst 32jährige an Husten und Herzmuskelschwäche, wochenlang lag er im hohen Fieber, und man rechnete mit seinem Tod. Nachdem er sich wieder etwas erholt hatte, waren seine Augen bereits so schwach, daß er nicht mehr lesen und schreiben konnte.

Kaum war der Genesene wieder in der Lage, sich um die Manufaktur zu kümmern, da folgte der nächste Schlag: Aus Warschau kam das Dekret, der König werde ab sofort alle Zahlungen einstellen. Die Fabrik möge sich – unter der alleinigen Direktion des Porzellanerfinders – künftig selbst finanzieren.

In der Manufaktur gab es Aufruhr. Zwei Monate lang hatten die Arbeiter keine Löhnung mehr erhalten, nun zogen sie im Protestmarsch nach Dresden, um die Rückstände einzufordern. Von der Krankheit geschwächt und völlig verzweifelt über die chaotischen Zustände auf der Albrechtsburg, verlor Böttger jeden moralischen Halt. Sein „Hang zu fröhlich kreisenden Bechern" brach wieder durch. Böttgers Schwager sagt es klarer, „daß er sich täglich dreimal mit Branntewein vollsaufe und überhaupt unansprechbar" sei. Es kamen Phasen

Das erste Wappen der Meißener Manufaktur,
darin die gekreuzten Schwerter

der Depression und Schlaflosigkeit, der Kranke wurde von Krämpfen geschüttelt. Auf der Albrechtsburg ließ er die Zügel schleifen. Beim König trafen Berichte ein, nach denen Böttger „bey der Manufactur alles in Confusion geraten läßt und alle Fehler auf andere schiebet".

Begraben „in aller Heimlichkeit und in der Finsternis"

Der Kranke bekam erneut hohes Fieber, sein Zustand verschlimmerte sich von Tag zu Tag. „Es hilft kein Kraut vor den Tod, ich muß fort, bin ein großer Sünder gewesen", sagte er zu seinem Schwager Meerheim. Dann übergab er ihm die Leitung der Fabrik und das *Arcanum*, das Fabrikationsgeheimnis der

Porzellanherstellung. Am 13. März 1719 starb Johann Friedrich Böttger, 37 Jahre alt. Erst zehn Tage später wurde seine Leiche begraben, „in aller Heimlichkeit und in der Finsternis".

Ehrungen hat der Erfinder des europäischen Porzellans zu Lebzeiten nie erfahren. Einige Jahrzehnte nach Böttgers Tod wollte ein Porzellanmacher auf seine Weise Wiedergutmachung leisten. Er schmückte seine Walzenkrüge (Bierseidel) mit Böttgers Porträt und der Unterschrift „Reichs Freyherr v. Böttger, Erfinder des Porcellains". Reichsfreiherr – dieser Titel hätte dem armen Böttger sicher gut gefallen. Ein freier Herr im eigenen Reich zu sein, das war immer sein Wunsch gewesen. Als er sich endlich erfüllte, war er bereits ein todkranker Mann. Aber sein Kind, das Porzellan mit dem weltbekannten Markenzeichen der „Blauen Schwerter", lebt und wird heute – fast – mit Gold aufgewogen.

Brennbare Luft

Henry Cavendish, englischer Privatgelehrter
* 10. November 1731 in Nizza
† 24. Februar 1810 in London

Seit Aristoteles' Zeiten galt als unumstößliche Wahrheit, daß die Welt aus vier Grundelementen besteht, aus Erde, Wasser, Feuer und Luft. Dieses allzu einfache Weltbild wurde im Jahr 1766 durch ein ebenso einfaches Experiment des „Right Honourable" Henry Cavendish widerlegt. Als er Eisenspäne in verdünnte Salzsäure warf, entwickelten sich feine Gasblasen, die er in einer Schweinsblase auffing. Jedesmal, wenn er dem Gas mit einer brennenden Kerze zu nahe kam, gab es eine Stichflamme und einen ohrenbetäubenden Knall. Cavendish bezeichnete das explodierende Gas als „inflammable air", als brennbare Luft. Es war der Wasserstoff. Cavendish zog aus diesem Experiment den logischen Schluß: Wenn es außer der normalen Luft auch noch eine brennbare Luft gibt, dann konnte das Gesetz des großen Aristoteles von den vier Grundelementen nicht stimmen. Diese Erkenntnis führte zu einer revolutionären Neuorientierung der Naturlehre. Der Knall der Gasexplosion wurde sozusagen zum Startsignal für die exakte Naturwissenschaft Chemie.

Der englische Naturforscher Henry Cavendish war ein Nachfahre zweier bedeutender Familien der englischen Hocharistokratie. Die Herzöge von Kent und von Devonshire waren Henrys Großväter, sein Vater, Lord Charles Cavendish, galt als einer der reichsten Männer Englands.

Henry Cavendish kam in Nizza zur Welt. Dort hatte die schwer lungenkranke Mutter Heilung in einem Sanatorium gesucht. Die Mutter starb, als das Kind zwei Jahre alt war. Mit neun Jahren kam Henry in das berühmte Hackney Seminar in

Henry Cavendish (1731–1810)

der Nähe von London, mit 18 begann er das Studium der Naturwissenschaften am Peterhouse College an der Universität Cambridge. Nach vierjährigem Studium glaubte er genug Weisheit erworben zu haben. Er verließ, wie das bei Aristokraten damals üblich war, die Universität ohne Abschluß: Sich einer Prüfung durch nichtadlige Professoren zu unterziehen, das war unter ihrer Würde.

Es folgte eine „Kavalierstour“ quer durch Europa, nicht unbedingt zu Forschungszwecken, eher um sich bei den Adelsfamilien nach einer passenden Braut umzusehen. Der gewünschte Erfolg blieb aus. Henry stieß bei den adligen Damen auf kühle Ablehnung, vermutlich wegen seiner angeborenen schrillen Fistelstimme. Der abgewiesene Freier machte keinen weiteren Heiratsversuch, er blieb sein Leben lang Junggeselle.

Geheimforschung mit tierischer Elektrizität

Nach London zurückgekehrt, richtete sich Cavendish in den Stallungen des väterlichen Stadthauses ein Laboratorium ein. Zunächst assistierte er dort seinem Vater, Lord Charles Cavendish,[1] der ein bekannter Hobbyforscher auf dem Gebiet der Elektrizität war. Viel zu tun gab es dabei allerdings nicht, die meiste Zeit konnte sich der Sohn ungestört mit seinen eigenen physikalischen und alchemistischen Experimenten beschäftigen, mit mathematischen Problemen und astronomischen Beobachtungen, auch mit der Untersuchung biologischer Kuriositäten. Beispielsweise versuchte Henry herauszufinden, worauf die Fähigkeit des Zitterrochens beruht, bei Berührung starke Schläge[2] auszuteilen. Mit Hilfe einer speziellen Technik wies er nach, daß es sich bei dieser „tierischen Elektrizität" um die Entladung elektrischer Energien handelt.

Womit er sich sonst noch in seinem Labor beschäftigte, blieb lange Zeit ein Rätsel. Cavendish war viel zu schüchtern, als daß er seine Forschungsergebnisse freiwillig an die Öffentlichkeit gebracht hätte.

Eine Zeitlang befaßte sich Cavendish mit dem giftigen Element Arsen, das zu jener Zeit nicht nur zur Bekämpfung der Fliegenplage verwendet wurde, sondern gelegentlich auch, um unliebsame Mitmenschen ins Jenseits zu befördern. Wie konnte man das Gift in den Leichen nachweisen? Bei der Behandlung des weißen Arseniks[3] mit Salpetersäure bemerkte Cavendish, daß sich braune Dämpfe[4] entwickelten. Das machte ihn stutzig: Gab es – wie wir heute sagen – Gase,[5] die mit der „natürlichen Luft" nicht identisch sind? Gab es vielleicht eine „künstliche Luft"? Und was ist das überhaupt, die Luft? Die

Beantwortung dieser Frage machte er nun zu seinem Lebensinhalt.

Die schwebende Schweinsblase

Einen ersten wichtigen Schritt zur Erforschung der Gase bildete das erwähnte Experiment, bei dem Henry Cavendish Eisenspäne, Zinkpulver oder metallisches Zinn mit Säuren übergoß und die sich dabei entwickelnde „inflammable air" (Wasserstoff) in einem Glaszylinder auffing. Die anschließend ausgelöste Knallgasexplosion machte ihm großen Spaß. Was ihn noch mehr erfreute, aber auch zum Nachdenken brachte: Wenn er das Gas in einer Schweinsblase sammelte, stieg der Ballon an die Zimmerdecke. Offensichtlich war diese „eigentümliche Luftart" leichter als die normale Luft.

Viele Jahre behielt Cavendish seine Beobachtungen für sich. Erst als ihm seine Kollegen von der *Royal Society* – deren Mitglied er seit 1761 war – keine Ruhe mehr ließen, schrieb er 1766 seine erste Publikation *Experimente mit künstlicher Luft.*[6] Sie erregte in Fachkreisen erhebliches Aufsehen: Wie konnte ein Privatforscher, ein akademischer Nobody es wagen, an den Grundfesten der Naturphilosophie zu rütteln? Für Cavendish war die Aufregung ein weiterer Anreiz, sich nun erst recht um das geheimnisvolle Neuland der Gase und Lüfte zu bemühen.

In einem ersten Schritt gelang es ihm, aus Kalkstein[7] (durch Behandlung mit Säuren) eine andere Sorte „künstlicher Luft" auszutreiben. Er bezeichnete sie als „fixe (d.h. gebundene) Luft".[8] Als er Mäuse, Spinnen und Fliegen in ein mit fixer Luft gefülltes Glasgefäß setzte, verendeten die Kreaturen in wenigen Minuten. Eine Kerzenflamme erlosch sofort. Besonders auffällig: Eine mit fixer Luft gefüllte Schweinsblase sank zu Boden. Scharfsinnig folgerte Cavendish aus dieser Tatsache, daß sich die beiden „Spielarten" der normalen Luft in ihrem Raumgewicht erheblich unterscheiden müßten. Hier sah er eine Möglichkeit, die verschiedenen Gase voneinander zu unter-

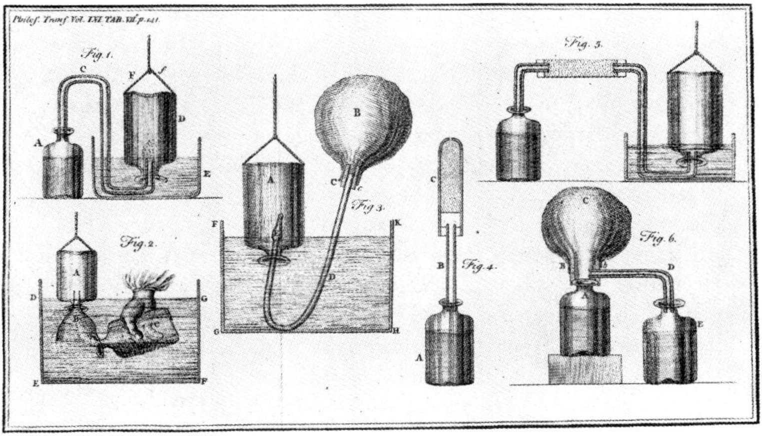

Versuchsanordnungen, wie sie Henry Cavendish zum Entbinden und Auffangen von Gasen benutzte. Die wichtigsten Teile der Apparatur waren Glasgefäße zur Gasentwicklung, ein Rezepient (Auffanggefäß, meist eine Schweinsblase) und die von Hales erfundene pneumatische Wanne, gefüllt mit Wasser oder Quecksilber.

scheiden. Als erster Wissenschaftler bestimmte er nun das spezifische Gewicht der Gase. Er verwendete dafür eine empfindliche Waage und eine Schweinsblase, die zunächst leer, dann nach der Füllung mit dem betreffenden Gas gewogen wurde. Der Unterschied der spezifischen Gewichte war erstaunlich: Die „fixe Luft“ – das Kohlendioxid – war um die Hälfte schwerer als die normale Luft, während die „brennbare Luft“ – das Wasserstoffgas – im Verhältnis dazu federleicht war. Ihr spezifisches Gewicht betrug noch nicht einmal den zehnten Teil.

Mit Interesse hatte Cavendish die Publikation seines Landsmannes Joseph Priestley[9] gelesen, der durch Erhitzen von rotem Quecksilberoxid ein farbloses Gas erzeugt hatte, welches die Verbrennung fördert. Es war die „Feuerluft“ (Sauerstoff). Priestley, noch ganz der Phlogistontheorie verhaftet, hatte das Gas als „dephlogistierte Luft“ bezeichnet. Phlogiston, das war nach der damals geltenden Theorie eine Art körperlose Energie, die allen brennbaren Körpern innewohnt und beim Verbrennen entweicht. Cavendish, dem dies etwas sonderbar vorkam, stellte nun eine größere Menge „Feuerluft" her und mischte sie mit der „inflammable air" (Wasserstoff). Die ausgelöste Knallgasexplosion war gewaltig.

Als Cavendish einige Jahre später auch noch eine weitere „Luftsorte" entdeckte, den Stickstoff,[10] – er nannte dieses Gas die „mephitische Luft"[11] –, hatte er alle Bestandteile der natürlichen Luft beisammen. Bis auf eine kleine Ausnahme. Bei all seinen Versuchen, die Luft in ihre Bestandteile zu zerlegen, blieb immer eine winzig kleine Gasblase übrig. Das Gas widersetzte sich hartnäckig allen Versuchen, es zur chemischen Reaktion zu bringen. Mehr als 100 Jahre blieb dieser Befund unaufgeklärt, bis Lord Rayleigh[12] und W. Ramsay[13] 1894 die Zusammensetzung der Gasblase erkannten. Es waren die Edelgase.

Verpestete Luft als Auslöser der Pest?

Die chemische Zusammensetzung der Luft war damit aufgeklärt, nicht aber die Frage ihrer Reinheit. Dieses Thema lag zu jener Zeit buchstäblich „in der Luft". Immer mehr Menschen fragten sich nach den Ursachen für die meist überfallartig auftretenden Epidemien von Pest, Aussatz, Influenza und Schwindsucht. Das konnte doch nur von der verderbten Luft der Städte kommen, von den üblen Ausdünstungen der Gerber, Pergamentmacher und Leimsieder, vielleicht auch von den Schlachthöfen und Schindangern. Aber wie konnte man die gute von verpesteter Luft unterscheiden?

Viele Forscher, Physiker und Ärzte machten sich daran, diesem für die Gesundheit der Menschen so wichtigen Problem auf den Leib zu rücken. Sie nahmen Luftproben in der Stadt oder auf dem Land, im Landesinneren und an der Küste, im Kirchenraum der St. Pauls Cathedral ebenso wie in den Werkstätten der verdächtigten Handwerker. Zur Untersuchung benutzten die Forscher einen speziell konstruierten Luftgütemesser,[14] eine einseitig geschlossene Glasröhre mit einer eingebauten Funkenstrecke und einer Skala auf der Außenseite (zum Ablesen der Volumina). Mit dieser Apparatur konnte der „atembare Anteil der Luft" – also der Sauerstoffgehalt – gemessen werden. Die gefundenen Meßwerte schienen zunächst die gängige Auffassung der Ärzte zu bestätigen, daß schlechte Lüfte *(mala aria)* Hauptursache für die gefürchtete „Malaria" und andere Seuchen seien.

In seiner peniblen, gründlichen Art studierte Cavendish die veröffentlichten Meßwerte seiner Forscherkollegen und stieß auf zahlreiche Widersprüche. Den auf größte Genauigkeit versessenen Privatgelehrten ließ das nicht ruhen. Er beschloß, eigene Messungen mit seinem „Metalleudiometer"[15] zu machen. Was er schon vermutet hatte: Sie stimmten in keiner Weise mit den publizierten Werten überein. Bald war ihm auch klar, woher die Unterschiede kamen. Die bisher verwendeten Apparaturen hatten einen großen Mangel: Die Absperrflüssigkeit bestand aus Wasser, in dem sich ein Teil der Gase unkontrollierbar auflöste. Als Cavendish anstelle des Wassers Quecksilber verwendete, bekam er weit genauere und besser reproduzierbare Werte.

Monatelang bereiste Cavendish nun das Land und sammelte Luftproben aus allen Gegenden und Städten, aus Häusern und Kirchen, aus Schlachthöfen und Gerbereien. Nach mehr als 400 Messungen fand er seine Vermutung bestätigt: Die Luftproben hatten überall exakt den gleichen Anteil an Sauerstoff, und zwar 20,84%. Die Meßergebnisse seiner gelehrten Kollegen waren einfach falsch gewesen. Ihre Theorie, daß „verpestete Lüfte" die Auslöser der Pest und anderer Krankheiten seien, war nicht haltbar.

Teilbares Wasser?

Schon mehrfach hatte Cavendish die Beobachtung gemacht, daß sich nach einer Knallgasexplosion ein feuchter Beschlag an den Wandungen des Glasgefäßes bildete. Um mehr Untersuchungsmaterial in die Hand zu bekommen, machte er einen Großversuch. In einem mannshohen Glasgefäß löste er eine gewaltige Knallgasexplosion aus. Das Ergebnis waren genau 8,7 Gramm einer farb- und geschmacklosen Flüssigkeit. Er konnte sie eindeutig als reines Wasser identifizieren. Cavendish hatte damit den Nachweis erbracht, daß auch das zweite Grundelement des Aristoteles – das Wasser – in Wirklichkeit „teilbar" war. Es entstand aus „einem Raumteil Feuerluft und zwei Raumteilen brennbarer Luft" (Sauerstoff und Wasserstoff).

Bevor sich Cavendish dazu durchringen konnte, diese Erkenntnis publik zu machen, war ihm bereits ein anderer, geschäftstüchtigerer Kollege zuvorgekommen: Lavoisier,[16] der sich schon seit Jahren vergeblich bemüht hatte, der Zusammensetzung des Wassers auf die Spur zu kommen, hatte durch einen englischen Naturforscher[17] Wind von Cavendishs Experimenten erhalten. Obwohl er das Ergebnis nicht glauben mochte, machte er eigene Versuche und mußte Cavendishs Entdeckung bestätigen. Sofort präsentierte Lavoisier der *Académie Française* diesen Befund voller Stolz als seine eigene wissenschaftliche Großtat. Noch heute werden in einem Panzerschrank in Paris 45 Gramm des von Lavoisier hergestellten „künstlichen" Wassers als kostbarer Besitz aufbewahrt.

Über die Frage der Priorität entspann sich in der Fachwelt eine jahrelange Diskussion. Wer war es, der als erster erkannt hatte, daß Wasser kein Element, sondern eine chemische Verbindung ist? War es Cavendish, oder war es Priestley – der als erster den feuchten Beschlag bemerkt hatte – oder vielleicht James Watt,[18] der Erfinder der Dampfmaschine? Lavoisier jedenfalls war bestenfalls ein „Nachempfinder", aber im Hinausposaunen war er eben schneller gewesen als seine Konkurrenten.

Menschenscheuer Exzentriker

Das Leben von Henry Cavendish war ganz der wissenschaftlichen Forschung gewidmet. 57 Jahre lang – von 1753 bis zu seinem Tod 1810 – arbeitete er in seinem Labor in völliger Abgeschiedenheit, fast wie ein Eremit. Er kannte keinen geregelten Feierabend, er gönnte sich keinen Spaziergang, er wurde nicht gewahr, wenn die Menschen draußen ihren arbeitsfreien Sonntag genossen. Tag für Tag verging in voller Konzentration auf seine wissenschaftliche Arbeit. Die Sommermonate verbrachte Cavendish meist auf seinem Landhaus in Clapham, wo er ein zweites Laboratorium eingerichtet hatte, dazu noch ein astronomisches Observatorium. Aber auch hier ließ er sich durch nichts von seiner Arbeit ablenken. Nur ganz selten entschloß er sich zu einer Reise; sie diente jedoch niemals der Erholung, sondern seinen geologischen Untersuchungen, oder – wie erwähnt – dem Sammeln von Luftproben. Seine sozialen Kontakte beschränkten sich auf die *Royal Society*, an deren monatlichen Versammlungen er sich gerne beteiligte, wenn auch nur als stiller Zuhörer.

Daß sich in dieser Isolation höchst sonderbare Gewohnheiten entwickelten, ist nicht verwunderlich. Cavendish wurde mehr und mehr zum spleenigen Exzentriker. Fast immer trug er denselben altmodischen, schäbigen, violetten Anzug mit hohem Kragen und gekrauster Manschette, auf dem Kopf einen alten Dreispitz. In der Öffentlichkeit wirkte „The Right Honourable" schüchtern, menschenscheu, wortkarg und unbeholfen. Das Sprechen machte ihm große Schwierigkeiten. Jede Begegnung mit Fremden war ihm eine Qual. Wenn er bei den unvermeidlichen Gesellschaftsabenden der Familie von einem Gast angesprochen wurde, wirkte er auffallend verlegen. Sobald er das Gefühl hatte, daß sich die Blicke auf ihn richteten, ergriff er die Flucht. „Ich erinnere mich des schrillen Tons, den er ausstieß, indem er sich geschwind von Zimmer zu Zimmer schob; er schien verärgert, wenn man ihn ansah, näherte sich aber von Zeit zu Zeit einer Gruppe, um zuzuhören."[19]

In seiner großen Villa und in den anschließenden Laborräumen wollte er allein sein. Die Diener, besonders die weiblichen Haushaltshilfen, durften sich in seiner Gegenwart nicht blikken lassen, sie mußten den hinteren Hauseingang benutzen. Seine Aufträge an das Personal erteilte er nur schriftlich. Begegnete ihm eine Frau, machte er einen weiten Bogen, um zu verhindern, daß er von ihr angesprochen wurde. Nur selten konnte sich der scheue Junggeselle überwinden, einige Kollegen aus der *Royal Society* in sein Landhaus einzuladen. Dann gab es stets dasselbe Menü, nämlich sein Leibgericht: Hammelkeule.

Wie schwer ist die Erde?

In den letzten 22 Jahren seines Lebens gab sich der menschenscheue Sonderling nur noch selten mit chemischen Versuchen ab. Es scheint sogar, daß ihn die Chemie langweilte. Tagsüber beschäftigte sich Cavendish mit der Physik und des Nachts mit den Gestirnen. Er näherte sich schon seinem 70. Lebensjahr, als er seine letzte und wohl bedeutendste physikalische Arbeit abschloß, die Bestimmung des Gewichtes der Erde. Sie ist als das „Cavendish Experiment" in die Wissenschaftsgeschichte eingegangen. Mit Hilfe einer hochempfindlichen Drehwaage bestimmte er die Anziehung von zwei schweren Bleikugeln. Als Ergebnis erhielt er – und zwar mit außerordentlicher Genauigkeit – die Gravitationskonstante γ. Daraus konnte er die Erdbeschleunigung g ausrechnen und damit auch die mittlere Dichte der Erde.

Nur einmal noch drang Cavendishs wissenschaftliche Reputation an das Licht der Öffentlichkeit, als die Regierung ihm den Auftrag erteilte, zu untersuchen, wie man die Abnützung der im Umlauf befindlichen Goldmünzen vermindern könnte. Die Staatliche Münze hatte nämlich festgestellt, daß durch Abrieb viele Tonnen Goldstaub in den Taschen und Geldbörsen der Bürger verloren gehen.

Der Tod des Millionärs wider Willen

Als 1783 Cavendishs Vater und wenig später auch eine reiche Erbtante starb, kam er als Alleinerbe in den Besitz eines sagenhaft großen Vermögens. Der versponnene Gelehrte schien das kaum zur Kenntnis zu nehmen, sein schlichter Lebensstil änderte sich in keiner Weise. Zum Geld hatte Cavendish keinerlei Beziehung. Als sein Bankier einmal wagte, ihm vorzuschlagen, er könnte doch einen Teil seines immensen Geldvermögens gewinnträchtig in Immobilien anlegen, reagierte Cavendish höchst unwirsch. Wenn dieser Kerl es noch einmal wagen würde, ihm solche Vorschläge zu machen, würde er sein Geld einer anderen Bank anvertrauen.

Von seinen blaublütigen Vorfahren hatte Cavendish nicht nur viel Geld, Schlösser und Ländereien geerbt, sondern auch mehrere Bibliotheken. Der Bücherbestand war so riesengroß, daß er in einem gesonderten Haus in London untergebracht werden mußte. Cavendish gestattete nur ein paar engen Freunden, die Bibliothek zu benutzen, später allerdings auch Wissenschaftlern, die ihm persönlich empfohlen wurden. Ein Bibliothekar hatte darüber zu wachen, daß kein Buch abhanden kam. Wenn Cavendish selbst ein Buch ausleihen wollte, füllte auch er brav einen Leihzettel aus.

Einsam, wie Cavendish gelebt und gearbeitet hatte, ist er auch gestorben. Als er spürte, daß sein Leben zu Ende ging, beauftragte er seinen Diener, sofort nach seinem Tod – aber auf keinen Fall vorher – seinen Neffen und einzigen Erben, Lord Georg Cavendish, zu verständigen. Dann verlangte er nach Lavendelwasser und befahl, ihn allein zu lassen. Als der Diener, tief besorgt, noch einmal nach dem Todkranken schauen wollte, wurde er barsch aus dem Zimmer gewiesen. Kurze Zeit später fand er seinen Herrn tot im Bett. Es war der 24. Februar 1810.

Seinem Wunsch entsprechend wurde Cavendish in der Familiengruft in der All Saints Church in Derby beigesetzt. Seinem einzigen Erben hinterließ er – neben Bergen von Papieren, unveröffentlichten Berichten, Berechnungen und penibel geführten Labortagebüchern – eine Million Pfund Sterling bares Geld und machte ihn außerdem zum größten Aktienbesitzer an der Bank of England. 60 Jahre später stiftete sein Großneffe, der siebte Herzog von Devonshire, 6000 Pfund Sterling zum Bau eines Physikalischen Laboratoriums an der Cambridge University. Es erhielt den Namen *Cavendish Physical Laboratory* und ist heute eine der bedeutendsten Forschungsstätten in England.

Verborgene Schätze

Erster Direktor dieses inzwischen weltberühmt gewordenen Forschungsinstituts war der schottische Physiker J. C. Maxwell.[20] Als er sich 1875 daran machte, Cavendishs schriftlichen Nachlaß zu sichten, erlebte er eine Überraschung. In dem Berg verstaubter Papiere kamen hervorragende, bis dahin völlig unbekannte Arbeiten zum Vorschein, vor allem Untersuchungen auf dem Gebiet der Elektrizität. Sie hätten die Entwicklung dieses Wissensgebietes zweifellos entscheidend vorangebracht und den Namen Cavendish in eine Reihe mit Volta, Ampère und Ohm gestellt. Doch der sonderbare Privatgelehrte hatte mit seiner Eigenbrödelei ihre Publikation verhindert.

In Cavendishs Papieren fand Maxwell unter anderem auch den Beweis für das invers-quadratische Abstandsgesetz, das später den Namen des französischen Physikers Coulomb[21] erhielt. Die Ergebnisse der elektrischen Untersuchungen von Cavendish sind um so erstaunlicher, als ihm damals noch keinerlei Meßinstrumente zur Verfügung standen. Als Instrument zur Messung der elektrischen Stromstärke benutzte er den eigenen Körper. Je nachdem, ob er beim Berühren zweier Elektroden einen Schlag in den Fingern, am Handgelenk oder im Ellenbogen verspürte, schätzte er die Stromstärke als schwach, mittelstark oder stark ein.

Aber auch viele bedeutende Arbeiten auf dem Gebiet der Chemie hatten nahezu 100 Jahre lang unbeachtet in Cavendishs Bücherregalen geschlummert. Von fast allen bis dahin bekannten chemischen Stoffen hatte Cavendish die spezifische Wärme bestimmt, und das zu einer Zeit, als dieser Begriff in Fachkreisen überhaupt noch nicht bekannt war. Niemand wußte, daß er auch die latente Schmelz- und Verdampfungswärme dieser Stoffe gemessen hatte.

In den hinterlassenen Papieren fand man seinen Wahlspruch: „Alles ist nach Maß, Zahl und Gewicht geordnet.“ Getreu dieser Maxime war Cavendish maßgeblich daran beteiligt, daß die Chemie eine quantitativ zu messende Grundlage erhielt. So ist der spleenige englische Aristokrat, „der reichste Gelehrte, der gelehrteste Reiche“,[22] als Entdecker des Wasserstoffs in die Chemiegeschichte eingegangen, als ein Naturwissenschaftler mit ganz außergewöhnlichem Scharfsinn.

Hunger nach künstlichem Soda

Nicolas Leblanc, französischer Chirurg
* 6. Dezember 1742 Ivoy-le-Pré, Département Cher
† 16. Januar 1806 in St. Denis bei Paris

An der Wiege der chemischen Großindustrie stand ein Preisausschreiben. Die Académie Française hatte 1775 demjenigen 12000 Livres versprochen, der aus Meersalz Soda herstellen könne. Der Aufruf glich einem Notschrei: In der Mitte des 18. Jahrhunderts war Soda knapp geworden, der Mangel bedrohte die Gewerbe der Färber und Gerber, der Seifensieder und Glasmacher. Es war ein französischer Wundarzt, der das Preisausschreiben gewann. Oder besser: Der es eigentlich hätte gewinnen müssen. Nicolas Leblanc hatte 1789 ein technisches Verfahren zur preisgünstigen Herstellung künstlichen Sodas entwickelt. Doch tragische Umstände brachten den Erfinder um den verdienten ersten Preis und Frankreich um die Chance, die Chemienation Nr. 1 zu werden.

Über die Jugend von Nicolas Leblanc ist wenig bekannt. Nicolas' Vater hatte als Hüttendirektor eine gehobene Stellung, die Familie lebte in gutbürgerlichen Verhältnissen. Der früh verwaiste Junge ging in Issodoun zur Schule, anschließend studierte er in Paris Chirurgie und Medizin. An der Chirurgenschule schloß er Freundschaft mit dem französischen Chemiker Fourcroy.[1] Auf dessen Anregung hin beschäftigte er sich neben dem Medizinstudium auch mit chemischen Fragen.

Leblanc war lange Zeit unschlüssig, welchem Beruf er sich zuwenden sollte. Er entschied sich schließlich für den Arztberuf, aber das war die falsche Wahl. Das Medizinieren bereitete ihm wenig Freude, verständlicherweise. Die Tätigkeit eines Wundarztes oder Baders gehörte zu jener Zeit nicht eben zu

Nicolas Leblanc (1742–1806)

den angesehenen und angenehmen Berufen. Immer nur Furunkel zu stechen und Blutegel anzulegen, ohne Narkose gebrochene Knochen einzurichten und dem Sterben einer jungen Mutter machtlos zusehen zu müssen: Dazu brauchte man starke Nerven. Mit feucht-warmen Umschlägen war die damals weitverbreitete „Englische Krankheit“[2] nicht zu heilen, und auch gegen die Schwindsucht[3] war noch kein Kraut gewachsen.

Nach 12 Jahren lust- und erfolglos betriebener Tätigkeit als Landarzt erreichte den 38jährigen eine attraktive Offerte. Louis Philippe II., Herzog von Orleans,[4] fragte bei Nicolas Leblanc an, ob er sein Leibarzt werden möchte. Mit Freuden sagte Leblanc zu – was hätte ihm Besseres widerfahren können? Louis Philippe war der reichste Großgrundbesitzer in Frankreich, am Hof hatte er großen Einfluß, und da der Herzog erst 33 Jahre alt und kerngesund war, gab es für einen Medikus nicht viel zu tun. Zudem fühlte sich Leblanc seinem Herrn durch gemeinsame wissenschaftliche Interessen verbunden. Der Herzog und sein Leibarzt pflegten beide dasselbe Hobby, die Chemie.

Im Privatlabor des Herzogs beschäftigte sich Leblanc zunächst mit dem Aluminiumsalz Alaun.[5] Den weißen Alaunstein verwendeten die Barbiere als blutstillendes Mittel, wenn sie einen Kunden beim Rasieren geschnitten hatten. Doch Leblanc interessierte sich für eine andere Eigenschaft des Salzes. Er bemerkte, daß Alaun sowohl kubische als auch oktaedrische Kristalle bildet, je nachdem, ob sie aus alkalischer oder neutraler Lösung gewonnen werden. Das war das erste Beispiel einer Isomorphie.[6] Diese Beobachtung und weitere Untersuchungen über Kristallformen von Salzen veranlaßten Leblanc zur Abfassung seines ersten wissenschaftlichen Werkes über das Wesen der Kristalle.[7]

Das Preisausschreiben

Bei Gesprächen mit der Akademie der Wissenschaften über den Druck seines Buches erfuhr Leblanc in Paris von einer öffentlichen Ausschreibung: Derjenige, der als erster ein wirtschaftlich und technisch brauchbares Verfahren zur Fabrikation von Soda aus Meersalz finde, solle ein Preisgeld von 12000 Livres[8] erhalten. Der Aufruf der Akademie war eigentlich ein Notruf. Die Tuchmacher des Landes sahen sich durch den Mangel an Soda in ihrer Existenz bedroht und hatten sich hilfesuchend an das höchste Gremium der französischen Wissenschaft gewandt. Zum Reinigen und Bleichen von Leinwand und Baumwollstoffen wurden – neben Sonnenschein und Buttermilch – riesige Mengen pottaschehaltiger Holzasche[9] benötigt.

Pottasche, die in einem völlig unwirtschaftlichen Verfahren gewonnen wurde, war knapp und sehr teuer geworden. Die „Aschebrenner" verbrannten große Baumstämme, sammelten die Asche, laugten diese aus und dampften die Lauge auf offenem Feuer ein. Für ein Kilogramm Holzasche mußten 300 kg Eichenholz verbrannt werden. Für eine Großproduktion war dieses holzfressende Verfahren nicht geeignet, in vielen Gegenden war es schon verboten. Europas Wälder konnten den steigenden Bedarf kaum mehr decken, sie mußten bereits große Mengen von Holz für den Schiffsbau und für die Beheizung von Wohnhäusern liefern, auch für die Herstellung von Papier und den Zeitungsdruck (Ruß für die schwarze Farbe) war Holz als Rohstoff unverzichtbar. Hinzu kam, daß ein Großteil der im Land erzeugten Pottasche von den Militärs für den Schießpulverbedarf beansprucht wurde. Eine gewisse Entlastung hatte vorübergehend sodahaltige „Barilla"[10] gebracht, die aus Südspanien bezogene Asche verbrannter Meeres- und Salzsteppenpflanzen, mit 25–30% Carbonatgehalt. Der Barilla-Handel aus Spanien war jedoch durch politische Ereignisse zum Erliegen gekommen.

Nicht nur die Kattunfabriken und die Bleichereien waren auf die Belieferung mit Soda angewiesen, auch zum Waschen, Färben und Bedrucken von Geweben war dieser Rohstoff unentbehrlich. Die Seifensieder benötigten Soda zur Herstellung der begehrten Kernseife.[11] Ohne Soda konnten die Glasmacher kein Glas schmelzen. Zwar gab es Quarz und Kaolin in großen Mengen, aber das nützte den Glashütten wenig, Soda war der große Engpaß. Leblanc wußte, was er zu tun hatte. Wer dieses Preisausschreiben gewinnt, dem müßte der Weg offenstehen für eine Karriere als Fabrikant. Eine chemische Fabrik zu gründen und zu leiten, das würde seinen wissenschaftlichen Neigungen entsprechen und den langgehegten Wunsch nach wirtschaftlicher Unabhängigkeit erfüllen.

Leblanc sicherte sich zunächst die Unterstützung des Herzogs von Orleans. Dieser vermittelte ihm einen Platz im Laboratorium seines Freundes Darcet.[12] 1785 begann Leblanc, unterstützt von dem jungen „Präparanten“ (Vorlesungsassistenten) Dizé,[13] mit den ersten Versuchen zur Sodasynthese. Ein Glück, daß die beiden Forscher von der Chemie wenig Ahnung hatten. An die Aufgabe, in einem Salz wie NaCl die starke Säure (Chlorwasserstoff) durch eine schwache Säure (Kohlensäure) auszutreiben, hätten sie sich sonst wohl kaum herangewagt. Dennoch hatten die beiden Amateure nach vier Jahren einen chemischen Trick und das richtige Rezept gefunden:

Man nehme:
- *100 Pfund Glaubersalz*[14] *(hergestellt aus Meersalz und Vitriolöl)*
- *100 Pfund Kreide von Meudon*[15] *und*
- *50 Pfund Kohle.*

Die Mischung wird auf eisernen Walzen gepulvert und in einem Flammofen aus feuerfesten Steinen ausgebreitet. Beim Erhitzen auf helle Rotglut schäumt die Masse auf und verwandelt sich in das rohe Soda. Die Schmelze kann in Formen aufgefangen werden. Nach dem Erkalten wird die Masse zerkleinert und mit Wasser ausgelaugt. Der lösliche Teil ist reines Soda. Es wird in 50 Kilo schweren Blöcken in den Handel gebracht.

Das war das ganze Rezept und auch der wesentliche Inhalt des Patents, das sich Leblanc auf seinen Namen eintragen ließ – bedenklicherweise hinter dem Rücken des Miterfinders Dizé. Für alle Fälle übergab er einem Notar ein versiegeltes Päckchen mit der genauen Beschreibung des Verfahrens und der Weisung, es dürfe erst 50 Jahre nach seinem Tod geöffnet werden.

Nachdem sich der Herzog mit 200000 Francs an einem Unternehmen zur Sodafabrikation zu beteiligen versprach, entschloß sich Leblanc, mit der großtechnischen Herstellung von Soda unverzüglich zu beginnen. Vor den Toren von Paris, in St. Denis, kaufte er ein Stück Land und begann mit dem Bau der *Fabrique de Soude de N. Leblanc*, genannt *La Franciade*. Als Dizé erfuhr, was hinter seinem Rücken gespielt wurde, gab es mächtigen Ärger. Er allein sei der Erfinder des Verfahrens, die zündende Idee sei seinem Kopf entsprungen.[16] Nach langen Streitereien und gegen das schriftliche Versprechen, ihn an der Fabrikleitung und am Reingewinn zu beteiligen, gab Dizé seinen Widerstand auf und erklärte sich zur Mitarbeit bereit.

Sodafabrikation vor den Toren von Paris

Das Unternehmen „künstliches Soda" konnte gestartet werden.[17] Am 25. September 1791 wurde das Patent[18] auf 15 Jahre erteilt, wenige Wochen später lief die Fabrikation an. Der tägliche Ausstoß betrug zunächst zwar nur 250 bis 300 Kilo Soda, aber das sollte nur der Anfang sein. Leblanc war glücklich und am Ziel seiner Wünsche.

Die Herrlichkeit sollte nur kurzen Bestand haben. Eineinhalb Jahre später, im April 1793, wurde Leblancs Gönner und Teilhaber, der Herzog von Orleans, vom Wohlfahrtsausschuß verhaftet. Nicolas Leblanc verstand die Welt nicht mehr, war der Herzog doch ein glühender Verfechter und Förderer der Revolution; er war Mitglied der radikalen Jakobiner geworden, hatte sogar den Herzogstitel abgelegt, den programmatischen Namen „Philippe Égalité" angenommen und für den Tod Ludwigs XVI. gestimmt. Warum fiel ausgerechnet dieser Mann jetzt in Ungnade? Der Grund: Nachdem der Sohn des Herzogs zum österreichischen Feind übergelaufen war, hatten die Revolutionäre Verdacht geschöpft. Strebte der Herzog von Orleans vielleicht selbst die Nachfolge des französischen Königs an, war er ein Verräter an der Sache der Revolution? Am 6. November des Jahres 1793 wurde der Herzog zum Schafott geführt und öffentlich guillotiniert, die herzoglichen Güter wurden eingezogen und verkauft, darunter auch die Sodafabrik *La Franciade*. Und nachdem in solch unsicheren Zeiten nie-

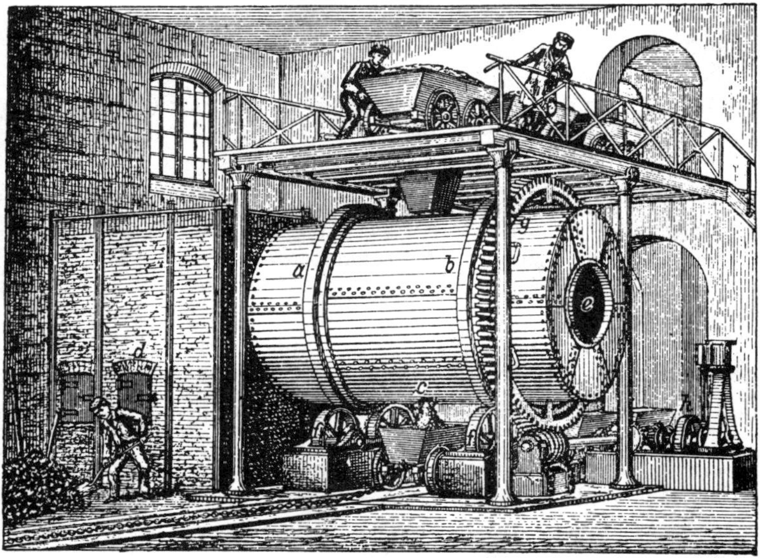

Drehofen, sogenannter „Soda-Revolver“,
zur Herstellung von Soda nach Leblanc, um 1860

mand wagte, eine vom Staat konfiszierte Fabrik zu kaufen, wurde der Betrieb kurzerhand geschlossen.

Nicolas Leblanc war empört, enttäuscht und gelähmt vor Wut: Es war *seine* Fabrik, nicht die des Kreditgebers – warum ließ man ihn, einen unbescholtenen Bürger, für die angeblichen Umsturzpläne des Herzogs büßen? Indes, es sollte noch schlimmer kommen. Der Wohlfahrtsausschuß annullierte Leblancs Patent und verlangte, der Patentinhaber solle dem Wohlfahrtsausschuß innerhalb von 20 Tagen seine Fabrikationsgeheimnisse offenbaren und veröffentlichen, „um Erfindungen zum allgemeinen Nutzen zu gestalten und Frankreich zu ermöglichen, seinen Handel von fremden Völkern unabhängig zu machen“. Was blieb Leblanc anderes übrig, als dieser Forderung nachzukommen? Der Staat hatte ihm nach der Fabrik auch das Patent gestohlen.

Es war für Leblanc ein schwacher Trost, daß er – vielleicht als Wiedergutmachung – zum Verwalter der staatlichen Pulver- und Salpeterfabrik ernannt wurde. Das war nur ein Ehrenamt ohne Bezahlung. Nicolas Leblanc warf sich mit aller Kraft in die Arbeit, um sich beim Revolutionsausschuß beliebt zu machen; er richtete Gesuch um Gesuch an die Regierung mit der inständigen Bitte, ihm die Fabrik zurückzugeben und Schadensersatz zu bezahlen. Immer tiefer geriet er in Schulden und schließlich in bittere Armut.

Nach sieben Jahren erlebte Leblanc eine erste Genugtuung: Die Wichtigkeit seiner Erfindung für die französische Wirtschaft wurde endlich anerkannt, der Erfinder sollte als „Nationalbelohnung" 3000 Francs erhalten – aber nur 600 Francs wurden ausbezahlt. Nochmals zwei Jahre später (1801) erhielt Leblanc seinen Betrieb wieder zurück. Das war jedoch ein Danaergeschenk: Die herrenlosen Gebäude befanden sich in einem völlig verwahrlosten Zustand. Leblanc hätte mehr als eine Million Francs aufbringen müssen, um die Einrichtungen instandsetzen und die Fabrikation wiederaufnehmen zu können. Wie wollte der bettelarme Erfinder soviel Geld aufbringen?

Es dauerte weitere vier Jahre, bis Leblancs Anspruch auf Entschädigung richterlich bestätigt wurde. Doch die zugebilligte Summe von 52475 Francs war lächerlich niedrig, sie hätte für einen Neuanfang bei weitem nicht ausgereicht. Das Gericht begründete die niedrige Entschädigungssumme mit dem zynischen Hinweis, Leblanc habe ja die Fabrik bereits unentgeltlich zurückerhalten. Doch auch von dem Entschädigungsgeld sah der Erfinder nicht einen Sou. An die von der Akademie im Preisausschreiben ausgelobten 12000 Livres war ohnehin nicht mehr zu denken – die Akademie war inzwischen aufgelöst.

Pistolenschuß im Armenhaus

Gebrochen an Leib und Seele kehrte Leblanc nach St. Denis zu seiner kranken Frau zurück. Traurig mußte er zusehen, wie die menschenleere Fabrik verfiel. Als er nicht mehr in der Lage war, sich und seine Familie zu ernähren, landete Leblanc im Armenhaus. Am 16. Januar 1806 machte er seinem Leben mit einem Pistolenschuß ein Ende. Das Grab auf dem Kirchhof von St. Denis fiel später der Stadterweiterung von Paris zum Opfer. Erst 50 Jahre nach seinem Tod widerfuhr dem unglücklichen Leblanc doch noch Gerechtigkeit: Seine Nachkommen wurden von Napoleon III. großzügig entschädigt.

Der Erfinder Leblanc geriet in Vergessenheit, doch das nach ihm benannte Sodaverfahren hatte Zukunft. Die ersten anorganischen Sodabetriebe entstanden nicht auf französischem, auch nicht auf deutschem Boden.[19] Es war England, das die Vorteile des patentierten Sodaverfahrens zu verwerten verstand. Die Zielsetzung des Revolutionsrates, „Frankreich zu ermöglichen, seinen Handel von fremden Völkern unabhängig zu machen", war zum Bumerang geworden.

Nutznießer des Leblanc-Verfahrens war der Ire James Muspratt.[20] Er hatte sich bis dahin nie mit Chemie beschäftigt und niemals eine chemische Erfindung gemacht. Doch er gehörte zu den großen englischen Unternehmerpersönlichkeiten mit Weitblick und dem Gespür für Marktchancen. Seine ab 1823 in Liverpool, später in anderen englischen Städten gegründeten Sodafabriken hatten bis dahin nicht gekannte Ausmaße. Es waren die ersten chemischen Großbetriebe der Welt. Schon 20 Jahre nach ihrer Gründung stieg der Ausstoß auf 132000 Tonnen. In rascher Folge entstanden in England mehr als 50 neue Sodafabriken. Erst 1865 wurde das Leblanc-Verfahren durch den Solvay-Prozeß abgelöst, bei dem Kochsalz mit Ammoniak und Kohlendioxid in Natriumcarbonat umgewandelt wird.

Hunger nach Soda

Vor allem die aufstrebende englische Textilindustrie entwickelte einen enormen Hunger nach Soda. Aus dem großen Kolonialreich konnte England unbegrenzte Mengen Baumwolle einführen. Mit der ersten durch Wasserkraft betriebenen

Spinnmaschine (1769 erfunden von dem Engländer Richard Arkwright) und dem ersten mechanischen Webstuhl (1784 konstruiert von dem englischen Geistlichen Edmund Cartwright) war die englische Textilindustrie in das technische Zeitalter eingetreten.

Neben der Textil- und Lederindustrie waren es vor allem die Glashütten, die ihren Vorteil aus der großtechnischen Sodaerzeugung zogen. Das sehr reine, dazu billige Soda erlaubte erstmals, hochwertige Gläser in großen Chargen preiswert zu erschmelzen. Großflächige Glasscheiben an den Fenstern der Bürgerhäuser waren nun kein Luxus mehr. Die Butzenscheiben hatten ausgedient, die Fenster wurden größer, die Wohnungen heller. Ab 1850 entstanden in London die ersten „Kristallpaläste" als Ausstellungs- und Messehallen; rundum verglaste, lichtdurchflutete Bahnhofshallen präsentierten sich als glitzernde Symbole des technischen Fortschritts. Leicht zu reinigende Trinkgläser und Glasflaschen (anstelle von Holzgefäßen) verbesserten die hygienischen Verhältnisse in den Gasthöfen. Die optische Industrie erlebte einen Aufschwung, hochwertige optische Geräte, vom Fernglas bis zum Mikroskop, wurden durch das reine Glas veredelt und verbilligt. Brillen gewannen allgemeine und selbstverständliche Verbreitung.

Nicht zuletzt waren es die Seifensieder, die von dem billigen Soda profitierten. Bis dahin war Toilettenseife ein Luxusgut gewesen, nur für Wohlhabende erschwinglich. Nun konnten sich auch weniger betuchte Bürger die preiswerte, parfümierte Seife leisten. Billige Kernseife kam der Sauberkeit der Wäsche zugute, die bessere Hygiene trug zur Senkung der Säuglingssterblichkeit bei. Zwischen 1810 und 1880 stieg die Seifenproduktion in England um das Vierfache, englische Seife wurde zum Exportschlager. So entwickelte sich das Sodaverfahren des Pechvogels Nicolas Leblanc zu einer Wohltat für die Menschheit. Und die Sodaherstellung wurde zur Keimzelle der anorganisch-chemischen Großproduktion. Das einstige Mangelprodukt Soda machte England zur führenden Chemie-Nation der Welt.

Südeingang des Kristallpalastes der Londoner Weltausstellung von 1851

Eine späte Anerkennung erfuhr Leblanc durch den deutschen Chemiker August Wilhelm Hofmann,[21] der 1862 in seiner Eröffnungsrede zur Weltausstellung in Paris sagte: „Nicolas Leblanc lebte in Armut und starb in Verzweiflung. Ich mache mich zum Anwalt des allgemeinen Bedauerns, wenn ich dem Andenken des großen Mannes Ehre und Dank spende und der Trauer, der sich eine gewisse Beschämung beigesellt, Ausdruck gebe, daß sein Los sich so unglücklich gestaltete."

Feuerluft und Scheeles Grün

Carl Wilhelm Scheele,
deutsch-schwedischer Apotheker
* 9. Dezember 1742 in Stralsund
† 21. Mai 1786 in Köping, Schweden

Im heutigen Chemieunterricht wird der Name Scheele kaum noch erwähnt. Die früher weitverbreitete Malerfarbe „Scheeles Grün“ ist wegen des hohen Kupfer- und Arsengehaltes aus den Regalen der Heimwerkergeschäfte verbannt, und nur noch die Geologen kennen das Wolframerz „Scheelit“. Würde man eine Umfrage unter den Chemielehrern machen, welcher Forscher den Sauerstoff entdeckt hat, kämen vermutlich nur wenige – spontan und ohne im Römpp nachzuschlagen – auf den richtigen Namen: Scheele. Mit dem Hinweis auf die Entdeckung des Elements Sauerstoff wird man jedoch der Bedeutung dieses deutsch-schwedischen Gelehrten nicht gerecht. Obwohl Apotheker von Beruf, war Scheele einer der ganz großen Experimentalchemiker des 18. Jahrhunderts. Die Fülle großer und kleiner Entdeckungen, welche die chemische Wissenschaft seinem unermüdlichen Arbeitseifer verdankt, ist kaum überschaubar.

Als Carl Wilhelm Scheele auf die Welt kam, war seine Heimatstadt Stralsund die Hauptstadt von Vorpommern, und Vorpommern gehörte seit dem Ende des Dreißigjährigen Krieges zum Königreich Schweden. Scheele war also von Geburt an schwedischer Staatsbürger. In Schweden hat er auch gelebt und gearbeitet, aber gefühlt hat er sich immer als Deutscher. Sein Vater Joachim Christian Scheele stammte aus einem alten pommerschen Geschlecht, ebenso die Mutter Margarete Eleonore, geb. Warnekros. Scheeles Geburtshaus liegt im Herzen

Carl Wilhelm Scheele (1742–1786)

von Stralsund, in der Fährstraße, wenige Schritte entfernt vom prächtigen Rathaus und der altehrwürdigen Kirche St. Nikolai.

Vater Scheele war Kornhändler und Bierbrauer, ein wohlhabender und angesehener Bürger seiner Stadt. Zum Haushalt gehörten neben den acht unmündigen Kindern: zwei Mägde, das Stubenmädchen, die Köchin, die Amme, ein „Schopenbrauer" (Brauereigehilfe) und ein Jungknecht. Doch bald nach Carl Wilhelms Geburt stiegen die Gerstenpreise, der Bierabsatz ging drastisch zurück, die Brauerei machte bankrott. Das Haus in der Fährstraße mußte verkauft, das Gesinde entlassen werden. Die Familie fand zunächst Unterschlupf bei Verwandten, bis der Vater als Immobilienmakler finanziell wieder einigermaßen auf die Beine kam. Die Familie Scheele mußte sich mit einer kleinen Dachwohnung begnügen und lebte in äußerst bescheidenen Verhältnissen. Eine unbeschwerte Kindheit hatte

Carl Wilhelm Scheele nicht, die Sorge um das tägliche Brot bestimmte den Tagesablauf.

Der grüblerisch veranlagte, scheue Junge, der gern zeichnete, tischlerte und drechselte, erhielt seine Ausbildung „durch private Unterweisungen". Das Schulgeld für den Besuch eines Gymnasiums konnte der Vater nicht aufbringen; Carl Wilhelm mußte, wie seine sechs Brüder, einen praktischen Beruf erlernen.

Nächtliche Experimente

Nachdem in Stralsund keine Lehrstelle zu bekommen war, schickte der Vater den 14jährigen Jungen übers Meer nach Gothenburg,[1] in die Apotheke „Zum Einhorn". Der Apotheker Johann Bauch, ein geborener Mecklenburger, förderte den grüblerischen, stillen, wißbegierigen Jungen nach Kräften. Eines mißfiel dem besorgten Lehrherrn, und darüber beschwerte er sich beim Vater in Stralsund: Sein Sohn Carl sitze bis tief in die Nacht hinter den gelehrten Büchern, die seien doch „viel zu hoch für sein Alter". Er sei besorgt um die Gesundheit seines Lehrlings. Was der Prinzipal nicht wußte: Carl las nicht nur, er experimentierte auch zu nächtlicher Stunde verbotenerweise mit gefährlichen Chemikalien, die er aus der Officin[2] entwendet hatte. Der Apotheker kam hinter dieses Treiben erst, als eine gewaltige Explosion das Haus erschütterte. Der Lehrling blieb unverletzt – und experimentierte unbeirrt weiter.

Nach sechs harten Lehrjahren hätte Carl Wilhelm Scheele in die Heimat zurückkehren können, aber dazu verspürte er keine Lust. Zu seiner Familie hatte er ein kühles Verhältnis; er besuchte sie später nur ein einziges Mal. Scheele blieb weitere zwei Jahre in der „Einhorn"-Apotheke, als „Studiosus". Als sich Johann Bauch zur Ruhe setzte, ergriff der 23jährige Scheele den Wanderstab und wechselte nach Malmö in die Apotheke „Zum gefleckten Adler". Wie schon in Gothenburg, nutzte Scheele seine Freizeit und, sicher etwas illegal, auch das

Chemikalienlager der Apotheke zu chemischen Experimenten. Fast der gesamte Verdienst ging für die Anschaffung von Fachbüchern drauf. Die Bücher ließ er sich aus Kopenhagen schicken.

Der Apothekerprovisor Scheele fiel in eine fast trunkene Begeisterung für die – wie man damals sagte – „physische" Wissenschaft Chemie. Was ihm an chemischen Stoffen unter die Finger kam, wurde untersucht, gemixt, gekocht, destilliert, jede Anregung aus den gelehrten, oft nur halbverstandenen Büchern wurde aufgegriffen und in die Praxis umgesetzt. In seiner Experimentierleidenschaft kannte Scheele weder System noch Ordnung; er verwendete keine Waage und machte auch keinerlei Notizen.

Daran änderte sich auch nicht viel, als ihm der gleichaltrige Freund Retzius[3] vorhielt, er habe eine geradezu chaotische Ordnung, sowohl im Kopf als auch in seiner Laborecke. Er solle doch wenigstens ein Laborjournal führen, damit er später noch wisse, welche Reaktionen zu welchen Ergebnissen geführt hatten.

Wenigstens diesen Ratschlag nahm der fanatische Hobbyforscher an, und er befolgte ihn getreulich bis an sein Lebensende. Scheeles Laborbücher sind erhalten geblieben und geben Zeugnis von dem beispiellosen Arbeitseifer und Einfallsreichtum des Autodidakten.

Forschung am Fensterbrett

Das Leben in Malmö bot wenig Abwechslung. Der 26jährige Scheele strebte nach Höherem. In der Hauptstadt Stockholm, so hoffte er, müßte es möglich sein, mit den Vertretern der von ihm angebeteten Wissenschaft in näheren Kontakt zu kommen. In der Stockholmer Apotheke „Zum Raben" war eine Stelle frei, zwar nicht, wie gewünscht, im Labor, aber wenigstens in der Rezeptur. Damit er auf sein geliebtes Experimentieren nicht ganz verzichten mußte, wies ihm der Apotheker in einer Nische ein Fensterbrett zu.

Wieder war es Freund Retzius – er war inzwischen bei der schwedischen Akademie der Wissenschaften in Stockholm als „Adjunkt“ angestellt –, der Scheele in die richtige Richtung wies. Bei einem Glas Wein schlug er ihm vor, die Kristalle zu untersuchen, die sich auf dem Boden der Weinflasche abgesetzt hatten.

Aus dem Weinstein isolierte Scheele die freie Weinsäure und fand dabei den richtigen Weg, aus Pflanzensäften die reinen Säuren zu gewinnen, zum Beispiel Apfel- und Zitronensäure, die in Galläpfeln enthaltene Gallussäure und aus dem im Wald wachsenden Sauerklee die Oxalsäure.

Aus diesen Untersuchungen resultierte Scheeles erste wissenschaftliche Publikation. Sie erwies sich als erste große Enttäuschung in der Welt der Wissenschaft. Der Professor in Uppsala, dem er den handschriftlichen Aufsatz zur Begutachtung und Veröffentlichung geschickt hatte, ließ jahrelang nichts von sich hören. Er hatte das Manuskript schlichtweg verschlampt. Scheele schrieb die Abhandlung ein zweitesmal und bat seinen Freund Retzius, das Manuskript bei der Akademie abzugeben. Nun wurde sie tatsächlich gedruckt, aber nicht unter dem Namen Scheele, sondern sonderbarerweise unter dem seines Freundes Retzius.

Scheele ließ sich nicht entmutigen. Unverdrossen experimentierte er weiter und schrieb die Ergebnisse in zwei weiteren Aufsätzen nieder. Im ersten bewies er, daß sich die „fixe Luft“ – das Kohlendioxid – im Wasser gelöst wie eine Säure verhält, im zweiten, daß aus Knochen eine saure Flüssigkeit isoliert werden kann, die Phosphorsäure. Beide Abhandlungen wurden in der nächsten Sitzung der Akademie verlesen, für gut befunden – und wieder vergessen.

Es kam noch schlimmer: Scheele war es erstmalig gelungen, zwei anorganische Verbindungen im Gaszustand darzustellen: Ammoniak und Chlorwasserstoff. Die Veröffentlichung ließ wieder außergewöhnlich lange Zeit auf sich warten. Es war wie verhext: Als sie nach allen Verzögerungen endlich erschien, trug sie versehentlich den Namen des englischen Predigers Joseph Priestley.[4]

Experimentieren mit Hilfe von Bouteillen und Ochsenblasen

Inzwischen war Scheele in die alte Universitätsstadt Uppsala übergesiedelt, in der Hoffnung, dort mehr Erfolg zu haben. In der Apotheke „Zum Wappen von Uppland" bekam er die Stelle eines Laboratoriumvorstehers, was Scheele als gute Voraussetzung dafür ansah, seine chemischen Experimente in verstärktem Umfang weiterführen zu können. Doch diese Rechnung ging nicht ganz auf. Mehr als ihm lieb war, mußte Scheele beim Verkauf der Apothekerwaren aushelfen. Darüber beklagte er sich in einem Brief an seinen Freund: „Ich bin recht verdrießlich, daß in Uppsala so viele Kranke sind. Ich kann dadurch meinem natürlichen Trieb zum Experimentieren nicht im geringsten folgen." Nur einmal in der Woche hatte er einen freien Tag; dann konnte er seinem „natürlichen Trieb" bis spät in die Nacht freien Lauf lassen. Aber das reichte, um aus seinen Untersuchungen eine Fülle neuer Erkenntnisse zu gewinnen.

Immer wieder hatte Scheele bei seinen Ausflügen in das aufregende Wunderland Natur unbekannte gasförmige Stoffe entdeckt und ihre Zusammensetzung zu erforschen versucht. Von der „fixen Luft", einem Bestandteil der „ordinären" Luft, war schon die Rede. Bei der Untersuchung des Minerals Flußspat war er auf ein außerordentlich aggressives Gas gestoßen: die reine Fluorwasserstoffsäure. Als er sich mit dem durch zahlreiche Giftmorde berüchtigten Arsenik beschäftigte, konnte er ein stark riechendes und, was er nicht wußte, gefährlich giftiges Gas isolieren: den Arsenwasserstoff. Auch bei der Behandlung von pulverisiertem Braunstein, einem natürlich vorkommenden Mineral, mit Salzsäure stieg ihm ein grünes, unangenehm riechendes Gas in die Nase. Es war so aggressiv, daß es gefärbte Stoffe und grüne Blätter bleichte. Er bezeichnete das Gas als „dephlogistierte Salzsäure", in Wirklichkeit war es reines Chlorgas.[5]

Scheele war also sozusagen auf Gase abonniert, vielleicht weil seine primitive apparative Ausrüstung sich speziell für das

Arbeiten mit Gasen eignete. „Meine Einrichtungen und Gefäße sind die allersimpelsten, die man nur haben kann", schreibt er einmal in einem Brief, „Kolben, Retorten, Bouteillen, Gläser und Ochsenblasen sind es, die ich gebrauche". Die Ochsen- und Schweinsblasen dienten dazu, die sich entwickelnden Gase aufzufangen.

Verdorbene Luft

Das lebenswichtigste Gas auf dieser Erde war noch nicht erforscht, obwohl sich schon unzählige Alchemisten und Chymisten um die Frage bemüht hatten, was das eigentlich sei, die Luft, die wir zum Atmen brauchen. Soviel war dem eifrigen Amateurforscher bei seinen Experimenten schon klargeworden: Die Luft war ein „Compositum", eine Mischung verschiedener Gase. Aber welche Gase waren es?

Als Scheele einmal feuchte Eisenfeilspäne in einem geschlossenen Kolben liegen ließ, bemerkte er, daß das darüberstehende Luftvolumen in wenigen Stunden um etwa ein Fünftel abnahm. Die restliche Luft war so „verbraucht", daß in ihr eine brennende Kerze erlosch. Er nannte sie deshalb „verdorbene Luft". Was aber war der andere Teil der Luft, der mit den Eisenspänen eine schwarzbraune Verbindung eingegangen war?

Scheele war ein scharfer Beobachter. Eine fast nebensächliche Beobachtung war es, die ihn 1772 auf die richtige Spur führte. Beim Erhitzen eines Gemisches aus Kalksalpeter (Calciumnitrat) und Vitriolöl (Schwefelsäure) bemerkte er, daß die Masse kurz aufschäumte, wobei ein farbloses Gas entwich. Als er das Gas in einem Glaszylinder auffing und darin eine Kerze entzündete, brannte diese mit heller Flamme. Nachdem er das unbekannte Gas in eine luftleere Ochsenblase geleitet und mit drei Teilen „verdorbener Luft" (d.h. mit Stickstoff) vermischt hatte, erhielt er eine „künstliche Luft, die der ordinären in allen Teilen gleich" ist. Er folgerte: Das unbekannte farblose Gas, das die Kerze so hell brennen läßt, ist identisch mit jenem Bestandteil der „ordinären Luft", welcher mit den Eisenspänen

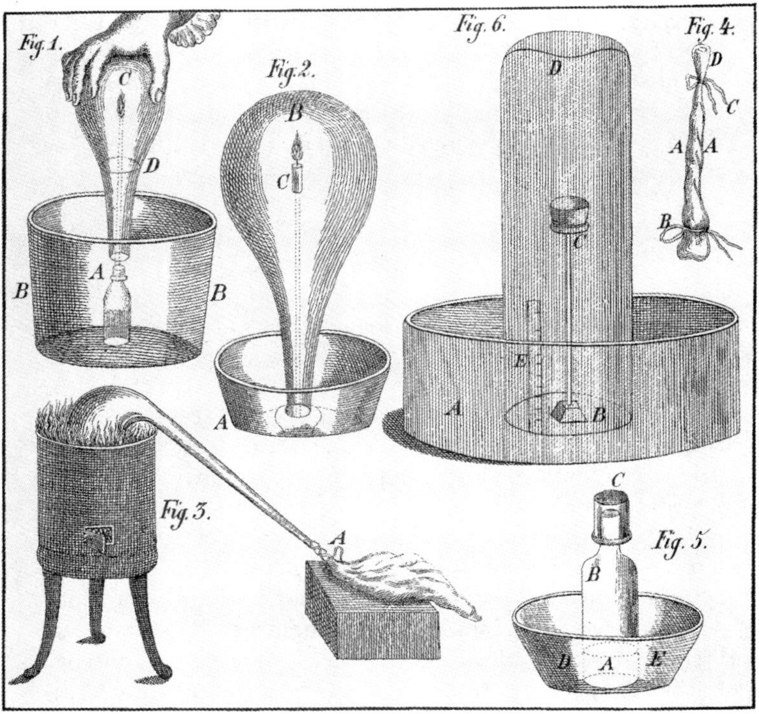

Versuchsanordnung von Carl W. Scheele zur Untersuchung der Zusammensetzung der Luft, der Verbrennungs- und Atmungserscheinungen, Kupferstich von 1777.

reagiert hatte. Scheele gab dem neuen Gas auch einen Namen: „Feuerluft".

Nun gab es kein Halten mehr. Scheele durchforstete die alten Laborjournale und stellte alle Reaktionen zusammen, bei denen möglicherweise die „Feuerluft" entwichen war. Am Ende fand er zehn verschiedene Möglichkeiten zu ihrer Herstellung: Jetzt konnte er endlich beliebige Mengen der Feuerluft erzeugen, um ihre Eigenschaften genauer zu untersuchen. Was hat die Feuerluft beispielsweise mit der Atmung zu tun? Er sperrte Ratten und Mäuse, Blutegel, Fliegen und Bienen nacheinander in ein abgeschlossenes Gefäß und beobachtete ihr Verhalten. In allen Fällen trat das ein, was er vermutet hatte: Sobald die Feuerluft verbraucht war, verendeten die Tiere.

Um die Reaktion beim Menschen zu testen, pumpte er eine Ochsenblase auf und atmete die darin enthaltene Luft, ohne abzusetzen, ein und aus, bis es ihm schwarz wurde vor den Augen. Er schaffte es 24mal. Dann wiederholte er das Experiment mit Feuerluft. Nun kam er auf 65 Atemzüge. Nach monatelangen weiteren Versuchen mit Kräutern und Blumen, mit Blutegeln und Mäusen kam er zu dem Schluß: Tiere und Menschen atmen Feuerluft ein und fixe Luft aus.

Geheimnisvolle Feuerluft

Hatte Scheele damit das Geheimnis des Energiestoffwechsels gelüftet? Hat er erkannt, daß die Feuerluft ein chemisches Element (nämlich Sauerstoff) darstellt, ohne das kein Leben existieren kann auf dieser Erde? Nein, diesen kleinen Schritt zum Verständnis der Lebensvorgänge konnte er nicht tun, weil sich ihm eine Barriere in den Weg stellte, eine Irrlehre, die seit einhundert Jahren die gelehrtesten Köpfe vernebelt hatte, die „Phlogistontheorie" des deutschen Chemikers Stahl.[6] Sie besagte, daß alle brennbaren Materialien einen unsichtbaren, körperlosen Stoff enthalten, der beim Verbrennen entweicht, das sogenannte „Phlogiston". Keiner der großen Gelehrten war bisher auf den Gedanken gekommen, daß es sich gerade umgekehrt verhält: Bei der Verbrennung verbindet sich ein unsichtbares Gas – die Feuerluft bzw. Sauerstoff – mit dem brennbaren Stoff.

Die Nachricht von der Entdeckung der Feuerluft wurde an der ehrwürdigen Universität von Uppsala mit Verwunderung und Ungläubigkeit aufgenommen. Wie war es möglich, daß ein Nichtstudierter, ein Kräuterverkäufer, das herkömmliche Weltbild ins Wanken brachte? Konnte es außer den vier Elementen Feuer, Erde, Wasser und Luft wirklich noch andere Grundstoffe auf der Erde geben? Zum erstenmal wurden die

Professoren auf den eifrigen Privatforscher aufmerksam. Als der Bruder Friedrichs des Großen, Prinz Heinrich von Preußen, auf einer Reise durch Schweden nach Uppsala kam, durfte der Pharmaziegehilfe Scheele zu Ehren des hohen Gastes chemische Versuche im vollbesetzten Universitätshörsaal vorführen. Der Prinz war von der Demonstration so entzückt, daß er den anwesenden Professoren empfahl, dem begabten jungen Mann künftig jederzeit Zutritt zum Universitätslabor zu gestatten.

Im Februar 1775 wurde Carl Wilhelm Scheele in Gegenwart des schwedischen Königs Gustav III. zum ordentlichen Mitglied der Akademie der Wissenschaften gewählt. Das war „bei der Stellung, welche die schwedische Akademie in Paris einnahm, auch in socialer Hinsicht eine große Auszeichnung, welche weder vorher noch nachher einem *studiosus pharmaciae* zu Theil geworden ist". Mit 32 Jahren war Scheele das weitaus jüngste Mitglied dieser Institution und der einzige ohne Abitur und Studium.

Friedrich der Große holt sich eine Abfuhr

Wenige Wochen später erhielt Scheele einen Brief aus Köping, einem kleinen Ort am Mälarsee. Dort war eine Apotheke zum Kauf angeboten. Eine solche Gelegenheit, sich selbständig zu machen, durfte er sich nicht entgehen lassen. Angebote der schwedischen Regierung, ihm eine leitende Position in der Bergverwaltung zu verschaffen, ließen ihn kalt. Nicht einmal die Einladung Friedrichs des Großen, in Berlin die Stelle eines „Hofchemikers" zu übernehmen, konnte ihn verführen, obwohl damit eine mit 2000 Reichstalern dotierte Professur an der Preußischen Akademie der Wissenschaften verbunden war. Die Aussicht, sich in der eigenen Apotheke ohne jede Einschränkung seinen chemischen Experimenten widmen zu können, war ihm weit wichtiger als die Ehre, im preußischen Berlin lehren zu dürfen. „Ich kann mich nicht mehr als sattessen, und wenn ich dieses in Köping tun kann, so brauche ich mein

Brot nicht anderswo zu suchen." Der große Friedrich konnte diese Absage nicht fassen und ließ Scheele verärgert ausrichten: „Gott möge ihn in seinen heiligen und würdigen Schutz nehmen" – mit anderen Worten: Zum Teufel mit dem Kerl!

Die Unabhängigkeit benutzte Scheele zunächst einmal dazu, alle bisherigen Ergebnisse seiner Forschung schriftlich zusammenzufassen: *Chemische Abhandlung von der Luft und dem Feuer*. Doch Scheele hatte auch mit dieser Publikation Pech. Teils durch eigene Nachlässigkeit, teils durch Versäumnisse seines Verlegers Swederus verzögerte sich das Erscheinen des Buches um fast zwei Jahre. Als es im Herbst 1777 endlich in die Buchläden kam, hatten bereits zwei andere Forscher das Geheimnis der legendären Feuerluft gelüftet und die Entdekkung für sich beansprucht: Priestley[7] und Lavoisier.[8]

Dennoch: Scheeles Buch verursachte in der Fachwelt großes Aufsehen. Die erste Auflage war schnell vergriffen. Nach all den Enttäuschungen fand Scheele endlich allgemeine Anerkennung. Es hagelte Ehrungen, er wurde zur Wahl als Präsident der Akademie der Wissenschaften vorgeschlagen, der König von Schweden bewilligte ein jährliches Stipendium von 100 Reichstalern. Apotheker Scheele war mit einem Schlag ein berühmter und wohlhabender Mann.

Ölsüß und Berlinerblausäure

Inzwischen hatte sich Carl Wilhelm Scheele schon längst neuen Aufgaben zugewendet. Bei der Untersuchung des Olivenöls gelang ihm der Nachweis von Glycerin. Natürlich kannte er diese Bezeichnung noch nicht. Er gab der öligen, angenehm süß schmeckenden Flüssigkeit den Namen „Ölsüß". Aus dem für die Herstellung von Tinte verwendeten Farbstoff „Berliner Blau"[9] isolierte er ein angenehm nach Bittermandel riechendes Gas.[10] Er nannte es zuerst „Berlinerblausäure", später einfach „Blausäure". Ein Wunder, daß Scheele diese Entdeckung überlebte. Von der enormen Giftigkeit des Gases hatte er nichts gewußt und glücklicherweise auch nichts bemerkt. Aus gepulvertem Pyrit und Salzsäure gewann er ein anderes, ebenfalls giftiges Gas, das abscheulich nach faulen Eiern roch.[11] Für ihn war das die „stinkende Schwefelluft".

Die Untersuchung von Arsen- und Kupfersalzen führte unvermutet zu einem herrlich grünen Farbstoff. Die Maler, die das Pulver mit Leinölfirnis vermischten, um damit Fensterläden und Gartenbänke zu streichen, gaben ihm den Namen „Scheeles Grün".[12] Der Erfinder war angemessen selbstbewußt und daher nicht wenig stolz auf die schöne Farbe, „zumal sie auch noch den Vortheil hat, daß sie, wenn Stubenwände, Bettstellen usw. damit angestrichen werden, auf eine ganz vorzügliche Weise die Wanzen abhält."

So experimentierte sich Scheele durch das ganze damals bekannte Chemikaliensortiment. Immer neuen Eingebungen folgend, jegliche Systematik verachtend, taumelte er von einer Fragestellung zur anderen. Mit theoretischen Vorstellungen gab er sich nicht ab. Doch nie haben ihn Neugier und naives Staunen verlassen, wenn er etwas Neues entdeckte, das unter seinen Händen entstand. Die experimentellen Befunde waren ihm ein steter Quell der Freude: „Der Phosphorus fing an zu schmelzen, und gleich darauf entzündete er sich, der Kolben wurde mit einem weißen Nebel angefüllet, welcher sich an die Wände anlegte wie weiße Blumen".

Und weiter: „Es ist ja nur die Wahrheit, die wir wissen wollen, und welche Freude bereitet es doch, sie erforscht zu haben", lautete sein Credo.

Diese Wahrheit war zwar nur ein winziger Bruchteil eines später unübersehbar großen Wissenschaftszweiges, aber der Freizeitforscher hatte sieben neue Elemente entdeckt: Sauerstoff und Stickstoff, Chlor und Fluor, Barium, Molybdän und Wolfram. Dazu kamen so wichtige Grundchemikalien wie Ammoniak und Oxalsäure, Schwefelwasserstoff und Acetaldehyd, wasserfreie Schwefelsäure, salpetrige Säure und Kohlenmonoxid. Nicht weniger als neun organische Säuren stellte Scheele erstmals in reiner Form her. Er hat sich zahlreiche Nachweisreaktionen ausgedacht, etwa den Sulfatnachweis mit Bariumchlorid.

Sträflicher Leichtsinn

Die Vielzahl seiner bedeutenden Entdeckungen ist um so erstaunlicher, wenn man bedenkt, wie und wo sie zustande kamen. Scheele hatte im Hof seiner Apotheke in Köping einen alten Geräteschuppen notdürftig zum Labor umfunktioniert. In diesem zugigen, im Winter ungeheizten Raum experimentierte er völlig allein, von früh bis in die späte Nacht. Die Kunden in der Apotheke wurden einem Lehrling überlassen. In dem Schuppen fehlte die einfachste Laborausrüstung, es gab keinen Abzug, der die z.T. außerordentlich giftigen Dämpfe ins Freie geleitet hätte, an Atemschutzmaske, Handschuhe, Schutzbrille war nicht zu denken.

Dieser Leichtsinn mußte sich rächen. Bald nach seinem 42. Geburtstag stellten sich bei Scheele „rheumatische und gichtige Schmerzen" ein. Zu Beginn des Jahres 1785 plagten ihn hartnäckiger Husten und asthmatische Beschwerden. Im Herbst desselben Jahres klagte er erneut über schweres Rheuma: „Der Fuß und das Knie, die Arme und die Hände schmerzen mir, und noch spüre ich keine Linderung, ungeachtet ich medizinire. Vielleicht ist kein Apotheker ohne Gicht." Trotzdem ließ er nicht ab von seiner Leidenschaft, halbe Nächte lang stand er bei dem trüben Licht einer Ölfunzel im kalten Scheunenlabor. Wieder folgten Husten und Atemnot, das Leiden verschlimmerte sich von Tag zu Tag. War es die „Schwindsucht" oder – wie man heute vermutet – eine schleichende Vergiftung durch giftige Dämpfe? Wir wissen es nicht.

Hochzeit auf dem Totenbett

Zum Heiraten hatte Scheele nie Zeit gefunden. Sara Margarethe Pohl, die Witwe des vorherigen Apothekers, besorgte ihm den Haushalt. Mit ihr hatte er in den letzten Jahren Tisch und Bett geteilt, aufopferungsvoll pflegte sie nun den Todkranken. Am 19. Mai 1786 ließ Scheele den Pfarrer kommen, um seiner Ehe mit Sara den Segen zu geben. Dann rief er den Notar und diktierte ihm das Testament: Seine Frau solle die Apotheke erben. Zwei Tage später endete das Leben von Carl Wilhelm Scheele. Er wurde nur 44 Jahre alt. Die zweifache Apothekerwitwe richtete „das ehrenvollste Begräbnis aus, das die kleine Stadt je gesehen hatte". Dann nahm sie einen neuen Apothekenprovisor und heiratete denselben nach zwei Jahren.

Noch im Tod erwies sich Scheele als der größte Pechvogel in der Chemiegeschichte. Die Königliche Medizinische Societät zu Paris, die Società Italiana in Verona und die Kurmainzische Societät der Wissenschaften zu Erfurt wählten ihn zum Ehrenmitglied. Die Briefe, noch zu seinen Lebzeiten geschrieben, kamen wenige Stunden zu spät – der Geehrte hatte die Augen schon geschlossen.

Der verkannte Diamant

Antoine Laurent de Lavoisier, französischer Privatgelehrter * 26. August 1743 in Paris – † 8. Mai 1794 in Paris

Wann hatte die Alchemie ausgedient? In welchem Jahr schlug die Geburtsstunde der Chemie? Schwer zu sagen. Am genauesten wird dieser Schnittpunkt wohl durch den Namen eines französischen Juristen markiert: Antoine Laurent de Lavoisier. Er hat das Augenmaß durch exaktes Messen und genaues Wiegen ersetzt. Die vom Zufall oder auch vom Wunschdenken diktierten Experimentiermethoden wurden durch systematisch ausgeführte Versuche abgelöst. Lavoisier schuf die erste logische Nomenklatur für chemische Verbindungen und postulierte das erste Grundgesetz der Chemie, den Satz von der Erhaltung der Masse. Er war der „Vater der französischen Chemie", Stolz der französischen Wissenschaft – und eine tragische Gestalt: Sein Leben endete auf dem Schafott.

Als die Guillotine ihren Dienst getan hatte, murrte das Volk. Warum beförderten die Henker der Revolution gerade ihn, den populären Gelehrten, ins Jenseits? Konnte es sich Frankreich, die *Grande Nation*, leisten, seine großen Söhne, seine Wissenschaftler den Zielen einer aus den Fugen geratenen Revolution zu opfern? Robbespierres[1] Antwort war kurz und bündig: „Nous n'avons plus besoin de savants!" – wir brauchen keine Gelehrten mehr. Damit war für ihn die Sache erledigt.

Die „Sache": Das war der Fall Lavoisier. Antoine Laurent de Lavoisier war in die Fänge der Jakobiner[2] geraten, weil er als Steuereinnehmer im Auftrag des gestürzten und inzwischen hingerichteten französischen Königs die Salz-, Tabak- und

Antoine Laurent Lavoisier (1743–1794) mit seiner Frau und Mitarbeiterin Marie Anne, Gemälde von Louis David (Ausschnitt)

Branntweinsteuer eingetrieben hatte. Doch Antoine Laurent Lavoisier war eben mehr als ein einfacher Steuereintreiber. Er war ein hochgeachteter Gelehrter, Direktor der renommierten *Académie Française*, Ehrenmitglied zahlreicher Kommissionen, der bekannteste Chemiker seiner Zeit, kurz: eine Zierde der französischen Wissenschaft. Sein Tod traf den Nationalstolz des französischen Bürgertums.

Jugendzeit im Luxus

Antoine Laurent Lavoisier kam am 26. August 1743 in Paris als einziger Sohn wohlhabender Eltern zur Welt. Der Vater übte den Anwaltsberuf aus, die Mutter stammte aus sehr reichem Hause. Sie starb, als Antoine fünf Jahre alt war. Das Kind wurde im Haus der Großmutter von der alleinstehenden Tante erzogen. Die beiden Damen liebten den Jungen abgöttisch, sie lasen ihm jeden Wunsch von den Augen ab, er war der Mittelpunkt der Familie, ihm sollte später auch das beträchtliche Vermögen zufallen. So verlebte Antoine eine sorglose Jugend in glänzendem Luxus.

Mit elf Jahren wurde der junge Lavoisier Zögling des berühmten *Collège Mazarin*, mit siebzehn studierte er Rechtswissenschaften und promovierte als 21jähriger zum Doktor juris. Sein Name stand bereits auf der Liste der Anwälte von Paris, doch Lavoisier dachte nicht daran, diesen Beruf auszuüben, die Juristerei konnte ihn nicht begeistern. Warum auch sollte er an Geldverdienen denken – Geld war in der Familie kein Thema. Viel mehr lockten ihn die damals noch wenig erforschten Naturwissenschaften.

Die „Chymisten“ – ein geheimnisvoller Berufsstand

Am *Jardin du Roi* hörte Lavoisier Vorlesungen über Botanik, Mathematik, Mineralogie. Das Fach Chemie existierte noch nicht. Abends trieb er sich in den Salons der feinen Gesellschaft herum, politisierte über Tagesthemen, kritisierte die Regierenden, diskutierte über die Lehren der großen Philosophen Rousseau und Voltaire. Man würde ihn heute als einen vermögenden „Playboy“ bezeichnen, doch seine Liebe galt weniger den Damen als der Wissenschaft. Für einen jungen Mann *de la haute volée* war das nicht ungewöhnlich. Sich wissenschaftlich zu betätigen, das war damals große Mode.

Die Liebe zum anderen Geschlecht hatte darunter nicht zu leiden: Lavoisier heiratete standesgemäß, die Auserwählte war Marie Anne Paulze, die Tochter eines Direktors der Französisch-Ostindischen Gesellschaft und Nichte des Finanzministers. Daß die Braut noch nicht einmal 14 Jahre alt war, störte damals niemanden. Das junge Paar bezog ein Domizil im besten Viertel von Paris, in der *rue neuve des bons enfants*. Das elegant eingerichtete Haus wurde bald zum Mittelpunkt des gesellschaftlichen Lebens.

Schon als Zwanzigjähriger war Lavoisier mit einer Schrift über die beste Art der Straßenbeleuchtung in Paris an die Öffentlichkeit getreten. Sein Vorschlag wurde mit einer Goldmedaille ausgezeichnet. Drei Jahre später wurde er Mitglied einer Kommission, die von der Regierung den Auftrag hatte, eine geologische Karte von Elsaß-Lothringen zu erstellen. Lavoisier berichtete darüber, so daß sein Name in allen Zeitungen stand.

Vor allem aber interessierte sich Lavoisier für das Fach „Chymie". Ihn faszinierte das Geheimnisvolle an dieser noch in den Kinderschuhen steckenden Wissenschaft. Sie war bis dahin kaum über die alchemistischen Künste des Goldmachens, über die abenteuerliche Suche nach dem Stein der Weisen hinaus gediehen. In der großen Enzyklopädie von Diderot und d'Alembert heißt es: „Die Chymisten bilden ein Volk für sich, das sehr wenig zahlreich ist, seine eigene Sprache, seine Gesetze, seine Geheimnisse hat, und das beinahe isoliert inmitten eines großen Volkes lebt." Der junge Antoine sollte später dafür sorgen, daß sich dies gründlich änderte.

Hohe Ehre für das „liebe Kind"

In seinem Haus richtete Lavoisier ein Laboratorium ein und experimentierte darin nach Herzenslust. Marie Anne, seine junge Frau, war für Lavoisier die ideale Hilfe, sie assistierte ihm bei seinen Versuchen, sie war intelligent und sprachbegabt und kümmerte sich um fremdsprachige Literatur. Was in den „chymischen" Lehrbüchern stand, wurde von dem Hobbychemiker nachgekocht und nachgeprüft. Was immer gemessen und gewogen werden konnte, das wurde von Marie Anne sorgfältig notiert und registriert. Sie zeichnete auch die Versuchsanordnungen. Lavoisier wurde zum leidenschaftlichen Datensammler und Genauigkeitsfanatiker. Weil er mit der Präzision der im Handel erhältlichen Waagen nicht zufrieden war, ließ er sich bei den besten Mechanikern von Paris besondere Feinwaagen anfertigen. Den Grund für sein Streben nach äußerster Exaktheit erklärte er später in einem Lehrbuch:[3] „Da die Bestimmung des Gewichtes der Stoffe und Produkte, vor und nach den Versuchen, die Grundlage von allem ist, was man in der Chemie Nützliches machen kann, so kann man nicht genau genug zu Werke gehen."

Der junge Privatgelehrte hielt Vorträge in den gelehrten Zirkeln. In den Salons der französischen Hauptstadt schmückte man sich mit dem aufgehenden Stern, sogar bei Hofe kannte man seinen Namen. Als in der französischen Akademie der Wissenschaften der Nachfolger für ein verstorbenes Mitglied gesucht wurde, setzten sich einflußreiche Freunde für die Wahl des 26jährigen Lavoisier ein. Nachdem das Auswahlgremium einen anderen Kandidaten vorgezogen hatte, schritt der König ein und ernannte Lavoisier zum überzähligen Mitglied dieser angesehenen Institution. Eine Freundin der Familie schrieb an die Tante: „Es ist wohl eine Befriedigung für Sie, teure Freundin, daß das liebe Kind schon so große Fortschritte in der Wissenschaft gemacht hat, daß es mit einem Titel gekrönt wurde, den man im allgemeinen nur nach mühseliger Arbeit reichlich in den Fünfzigern zu erreichen pflegt."

Eine Irrlehre behindert den Fortschritt

Mit der Einführung des exakten Wägens und Messens in das noch junge Wissensgebiet der Chemie brachte Lavoisier eine Theorie ins Wanken, welche damals die Grundlage der Stofflehre bildete. Der deutsche Chemieprofessor Stahl[4] hatte sie 1697 verkündet: Bei jeder Verbrennung entweicht ein unsichtbarer Stoff, das „Phlogiston". Dieser Stoff hat ähnliche Eigenschaften wie Schwefel, ist aber kein konkreter, wägbarer Stoff. Die brennbare Kohle beispielsweise enthält sehr viel Phlogiston, unbrennbares Gestein dagegen keins.

Daß diese schöne Theorie ihre Schwächen hatte, blieb nicht verborgen. Warum etwa nimmt Eisen beim Glühen an Gewicht zu? Wenn dabei Phlogiston entweichen würde, dann müßte das Gewicht doch eher abnehmen. Die Anhänger der Theorie wußten sich zu helfen: Man ordnete dem ominösen Stoff Phlogiston ein negatives Gewicht zu. Damit konnte sich Lavoisier nicht anfreunden. Er deponierte bei der Akademie in Paris ein versiegeltes Schreiben. „Es ist etwa acht Tage her, seit ich entdeckt habe, daß der Schwefel beim Verbrennen, weit davon entfernt, an Gewicht zu verlieren, im Gegenteil hieran zunimmt. Dasselbe gilt für den Phosphor." Aus dieser Beobachtung leitet er seine eigene – allerdings noch unbewiesene – Theorie her: „Beim Verbrennungsvorgang entweicht kein Stoff, im Gegenteil, es wird ein Stoff gebunden."

Woraus besteht die „Feuerluft"?

Welcher Stoff konnte es sein, der beim Verbrennen gebunden wird? Er mußte aus der Luft stammen. Luft galt aber noch immer als ein unteilbares Grundelement.[5] Also machte sich Lavoisier an die Untersuchung der Luft. Tag und Nacht experimentierte er in seinem Privatlabor. Er korrespondierte mit den führenden Wissenschaftlern seiner Zeit, vor allem mit dem Engländer Joseph Priestley[6] und dem Schweden Carl Wilhelm Scheele.[7] Beide hatten bei ihren Versuchen ein Gas entdeckt, das die Verbrennung fördert. Nach wie vor der alten Phlogistontheorie verhaftet, hielten sie dieses jedoch für die „dephlogistierte Luft". Drei Jahre suchte Lavoisier nach einem Beweis, daß die Luft einen Stoff enthält, der beipielsweise das Eisen rosten läßt.

In dieser Zeit bekam er Besuch aus London. Der angesehene Earl of Shelburne und sein Sekretär, Joseph Priestley, interessierten sich für Lavoisiers Forschungen. Natürlich kamen sie auch auf die „dephlogistierte Luft" zu sprechen. Priestley erzählte im Vertrauen, daß er beim Schmelzen von Quecksilberoxid eine Art „Feuerluft" beobachtet hatte. Lavoisier wurde hellhörig, blieb aber ruhig. Kaum waren die Besucher außer Hause, wiederholte er Priestleys Versuche. Sie brachten Licht ins Dunkel: Priestleys „Feuerluft“ war nichts anderes als ein Teil der Atemluft, und sie war auch jener Stoff, der sich beim Erhitzen mit Schwefel und Phosphor, mit Eisen und Zinn verbindet. Es war der Sauerstoff.[8]

Ostern 1775 berichtete Lavoisier vor der französischen Akademie der Wissenschaften über seine Entdeckung. Ganz anders als Professor Stahl deutete er nun den Vorgang der Verbrennung als Verbindung mit Sauerstoff. Eine Theorie, die beinahe 100 Jahre lang die Köpfe vernebelt und den Fortschritt behindert hatte, war widerlegt. Die wissenschaftliche Welt horchte auf, Paris wurde über Nacht zum Mekka der Chemiker. Gelehrte aus ganz Europa besuchten den erfolgreichen Privatgelehrten in seinem Laboratorium und ließen sich über die Ergebnisse seiner Forschung berichten, über die alkoholische Gärung beispielsweise und über die Atmung. Diese beiden biologischen Prozesse deutete Lavoisier nun als chemische Reaktionen.[9]

Das Ende einer Geheimwissenschaft

Lavoisier verstand es glänzend, seine Theorien unter die Leute zu bringen. Sein Labor war „ein Theater der Experimentierkunst, dessen Vorstellungen von der ganzen Welt mit Aufmerksamkeit verfolgt wurden“. Vor den Mitgliedern der Akademie, manchmal auch in der Öffentlichkeit, hielt er Vorträge über chemische Themen. Dem staunenden Publikum verkündete er, daß die dem Körper zugeführten Nahrungsmittel hauptsächlich aus Kohlenstoff und Wasserstoff bestehen, die im Körper „ohne Feuererscheinung“ verbrannt werden und Energie liefern. Das war eine echte Sensation, über die in Wissenschaftskreisen, aber auch in den Salons heiß diskutiert wurde. Gerne zeigte Lavoisier die heftige Reaktion zwischen Wasserstoff und Sauerstoff, die Knallgasexplosion. Die Gäste waren verblüfft, daß dabei „künstliches Wasser“[10] entsteht. Umgekehrt zeigte er, daß man Wasser an glühendem Eisen in Sauerstoff und Wasserstoff zerlegen kann.

Verbrennung eines Diamanten, Kupferstich um 1775

Gewaltiges Aufsehen erregte das auf offener Straße vorgeführte Experiment, einen Diamanten im Sonnenlicht zu verbrennen.[11] Er verwendete dazu zwei riesige, hohle und mit Terpentin gefüllte Sammellinsen. Mit diesem sensationellen Schauversuch lieferte Lavoisier den Beweis, daß der Diamant nicht, wie man bisher geglaubt hatte, ein mineralischer Edelstein war, sondern ein Gebilde aus reinstem, kristallisiertem Kohlenstoff. Der Widerhall in der Presse war so groß, daß Lavoisier schon als „Diamant unter den Wissenschaftlern" bezeichnet wurde.

Sauerstoff statt Lebensluft

Seine Hauptaufgabe sah Lavoisier nun darin, der Chemie eine verständliche Sprache zu geben, eine neue Nomenklatur. Auf seine Veranlassung betraute der König eine Kommission mit der Aufgabe, die noch aus den Zeiten der alten Alchemisten überlieferten Namen und Symbole unter die Lupe zu nehmen und zu reformieren. „Es wird Zeit, der Chemie ihre Fesseln abzustreifen und bei ihr einen wahren Geist der Analytik einzuführen." Im April 1787 veröffentlichte Lavoisier zusammen mit drei anderen Chemikern[12] das berühmte Werk über die *Methoden der chemischen Nomenklatur.*[13]

Jede Substanz wurde nach den Elementen bezeichnet, aus denen sie zusammengesetzt ist. „Lebensluft haben wir in Sauerstoff umbenannt, weil sie die Stoffe in Säuren verwandelt, die brennbare Luft soll nun als Wasserstoff bezeichnet werden, denn aus ihr läßt sich mit Sauerstoff Wasser herstellen. Die Stickluft heißt künftig Stickstoff, weil sie das Leben der Tiere nicht unterhält, also schädlich ist." Aus „Vitriolsäure" wurde Schwefelsäure, aus der „Luftsäure" die Kohlensäure und aus den „Kalken" machte Lavoisier die Oxyde. Erstmals wurde unterschieden zwischen chemischen Elementen und chemischen Verbindungen, erstmals wurden Definitionen für Säuren, Basen und Salze festgelegt.

So entstand eine allgemeine chemische Theorie, welche nicht nur die alten Phänomene erklären konnte, sondern auch neue Reaktionen quantitativ vorherzusagen erlaubte. Die Geheimwissenschaft Alchemie hatte ausgedient, das Tor für ein neues chemisches Zeitalter war weit aufgestoßen. Lavoisier wurde zum Begründer der neuen Chemie.

Chemie als Freizeitbeschäftigung

Man mag es kaum glauben: Lavoisiers wissenschaftliche Großtaten waren das Ergebnis einer Freizeitbeschäftigung. Chemie war für ihn nur ein Hobby, das er zwar mit großem Eifer pflegte, aber immer nur stundenweise, frühmorgens vor dem *petit déjeuner* und abends nach dem *dîner*. Tagsüber war er ein vielbeschäftigter Manager. Als Besitzer eines 200 ha großen Gutes in der Provinz mußte er seine Pächter überwachen, als Bankdirektor die Geldgeschäfte kontrollieren. Ehrenamtlich vertrat er die Akademie der Wissenschaften in zahlreichen Kommissionen. Er schrieb Gutachten über die Qualitätskontrolle von Lebensmitteln und über die Wasserversorgung auf Hochseeschiffen. Für die Hygienekommission hatte er Vorschläge auszuarbeiten zur Verbesserung der katastrophalen hygienischen Verhältnisse in Paris. Es gab noch keine Kanalisation, die Fäkalien wurden in Jauchegruben gesammelt. Diese erwiesen sich nicht nur als übelriechende, sondern auch als höchst gefährliche Sanitäreinrichtungen. Beim Leeren der Gruben ereigneten sich immer wieder tödliche Unfälle, weil die Arbeiter in den ausströmenden Dämpfen bewußtlos wurden und in die Grube stürzten.

Anrüchig und gefährlich waren auch die beiden Hauptberufe, die Lavoisier ein beträchtliches Einkommen garantierten. Da war zum einen die Stellung eines Direktors der Staatlichen Salpeterproduktion. Salpeter, ein Nitratgemisch, war der wichtigste Bestandteil des Schießpulvers und somit ein kriegswichtiger Rohstoff. Der Staat hatte das Monopol für Herstellung, Sammeln und Lagern des Salpeters, wie auch für die Produktion und Verwaltung des fertigen Schießpulvers. Die Stelle des Geschäftsführers wurde fürstlich bezahlt: Ein jährliches Salär von 2400 Livres und zusätzlich ein Sou Erfolgsbeteiligung für jedes Pfund Schießpulver – davon ließ sich gut leben. Der Staat wußte, warum er den Direktorposten so hoch dotierte. Die Salpeterproduktion stand in einem üblen Geruch. Salpeter war das Zersetzungsprodukt stickstoffhaltiger Abfälle. Die weißlichen Ausblühungen an den Wänden der Ställe und Aborthäuschen enthielten den „Mauersalpeter"; er wurde von den Arbeitern abgekratzt und eingesammelt.

Eine andere, ebenfalls wenig appetitliche Möglichkeit zur Salpetergewinnung war die Anlage von „Salpeterplantagen". Das waren Gruben für die Abfälle aus Schlachtereien: Horn, Klauen, Blut. Sie wurden mit Friedhofserde gemischt und mit Fäkalien übergossen. Nach zwei Jahren Lagerung hatte sich der Inhalt zersetzt, die Gruben wurden geleert, die Erde mit Wasser ausgelaugt und die salzhaltige Brühe – beim „Salpetersieden" – eingedampft. Lavoisier fand nichts Anrüchiges an diesem Beruf, solange die Kasse stimmte. *Pecuniam on olet*, Geld stinkt nicht.

Eine Mauer rund um Paris

Auch sein zweiter Hauptberuf hatte nicht den besten Ruf. Schon als 25jähriger hatte sich Lavoisier in die *Ferme Général* eingekauft. Die *Ferme* war die Vereinigung von 60 Steuerpächtern, die vom Staat gegen eine bestimmte Pachtsumme das Privileg erworben hatten, die Salz-, Tabak- und Getränkesteuern zu kassieren. Dazu wurden 24000 bewaffnete Zöllner beschäftigt. Sie hatten das Recht, jedes Haus und jedes Gut unangemeldet zu durchsuchen und die Steuern nötigenfalls mit Gewalt einzutreiben. Kein Wunder, daß die Steuerpächter im ganzen Land verhaßt waren.

Lavoisier hatte die spezielle Aufgabe, den Salzschmuggel zu unterbinden, was sich aber als sehr schwierig erwies, weil die Ausgaben für eine umfassende Zollkontrolle auf den Straßen weit höher gewesen wären als die Einnahmen durch die Salzsteuer. Lavoisier schlug 1783 vor, die Hauptstadt Paris mit einer Zollmauer zu umgeben. Dieser Vorschlag stieß bei der Bevölkerung, wie man nur allzu gut verstehen kann, auf heftige Ablehnung. Die Mauer wurde fünf Jahre später trotzdem gebaut. Die empörten Stadtbewohner verteilten Flugblätter und sangen Protestlieder, in denen es hieß:

Um ihr Einkommen zu erhöhen,
Raubte uns die Ferme den Horizont!
Sie hat die ganze Stadt Paris
in ein Gefängnis verwandelt!

Durch diese Kampagne war der Name Lavoisier belastet, als ein Jahr später die Revolution losbrach. Lavoisier machte sich zunächst keine Sorgen, sein Ansehen war groß, seine Freunde hielten zu ihm, was konnte ihm schon passieren? Doch er hatte sich verrechnet. Zwar kam er noch einmal zu hohen Ehren: Er wurde als Abgeordneter in die Pariser Stadtvertretung gewählt, und es wurde ihm sogar die Verwaltung des königlichen Schatzes übertragen. Daneben wurde er zum Mitglied der Kommission ernannt, die ein einheitliches Maß- und Gewichtssystem auf metrischer Basis[14] ausarbeiten sollte.

Ein Fanatiker rächt sich

Schon im Sommer 1791 war eine Hetzschrift erschienen, geschrieben von einem gewissen Doktor Marat,[15] in der Lavoisier heftig angegriffen wurde: „Ich entlarve die Koryphäe der Scharlatane, diesen Chemikerlehrling, den Hauptzollpächter und Chef der Pulverproduktion, dieses Herrchen, das 40000 Livre Einkommen besitzt und hierzu noch das unvergeßliche Verdienst hat, Paris mit einer Zollmauer umgeben und so die freie Zirkulation der Luft verhindert zu haben." Für Lavoisier war dieser Jean Paul Marat, der dazu aufrief, man solle den Steuerpächter am nächsten Laternenpfahl aufknüpfen, kein Unbekannter. Zehn Jahre zuvor hatte der kleine Gernegroß bei der französischen Akademie eine pseudo-wissenschaftliche Arbeit „Über das Feuer" eingereicht, mit dem Ziel, selbst Mitglied der Akademie zu werden. Lavoisier und seine Kollegen lehnten die Arbeit als „Machwerk" ab. Diese Abfuhr hatte Marat nie verwunden, und nun war er Wortführer der radikalen Jakobiner, ein Fanatiker, der den politischen Massenmord forderte. Die Situation wurde kritisch für den großen Chemiker.

Marat setzte zunächst durch, daß die *Ferme Généràl* aufgelöst wurde. Als nächstes erreichte er, daß Lavoisier seinen Posten bei der Pulververwaltung verlor. Im Jahr darauf ließ er die Akademie der Wissenschaften verbieten und ihre Räume versiegeln. Zwar konnte Lavoisier noch einmal Hoffnung schöpfen, als sein Todfeind Marat im Bad erstochen wurde.[16] Doch die Mühlen der Revolution waren nicht mehr anzuhalten. Im November 1793 kamen die Gendarmen, um Lavoisier zu verhaften. Vier Tage konnte er sich im Louvre verstecken, dann stellte er sich der Polizei: Er habe sich nichts vorzuwerfen. Aus dem Gefängnis Port Libre schrieb er Briefe an seine Freunde und früheren Anhänger, an die Kollegen von der Akademie, an die Kontrollkommission. Vergeblich.

Die Verhaftung Lavoisiers, November 1793

Tod auf dem Schafott

Am 8. Mai 1794 wird Lavoisier vor das Revolutionstribunal geführt und für schuldig befunden. Im Abschiedsbrief an seine Frau schreibt der 50jährige: „Ich habe ein ziemlich langes Leben gehabt, vor allem ein sehr glückliches, und ich denke, man wird sich meiner erinnern mit einigem Bedauern." Dann dankt er dem Schicksal, daß ihm die Gebrechen des Greisenalters erspart bleiben. Am nächsten Morgen kommt der Profoß,[17] schneidet ihm die Haare kurz und macht seinen Hals frei. Dann geht es im zweirädrigen Karren auf den *Place de la Revolution.*[18] Dort steht, von weitem sichtbar, die rot gestrichene Guillotine. Aufrecht schreitet Lavoisier die Stufen zum Podest hinauf, überzeugt davon, daß unter dem Fallbeil nur der Hauptzollpächter sterben würde, nicht aber der verdiente Wissenschaftler. Als der Kopf in den Sack fällt, sagt der Mathematiker Lagrange[19] zu seinen Freunden: „Eine Sekunde nur brauchten sie, um ihm seinen Kopf zu nehmen. Hundert Jahre werden nötig sein, bis ein ähnlicher wieder nachwächst."

Drei Jahre später war der Revolutionsspuk vorbei, Lavoisier wurde postum rehabilitiert. Bei einer Gedächtnisveranstaltung bekam die Witwe das beschlagnahmte Vermögen zurück. Die Festrede hielt Antoine Fourcroy,[20] Professor für Chemie und ehemaliger Kollege Lavoisiers. Die bewegende Rede endete mit dem Satz: „Und somit wird das Andenken Lavoisiers nicht erlöschen. Ein ewiger Vorwurf treffe aber die, welche ihn damals dem Blutgerüst zuführten!"

Darauf erhob sich Napoleon, der in der ersten Reihe saß, hielt eine Rolle hoch und rief laut in die Versammlung: „Sie waren es doch selbst, Monsieur Fourcroy, Ihre Unterschrift steht unter dem Todesurteil!"

Uranium wie Uranos

Martin Heinrich Klaproth, deutscher Apotheker
* 1. Dezember 1743 in Wernigerode
† 1. Januar 1817 in Berlin

Ein Astronom, der das Glück hat, als erster einen neuen Kometen zu erspähen, braucht für seinen Nachruhm nicht zu sorgen: Sein Name bleibt mit diesem Himmelskörper für immer verbunden. Auch die Botaniker dürfen ihren Familiennamen der Artbezeichnung einer von ihnen aufgefundenen Neuheit im Pflanzenreich geben. In der Chemie galt ein solcher Personenkult als unschicklich. Nur in einem einzigen Fall wurde einem Chemiker die Ehre zuteil, daß ein neuentdecktes Element nach ihm benannt wurde. Es war der Finne Johann Gadolin (1760–1852). In dem nach ihm benannten seltenen Mineral Gadolinit wurde 30 Jahre nach seinem Tod das Element mit der Ordnungszahl 64 gefunden, das Gadolinium. Auf der Jagd nach chemischen Elementen war der deutsche Apotheker Martin Heinrich Klaproth besonders erfolgreich. Nicht weniger als viermal konnte er sich in das große Buch der Entdeckungen eintragen. In drei weiteren Fällen war er an der Aufklärung indirekt beteiligt. Aber keines dieser sieben Elemente trägt den Namen Klaprothium.

Klaproth wurde als Sohn eines nicht eben „betuchten" Schneidermeisters in Wernigerode im Harz geboren. Das Geburtshaus lag in der Innenstadt, ein schmalbrüstiges, zweistöckiges Gebäude, eingeklemmt zwischen der Küsterei zur Rechten und einem großen Brauhaus zur Linken. Dort hatte der Vater seine kleine Schneiderstube.

Martin Heinrich Klaproth hatte eine schwere Jugend: Als er sieben Jahre alt war, vernichtete ein Großfeuer das ganze

Martin Heinrich Klaproth (1743–1817)

Stadtviertel. Auch das Häuschen des Schneidermeisters wurde ein Raub der Flammen. Für die Familie Klaproth bedeutete diese Katastrophe bittere Not – es gab noch keine Feuerversicherung. So wuchs Martin in äußerst bescheidenen Verhältnissen heran. Das für den Schulbesuch erforderliche Bargeld mußte er sich selbst verdienen. Oft war er als „Kurrendejunge" unterwegs. Die Mitglieder des Kurrende-Chores sorgten bei Umzügen, Hochzeiten, Leichenfeiern usw. für die musikalische Begleitung.

„Genossenen Unterrichts kann ich mich nicht rühmen ..."

Martin Klaproth war 13 Jahre alt, als der Siebenjährige Krieg ausbrach. Die Bürger der Grafschaft Wernigerode hatten unter den feindlichen Invasionen und Einquartierungen durch die Franzosen und Reichstruppen schwer zu leiden. Infolge der kriegerischen Wirren war der Unterricht in der Lateinschule so mangelhaft, daß der Junge die Lust auf eine weitergehende Schulbildung verlor. Mit 16 Jahren verließ er die ungeliebte Schule ohne Examen und begann eine Lehre in der Rathausapotheke zu Quedlinburg. Auch hier kam der intelligente Junge nicht auf seine Kosten. In seinen Erinnerungen an die fünfjährige Lehrzeit schrieb er später: „Eines von meinem Lehrherrn genossenen Unterrichts kann ich mich nicht rühmen, sondern ich mußte mich nach damaliger Sitte mit demjenigen begnügen, was ich von den handwerksmäßigen Verfahren meiner älteren Mitgenossen absah und durch sparsames Lesen eines oder des anderen veralteten Apothekerbuches mir zu eigen zu machen Gelegenheit fand." Daß es ihm in Quedlinburg überhaupt nicht gefiel, zeigt sein Wahlspruch, den er in ein Freundschaftsalbum schrieb: „Souffrir et espérer" – durchstehen und hoffen.

Nachdem die Lehrzeit durchgestanden war, wechselte der Apothekergeselle zur Hofapotheke nach Hannover. Das war ein Glücksfall, denn Martin durfte in seiner Freizeit in der gut ausgerüsteten Bibliothek seines Prinzipals schmökern. Vor allem faszinierten ihn Bücher chemischen Inhalts. Allmählich erwachte in ihm der Wunsch, sich ganz dem Studium der Chemie zu widmen, was aber nicht einfach war: Es gab noch keine Universität, an der das Fach Chemie gelehrt worden wäre. Am ehesten, so hoffte er, müßte es in der preußischen Hauptstadt eine Möglichkeit zur Chemieausbildung geben.

Als in der Engel-Apotheke in Berlin[1] eine Stelle frei wurde, sagte Klaproth sofort zu. Doch nun mußte er feststellen: Es gab in Berlin überhaupt noch keine Universität.[2] Damals konnte er nicht ahnen, daß gerade er es sein würde, dem vier Jahrzehnte später die erste Chemieprofessur an der neugegründeten Berliner Universität übertragen wurde. An der Akademie der Wissenschaften gab es wenigstens das Unterrichtsfach „Naturwissenschaften". Abends konnten dort Vorlesungen im Fach Chemie gehört werden – das war ideal für

Klaproth: Er konnte tagsüber Dienst in der Apotheke tun, um sich danach in seinem Lieblingsfach weiterzubilden. Sein Lehrer an der Akademie war Sigismund Marggraf,[3] der unter anderem durch den Nachweis des Rohrzuckers berühmt geworden ist.

Nach einem kurzen Zwischenspiel in der Ratsapotheke in Danzig (1770–71), wo er als „Rezeptar"[4] seine Kenntnisse erweiterte, kehrte Martin Klaproth nach Berlin zurück. In der Roseschen Apotheke hatte er den kranken Inhaber[5] zu vertreten, und als dieser kurze Zeit später starb, übernahm er nicht nur die Verwaltung der Apotheke, sondern auch die Vaterstelle für die beiden halbwüchsigen Waisen des Verstorbenen.

Zweifel am Phlogiston

Mit Hilfe des ererbten Vermögens seiner Frau konnte Klaproth 1780 die Apotheke „Zum Bären" in Berlin erwerben. Dort richtete er ein winzig kleines Forschungslabor ein. Zum erstenmal hatte der inzwischen 37jährige die Möglichkeit, seinem Drang nach wissenschaftlicher Betätigung freien Lauf zu lassen. Das große Vorbild war der französische Chemiker Lavoisier,[6] der gerade zu jener Zeit mit exakten Messungen und Präzisionswägungen neue Maßstäbe für chemische Untersuchungen gesetzt hatte. Klaproth imponierte besonders das Lavoisiersche Gebot, daß bei allen chemischen Reaktionen die Massenbilanz ausgeglichen sein muß: „Es geht keine Materie verloren."

Als er erfuhr, daß Lavoisier eine neue Theorie aufgestellt hatte, die völlig im Widerspruch zu der fest etablierten Phlogistontheorie des deutschen Chemikers Georg Stahl[7] stand, wurde er hellhörig. Er selbst hatte nämlich schon lange den Verdacht, daß mit dem imaginären Phlogiston etwas nicht stimmen könne. Dafür sprach folgendes Experiment: Erhitzt man in einem hermetisch abgeschlossenen Gefäß orangefarbenes Quecksilberoxid, verwandelt es sich langsam in das silbrige Quecksilbermetall. Das Gewicht des geschlossenen Reaktionsgefäßes bleibt dabei konstant. Warum entweicht kein „Phlogiston“? Die Erklärung war einfach, aber zwingend: Offensichtlich hat sich die Materie im geschlossenen Kolben vorübergehend „anders arrangiert“.

Was Klaproth noch nicht wissen konnte: Es war der Sauerstoff, der sich in der Hitze abspaltet und beim Erkalten mit dem Metall wiedervereinigt.

Gekränkter Nationalstolz

Bald wurde ihm klar: Die herrschende Lehrmeinung, bei vielen Umsetzungen spiele ein nicht näher definiertes Prinzip namens „Phlogiston“ eine wichtige Rolle, war nicht länger aufrechtzuhalten. Lavoisier hatte also recht mit der Ablehnung veralteter Vorstellungen. Doch seine neue Oxidationstheorie fand in deutschen Landen keine Zustimmung. Der deutsche Nationalstolz sträubte sich, die Theorie des angesehenen Chemikers Georg Ernst Stahl zugunsten einer angeblich moderneren *Chimie française* aufzugeben.

Der Streit dauerte fast zehn Jahre und schlug hohe Wellen. Chemiker auf beiden Seiten des Rheins fühlten sich in ihrer Ehre verletzt.

Martin Klaproth, frei von Vorurteilen, wollte sich an der hitzigen Diskussion nicht beteiligen. Er schlug der Akademie der Wissenschaften in Berlin vor, die Versuche und Schlußfolgerungen des französischen Wissenschaftlers von neutralen Gutachtern nachprüfen zu lassen. Als sich Lavoisiers Ergebnisse schließlich bestätigten, war Klaproth der erste, der sich öffentlich als Anhänger der neuen Theorie bekannte. Sein Beispiel machte Schule, immer mehr Kollegen gaben ihren Widerstand auf – die moderne Chemie konnte nun auch in Deutschland Einzug halten.

Für Klaproth hatte der mit großer Heftigkeit geführte Disput auch eine positive Seite: Er lernte, peinlich genau zu arbeiten. Sein Ehrgeiz war es, nach dem Vorbild von Lavoisier mit der größtmöglichen Präzision zu messen und zu wiegen. Die bis dahin von vielen Kollegen gerne geübte Praxis, bei analytischen Untersuchungen unpassende Werte so hinzutrimmen, bis sie mit dem erwarteten Ergebnis harmonierten, lehnte er entschieden ab. Klaproths Genauigkeitsfanatismus ging so weit, daß er vor und nach jedem Gebrauch eines Mörsers das Gewicht kontrollierte, um sicherzustellen, daß beim Zerreiben von Substanzen kein meßbarer Abrieb des Porzellans aufgetreten war. Anstelle von Tontiegeln verwendete er Tiegel aus Silber, weil sie gegen die meisten Reagenzien resistent waren.

Klaproth war es auch, der die „Lehre von der Gewichtskonstanz anfallender Niederschläge“[8] einführte. Mit dieser Unbestechlichkeit wurde Klaproth zum „ersten analytischen Chemiker Europas“.[9]

Fettglänzende Pechblende

Bei solcher Präzision der analytischen Untersuchungen konnten die Erfolge nicht ausbleiben. Die Fähigkeiten des Berliner Apothekers sprachen sich bald herum; es häuften sich die Aufträge, Klaproth möge doch diese oder jene Mineralprobe, beispielsweise das Rotgültigerz[10] oder das Gelbbleierz,[11] einer genaueren Untersuchung unterwerfen. Unter Klaproths geschickten Händen gaben zahlreiche Edelsteine das Geheimnis ihrer chemischen Zusammensetzung preis, so der tiefgrüne Smaragd, der gelbe Topas und auch der braunrote Granat. Die Fachwelt horchte auf, und von nun an brauchte sich der fleißige und hilfsbereite Apotheker um lukrative Auftragsarbeit nicht mehr zu sorgen. Aus aller Welt bekam er Gesteine und Minerale zugeschickt. Sie bildeten später den Grundstock einer der bedeutendsten geologischen Sammlungen Europas. Noch heute sind viele Exponate mit Etiketten versehen, die Klaproths Handschrift tragen.

Einige der Einsender hegten insgeheim die Hoffnung, die Proben könnten irgend etwas Wertvolles enthalten, vielleicht Silber oder Gold. Aus einem pechschwarzen, fettglänzenden Erz, das ihm 1783 aus Joachimsthal in Böhmen zugeschickt worden war, isolierte Klaproth ein gelbliches Material, das ihm einige Rätsel aufgab. Erst sechs Jahre später, am 24. September 1789, konnte er der Königlichen Akademie der Wissenschaften in Berlin von der Entdeckung eines neuen Elements[12] berichten: „Bis zur etwaigen Auffindung eines noch schicklicheren lege ich ihm den Namen Uranit bey; welchen Namen ich, nach dem Beispiel der alten Philosophen von einem Planeten, nehmlich dem jüngstentdeckten, dem Uranus, entlehne." Der Planet Uranus war wenige Jahre zuvor von dem Organisten, Astronomen und Teleskopbauer Herschel[13] entdeckt worden. Später änderte Klaproth den Namen in „Uranium", woraus dann „Uran" wurde.

Einen „schicklicheren" Namen konnte niemand finden, so blieb es dabei bis heute.

Lange Zeit war Uran nur als Färbemittel für Gläser und Glasuren von Interesse, ehe es nach der Entdeckung der Radioaktivität durch den französischen Physiker Becquerel[14] (1896) wissenschaftliche und nach der Entdeckung der Kernspaltung (1938) militärische und energietechnische Bedeutung erlangte.

Titan und Zirkon und der Handel mit falschen Diamanten

Aus Ceylon bekam Klaproth den Halbedelstein Hyazinth zugeschickt. Was den gelbfarbenen Stein so interessant machte, war die Tatsache, daß man die Färbung durch leichtes Erhitzen zum Verschwinden bringen konnte. Der auf diese Weise farblos gemachte Stein – in eingeweihten Kreisen als *jargon* (Kauderwelsch) bezeichnet – wurde von gerissenen Edelsteinhändlern arglosen Kunden als Diamant angedreht. Nach eingehenden Untersuchungen gelang es Klaproth, aus dem Hyazinth ein neues Element zu isolieren. Er hatte die französische Bezeichnung *jargon* falsch verstanden und glaubte, der Halbedelstein heiße *cirkon*. So gab er dem neuen Element den Namen Zirkonium.[15]

Damit ist die Reihe der von Martin Klaproth aufgefundenen Elemente noch nicht beendet. Auf seiner Jagd nach den in Mineralien und Erzen versteckten Metallen gelang es ihm, aus dem Siebenbürger Golderz das Tellurium (von lateinisch *tellus* = Erde) zu isolieren. Und auch im roten ungarischen Schörl, heute Rutil (lateinisch *rutilus* = rot) genannt, fand er ein bis dahin unbekanntes Metall. Bei der Namensgebung griff er wiederum auf die Mythologie zurück: „Ich entlehne den Namen von den Ursöhnen der Erde, den Titanen, und benenne dieses neue Metallgeschlecht Titanium."

Bei der Analyse eines roten Bleierzes aus Sibirien fielen ihm verschiedene Salze auf, die sich durch besonders schöne gelbe, rote, violette und grüne Farben auszeichneten. Aus den Salzen gewann er ein Metall, dem er den Namen Chrom[16] (griechisch *chroma* = Farbe) gab.

Als Klaproth aus einem schwedischen Silikat ein weiteres neues chemisches Element isolieren konnte, hatte er sich zu früh gefreut. Demselben Element war wenige Tage zuvor schon der schwedische Chemiker Berzelius[17] auf die Spur gekommen, und Klaproth überließ seinem schwedischen Freund generös den Vortritt. Berzelius nannte das seltene Erdmetall Cerium, nach dem eben erst entdeckten neuen Planeten Ceres. Allerdings hätte dieses Element korrekterweise „Cererium" heißen müssen, was Berzelius etwas zu unaussprechlich fand. Das Cer sollte sich später bei den Rauchern beliebt machen: als Zündstein im praktischen Taschenfeuerzeug.

Klaproth war ein vielbeschäftigter Apotheker und ein gefragter Wissenschaftler. Der Umfang und die Vielfalt der analytischen Arbeiten und die Bedeutung seiner Entdeckungen sind um so erstaunlicher, wenn man berücksichtigt, daß er immer ohne Hilfskraft gearbeitet hat. In seinem kleinen Labor hätten zwei Personen ohnehin kaum Platz gehabt. August Wilhelm von Hofmann[18] hat seine Bewunderung für Klaproth später so ausgedrückt: „Wenn man bedenkt, wie selten einem Chemiker das Glück zuteil wird, ein einziges Element aufzufinden, so wird es begreiflich, wie sehr Klaproths Entdeckung von vier Elementen seinen Zeitgenossen imponieren mußte."

Martin Heinrich Klaproth erhielt gelegentlich auch exotische Dinge zur Untersuchung, etwa Wasser vom Toten Meer, „Himmelsmanna“[19] aus Sizilien und fossile Elefantenzähne aus Afrika. Alexander von Humboldt brachte ihm aus Peru den Vogelmist Guano[20] mit und bat ihn um eine Vollanalyse.

Aber nicht nur auf dem Feld der Analytik hat sich Klaproth einen Namen gemacht. Indem er seinen chemischen Sachverstand mit der Liebe zur Geschichte verband, wurde er zum Mitbegründer des chemischen Zweiges der Archäologie, der Archäometrie. Er untersuchte historische Artefakte – Münzen, Glas und antike Metallgegenstände – mit analytischen Mitteln. In seinem Apothekerlabor gaben germanische Schwerter und griechische Rüstungen, venezianische Vasen und chinesische Metallspiegel ihre Geheimnisse preis. Das Alter antiker Gläser, die Herkunft historischer Metallegierungen, vor allem aber die zeitliche Zuordnung alter römischer und griechischer Münzen waren seine Spezialgebiete.[21] In der „Archäometrie“[22] war Klaproth unumstrittener Experte und ein gefragter Gutachter.

Die Beschäftigung mit archäologischen Funden hatte seinen Ursprung in einer lebenslang betriebenen Sammelleidenschaft. Ein Historiker, der ihn 1812 besuchte, war von Klaproths Sammlung von Antiquitäten begeistert: „Ich habe hier antike Kunstwerke gesehen, die ganz einzig sind.“ Besonders erwähnte er „eine antike Glasarbeit; theils Mosaik, theils durchsichtiges, theils dunkeles Glas von den allerschönsten Farben. Auch zwei Stücke von einer sonderbaren Gestalt aus Guinea, wo sie Negerfürsten als Scepter gedient haben.“

Bemerkenswerten Fleiß entwickelte Klaproth auch als Fachschriftsteller. Allein seine Aufsätze in *Crells chemischen Annalen* haben einen solchen Umfang, daß sie später ein fünfbändiges Sammelwerk[23] füllten. Er war Mitautor des *Chemischen Wörterbuches*, einer enzyklopädischen Darstellung des gesamten chemischen Wissens der damaligen Zeit, und er besorgte eine Neubearbeitung des *Handbuchs der Chemie*.

Das Universitätsgebäude Unter den Linden in Berlin,
Aquarell von F. A. Calau, um 1825

Mit 67 auf die Lehrkanzel

1787 hatte Klaproth die Pharmazie als Beruf aufgegeben, um sich ganz auf die Chemie konzentrieren zu können. Nachdem ihn König Friedrich Wilhelm II. von Preußen mit der Professur für Chemie beim Feldartilleriekorps beauftragt hatte,[24] unterrichtete er 18 Jahre lang, von 1792 bis 1810, junge Offiziersbewerber im Fach Chemie. Der inzwischen 67 Jahre alte Gelehrte wollte sich gerade zur Ruhe setzen, als ihn eine ehrenvolle Berufung erreichte. Die Preußische Regierung ernannte Martin Klaproth, der nie an einer Universität immatrikuliert war und der keinen einzigen akademischen Titel vorzuweisen hatte, zum ersten ordentlichen Professor der Chemie an der neugegründeten Universität zu Berlin.[25] Eine solche Aufgabe konnte er nicht ablehnen. Nun war es ihm möglich, sein reiches Wissen an eine junge Chemikergeneration weiterzugeben. Er unterrichtete mit großer Freude und Hingabe bis wenige Wochen vor seinem Tod am 1. Januar 1817.

Es ist sicher kein Zufall, daß über den Menschen Klaproth verhältnismäßig wenig bekannt ist. Er war ein bescheidener, zuverlässiger und ehrlicher Wissenschaftler, überaus fleißig, uneitel und völlig unkompliziert. Zu seinem 50. Todestag am 1. Januar 1867 kennzeichnete August Wilhelm von Hofmann[26] Klaproths Wesen mit den Worten: „Von einer Bescheidenheit, der jede Überhebung fernliegt, voll Anerkennung für die Verdienste anderer, rücksichtsvoll für fremde Schwächen, aber von unerbittlicher Strenge in der Beurteilung der eigenen Arbeit, hat uns Klaproth das Vorbild eines echten Naturforschers gegeben."

Das Atom – richtige Theorie aus falschen Werten

John Dalton, britischer Lehrer und Privatgelehrter
* im September 1766 in Eaglesfield, Cumberland, England – † 27. Juli 1844 in Manchester

Wann begann das Atomzeitalter? Nach offizieller Lesart am 22. Dezember 1938. An diesem Tag gelang es – zu ihrer eigenen Überraschung – den deutschen Wissenschaftlern Otto Hahn und Fritz Straßmann in Kooperation mit Lise Meitner, die ihrer jüdischen Herkunft wegen aus Deutschland hatte fliehen müssen, schwere Atomkerne durch Neutronenbeschuß zu spalten. So wird es im Schulunterricht gelehrt. Nach der Auffassung von Wissenschaftshistorikern hat das Atomzeitalter jedoch schon sehr viel früher begonnen, nämlich zu Beginn des 19. Jahrhunderts. Ein englischer Schullehrer gelangte damals durch tiefes Nachsinnen zu der Erkenntnis, daß jedes chemische Element aus Atomen bestehen müsse, die untereinander in Bezug auf Qualität, Masse und Gestalt gleich seien. Der Schullehrer hieß John Dalton und war Autodidakt auf dem Gebiet der Naturwissenschaften. Er gilt als Schöpfer der Atomtheorie.

Die Familie Dalton aus Eaglesfield, einem kleinen Dorf bei Workington, Cumberland, gehörte den Quäkern an. Weil diese Sekte keine Kirchenbücher führen durfte, sind die Geburtstage ihrer Anhänger nirgends verzeichnet. Der berühmteste Abkömmling der Familie des Webers Dalton hieß John und soll „irgendwann um den 6. September 1766 herum" geboren sein. Daran erinnerten sich jedenfalls später, als John Dalton schon berühmt war, die Nachbarn.

John hatte fünf Geschwister und verlebte eine Kindheit in Armut. Das Heim der Eltern war eine strohgedeckte Hütte. Der Vater, Joseph Dalton, webte und schneiderte dort Kleider

John Dalton (1766–1844)

und Strümpfe aus Schafwolle. Die Mutter, Deborah Greenup, arbeitete auf dem Feld, versorgte den Haushalt und verkaufte zur Aufbesserung der Familienkasse Papier, Schreibfedern und Tinte an die Schulkinder.

In der Quäkerschule erhielt John eine gute Ausbildung. Der Lehrer verzichtete auf Ohrfeigen, Tatzen und Kopfnüsse, die zu jener Zeit zum normalen Instrumentarium des Schulunterrichts gehörten, besonders zum Einpauken algebraischer Formeln und zum Erlernen der lateinischen Grammatik. John Fletcher, der Erzieher, wußte seine Schüler durch Fächer zu fesseln, die im Schulalltag sonst nicht üblich waren, z.B. Feldmessen und Schiffahrtskunde. Auf dem Heimweg von der Schule kam John täglich an der Werkstatt des Instrumentenbauers Elihu Robinson vorbei. Der wohlhabende Mann fand Gefallen an dem wißbegierigen Jungen und ließ ihn an seinem Hobby teilnehmen, der Meteorologie. Durch seine Wetterbeobachtungen stand Robinson mit zahlreichen Wissenschaftlern im Briefkontakt, darunter auch mit Benjamin Franklin.[1] John lernte bald, die Wolken richtig zu deuten und das Wetter vorherzusagen. Der Geigenbauer stellte gern knifflige Fragen und freute sich, wenn der Junge auf die richtige Lösung kam. John war kein Schnelldenker, aber er blieb so lange hartnäckig an einer Frage, bis er die richtige Antwort wußte. So erweiterte er seinen Wissenshorizont und trainierte die Fähigkeit, selbständig zu denken.

Ein zwölfjähriger Schullehrer

Als John Dalton zwölf Jahre alt war, konnte ihm sein Lehrer Fletcher nichts mehr beibringen. Er schlug dem Jungen vor, seine Altersgenossen künftig selbst in den Elementarfächern zu unterrichten. Das machte John großen Spaß, auch wenn er mit der Aufrechterhaltung der Schulzucht einige Mühe hatte. Zwei Jahre dauerte die Lehrertätigkeit des Jungen, dann mußte er den erkrankten Vater vertreten und die Landwirtschaft übernehmen. Daran hatte er weit weniger Freude. Nach einem Jahr verließ der 15jährige das Heimatdorf und wechselte als Lehrer nach Kendall, einem Marktflecken von 5000 Einwohnern. Dort betrieb sein Onkel eine Privatschule. Als sich dieser nach drei Jahren zur Ruhe setzte, überschrieb er die Schule dem 18jährigen John Dalton und dessen sieben Jahre älteren Bruder Jonathan. Die beiden Daltons hatten 60 Schüler und unterrichteten in 21 Fächern, unter anderem Latein und Griechisch, aber auch Optik, Geographie und Astronomie.

John Dalton war bei den Schülern sehr beliebt, weil er ihre Hausaufgaben nicht kontrollierte. Statt zu unterrichten, saß er häufig in Gedanken versunken auf dem Katheder und bemerkte nicht, daß die Schüler mit ihm Unfug trieben. Diese wußten genau, daß ihr Lehrer völlig abschaltete, wenn er mit der Lösung kniffliger mathematischer Aufgaben beschäftigt war.

Auch in der Freizeit betätigte sich John fast ausschließlich mit Lesen, Nachdenken und dem Niederschreiben von Notizen. Mehrmals gewann er den ersten Preis bei mathematischen und wissenschaftlichen Wettbewerben, die von *ladies and gentlemen's magazines* ausgeschrieben waren. Er hatte nur einen einzigen Freund, den hochintelligenten Jungen John Gough. Dieser war seit seinem zweiten Lebensjahr blind und darauf angewiesen, daß ihm jemand vorlas. John Dalton übernahm diese Aufgabe gern, denn Goughs Vater war ein wohlhabender Kaufmann, der für seinen Sohn jedes Buch kaufte, das dieser sich wünschte. So kam John in den Genuß wissenschaftlicher Bücher, die er sich selbst nie hätte leisten können. Durch das Vorlesen profitierten beide, der blinde Freund und John selbst, es war eine Art gegenseitiger Entwicklungshilfe. Dalton vermittelte dem blinden Jungen Wissenschaft, Gough erzog den ungehobelten Bauernburschen John zu kultiviertem Umgang mit der Sprache und brachte dem zu Überheblichkeit neigenden Dalton die Kunst der Selbstkritik bei.

Verkauf von Barometern und Herbarien

In einem kleinen Museum entdeckte John Dalton ein elfbändiges Werk über Zoologie. Das regte ihn an, in freier Natur Schmetterlinge, Schnecken und Grillen zu beobachten. In einem Teich sah er Gasblasen aufsteigen. Er fing das Gas auf und stellte fest, daß es sich anzünden ließ. Allerdings fehlten ihm die chemischen Kenntnisse und die Laborausrüstung, um herauszufinden, um welches Gas es sich handelte: Es war Sumpfgas (Methan). Auf dem Gebiet der Botanik fand John eine Möglichkeit, Geld zu verdienen: Er sammelte Pflanzen und Blumen, preßte und trocknete sie und stellte daraus Herbarien her, die er an Museen und Naturliebhaber verkaufte. Der Absatz war nicht schlecht, gab es doch kaum Bücher mit farbigen Abbildungen.

Wie er es von seinem Privatlehrer Robinson gelernt hatte, machte sich John täglich Notizen über das Wetter. Robinson hatte ihm auch die Herstellung von Barometern, Thermometern und Hygrometern beigebracht. Mit dem Verkauf dieser Instrumente konnte Dalton sein mageres Lehrergehalt weiter aufbessern. Die Instrumente waren so laienhaft zusammengebastelt, daß John seine Abnehmer bitten mußte, auf die Genauigkeit nicht zu sehr zu vertrauen. Als Hygrometer verwendete er beispielsweise eine Schnur von etwa zwei Yards Länge, die an einem Brett befestigt war und bei feuchtem Wetter länger wurde. Die Schnur wurde durch ein Gewicht gespannt, das auf einer handgezeichneten Skala die Luftfeuchtigkeit anzeigte.

Zum Geburtstag hatte John seiner Mutter ein Paar neue Strümpfe gekauft. Die Mutter war entsetzt und fragte John, warum er ihr ausgerechnet scharlachrote Strümpfe ausgewählt habe, als fromme Quäkerin könne sie doch so etwas nicht anziehen. John war verblüfft, denn er meinte, blaue Strümpfe gekauft zu haben. Auch sein Bruder Jonathan sagte, die Strümpfe seien blau. Auf diese Weise entdeckte John, daß er und sein Bruder farbenblind waren.[2] John machte weitere Versuche mit Verwandten und Nachbarn und schrieb einen Bericht über Farbenblindheit. Es war seine erste Veröffentlichung. Noch heute wird Farbenfehlsichtigkeit als „Daltonismus“[3] bezeichnet. In seinem Testament verfügte Dalton, sein Körper solle obduziert werden, um die Ursachen für die Farbblindheit zu klären. Dabei konnten jedoch keine Abnormitäten an den Augen oder im Gehirn festgestellt werden.

Vorträge in der „Literarischen Gesellschaft“

John Daltons Leben erfuhr eine positive Wendung, als der 27jährige eine Anstellung als Lehrer für Mathematik am *New College* der *Warrington Academy* in Manchester erhielt. In der Großstadt kam er in Kontakt mit Intellektuellen und Wissenschaftlern, was seinem etwas lädierten Selbstwertgefühl neuen Auftrieb verschaffte. Zwar war sein Einkommen auch in Manchester kaum höher als in der Kleinstadt. Doch Dalton war genügsam, und als Junggeselle[4] hatte er für keine Familie zu sorgen. Eine Zeitlang versuchte er, sein Salär durch öffentliche Vorträge über Optik, Astronomie und Geographie aufzubessern, doch der Erfolg war gering. Er hatte einfach nicht die Gabe, sich vor einem größeren Hörerkreis verständlich auszudrücken.

Nun schrieb er ein Buch über Wetterkunde[5] in der Hoffnung, damit etwas Geld zu verdienen. Durch diese Veröffentlichung kam er in Kontakt mit der *Literarischen und Philosophischen Gesellschaft von Manchester,* kurz *Lit & Phil.* Er wurde eingeladen, vor diesem Gremium wissenschaftlich Interessierter über seine meteorologischen Beobachtungen zu berichten. Seine Ausführungen, insbesondere über die Natur der Nordlichter, erregten lebhaftes Interesse, und niemand nahm Anstoß an der unsinnigen Behauptung, die Nordlichter würden durch eine stahlartige Materie am Nordpol hervorgerufen. Das Präsidium fand Gefallen an dem jungen Mann und bot ihm an, bei der Gesellschaft Schriftführer zu werden. Als Gegenleistung durfte er im Haus der Gesellschaft ein eigenes Labor einrichten.

Dalton nahm dieses Angebot gerne an. Nun konnte er erstmals seine Theorien durch praktische Versuche überprüfen. Ein Teil der Laborausrüstung ist noch heute erhalten. Sie ist aus heutiger Sicht von einer geradezu umwerfenden Schlichtheit. Die Apparaturen sind überwiegend selbstgebastelt, als Glasgefäße dienten Tintenfässer, die der Lehrer nach Gebrauch ausgespült und für chemische Versuche zweckentfremdet hatte. Für die Anschaffung von wissenschaftlichen Instrumenten fehlte es Dalton an Geld, und sein Geiz hätte ihm solchen Luxus vermutlich auch dann verboten, wenn er steinreich gewesen wäre.

Dennoch hat er mit dieser primitiven Ausrüstung ein wichtiges Gesetz entdeckt. Bei der Reaktion zwischen Stickstoffmonoxid und Sauerstoff entstanden zwei unterschiedliche

Stickoxide,[6] je nachdem, ob das Gewichtsverhältnis der Reaktionskomponenten 1:1,7 oder 1:3,4 betrug. Daraus leitete Dalton das anerkannte „Gesetz der multiplen Proportionen“ ab.

Spekulationen über Wind und Wetter

Nicht zuletzt wegen der mangelhaften Ausrüstung machte ihm die praktische Laborarbeit wenig Freude. So beschäftigte er sich mehr begrifflich-gedanklich mit Luft und Wasser, mit Wind und Regen. Wann und warum regnet es? Darüber verfaßte er eine Abhandlung. Sie enthielt zwar keine sensationellen Neuigkeiten, aber er bekam wiederum eine positive Resonanz. Der Regen ist in England immer ein Thema. Bei seinen Spekulationen über den Wind ging er davon aus, daß Wind bewegte Luft ist und die Luft aus einem Gasgemisch besteht. Das Nachdenken über Gasgemische brachte ihn auf die Hypothese, daß sich jedes Gas – im Gemisch mit anderen Gasen – in einem abgeschlossenen Raum so verhält, als ob es allein anwesend wäre.

Als er im Oktober 1801 diese These in der *Lit & Phil* vortrug, war die Begeisterung groß. Einer der ihren hatte eine neue Theorie aufgestellt! In der Weiterverfolgung dieses Gedankens kam Dalton auf die Lehre von den Teildrücken: „In einem Gasgemisch übt jeder Gasteil seinen eigenen Druck aus, aus der Summe aller Teildrücke ergibt sich der Gesamtdruck des Gasgemisches.“[7] Das war nun etwas ganz Neues. John Dalton hatte den Sprung geschafft zu einer „Leuchte der Wissenschaft“. Die Literarische Gesellschaft war stolz auf ihn und wählte ihn zu ihrem Präsidenten. Diesem Amt widmete er sich die nächsten 40 Jahre bis zu seinem Tode.

Daltons Atomtheorie

Das Regenwasser enthält wechselnde Mengen an Luft und Kohlensäure. Dieser Befund regte bei Dalton eine neue Spekulation an: Wie verhält sich ein Gasgemisch gegenüber einer lösenden Flüssigkeit? Seine Antwort – nur auf Berechnungen gestützt, nicht durch analytische Untersuchungen belegt – war klar: „Jedes Gas löst sich in einer Flüssigkeit so, als wäre es allein vorhanden." Wie gewohnt, veröffentlichte Dalton auch diesen Befund. In einem Anhang zu seinem Aufsatz[8] postulierte er fast nebenbei eine neue Theorie, die sich in der Folge als so wichtig erweisen sollte, daß alle anderen wissenschaftlichen Verdienste des englischen Privatgelehrten dagegen nebensächlich erscheinen. Es ist die chemische Atomtheorie.

Zur Erklärung der unterschiedlichen Wasserlöslichkeit von Gasen hatte Dalton die Hypothese aufgestellt, daß alle Atome eines chemischen Elements gleich schwer seien, aber die Atomgewichte müßten sich von Element zu Element unterscheiden.[9] Bei chemischen Reaktionen vereinigen sich die Atome der beteiligten Elemente zu „zusammengesetzten Atomen". Heute wissen wir, daß diese Vermutung richtig war. Nur würden wir die Bezeichnung „Moleküle" wählen.

Eine weitere Annahme: Die Löslichkeit der Gase in Flüssigkeiten hänge von dem Gewicht der „Partikel" (Elemente) ab. Die leichtesten Partikel seien am wenigsten löslich. Somit könne man aus dem Löseverhalten von Gasen die relativen Atomgewichte errechnen. Das Ergebnis seiner umfangreichen Berechnungen war eine Tabelle der (relativen) Atommassen von 6 Elementen und 13 Verbindungen. Dem leichtesten Element Wasserstoff schrieb Dalton die relative Masse 1 zu. Bei dieser Festlegung ist es bis heute geblieben.

Betrachten wir aus heutiger Sicht die von Dalton errechneten Zahlenwerte, so sind wir einigermaßen verblüfft: So ziemlich alle Werte liegen weitab von der Realität. Und dennoch hat diese Tabelle Geschichte geschrieben: Zum erstenmal wurde versucht, die chemischen Elemente und Verbindungen in ein Ordnungsschema zu bringen.[10] Daltons Pioniertat hatte weitreichende Folgen. Seine Atomhypothese gilt im Prinzip noch heute, obwohl die moderne Atomforschung längst bewiesen hat, daß auch Atome zusammengesetzte Gebilde, also teilbar sind.

In den nächsten 15 Jahren faßte Dalton seine Auffasssungen und Forschungsergebnisse in einem mehrbändigen Werk *A new system of chemical philosophy* zusammen. Dem Werk vorangestellt ist sein Wahlspruch: „Ich will nur beschreiben, was ich durch eigene Beobachtung erfahren habe.“ Diesen Leitsatz nahm er sehr wörtlich. Er lehnte es strikt ab, fremde Auffassungen zu übernehmen. Insbesondere nichtenglische Befunde, Theorien und Hypothesen hatten bei ihm keine Chance, gewürdigt zu werden. Als er erfuhr, daß die Franzosen an seiner Theorie rüttelten, die Zusammensetzung der Luft müsse sich in großen Höhen ändern, weil die einzelnen Luftbestandteile stark unterschiedliche spezifische Gewichte aufweisen und sich daher bei abnehmendem Luftdruck entmischen müßten, bekam er einen Wutanfall. Doch der französische Wissenschaftler Gay-Lussac wies durch seinen spektakulären Ballonaufstieg[11] nach, daß sich der große Engländer diesmal geirrt hat. Die Zusammensetzung der Luft ändert sich in der Höhe nicht. Dalton nahm diese Niederlage einfach nicht zur Kenntnis.

Im 2. und 3. Band seines Hauptwerkes konkretisierte, korrigierte und ergänzte Dalton seine Atomtheorie. Er stellte die These auf, daß nach seinen Berechnungen die Atome kugelförmige Gebilde sein müßten. Chemische Verbindungen würden sich wahrscheinlich durch Vereinigung der Atome verschiedener Elemente nach einfachen Zahlenproportionen[12] zusammensetzen. Zur Verdeutlichung seiner Atomlehre machte er den Vorschlag, jedem Element ein besonderes Symbol zuzuordnen. Sauerstoff sollte durch einen Kreis gekennzeichnet werden, der Wasserstoff durch einen Kreis mit Punkt, Stickstoff durch einen Kreis mit senkrechtem Strich usw. Große Chancen für eine Einführung hatten diese Symbole nicht; mit wachsender Zahl und Größe chemischer Verbindungen wären gewaltige geometrische Kunstwerke erforderlich geworden. Außerdem hätte ein solches System die Drucker vor große Probleme gestellt, die Zahl der Schriftzeichen hätte sich erheblich vergrößert.

Symbole für die Elemente von John Dalton

Doch darüber machte sich Dalton keine Gedanken. Er war stolz auf sein System und versuchte, es auch seinen Schülern nahezubringen. In der Vorlesung benutzte er zur Versinnbildlichung der Atome würfelförmige Holzklötzchen, blaue für das Element Sauerstoff, gelbe für Wasserstoff, grüne für Chlor. Das war eine visuelle Gedächtnishilfe, die jedem einleuchten mußte. Als Dalton einem seiner Studenten die Examensfrage stellte: „Was sind Atome?“ kam die Antwort wie aus der Pistole geschossen: „Atome sind verschiedenfarbig bemalte Holzblöckchen, die Dr. Dalton erfunden hat.“

Die wesentlich einfachere und logischere Zeichensprache, die Berzelius[13] wenige Jahre später entwickelte (H,O,N,S usw.), verurteilte Dalton in Bausch und Bogen. „Diese Sprache kommt mir wie Hebräisch vor!“

Neben vielen spekulativen Elementen enthält Daltons Hauptwerk zahlreiche weitsichtige Grundgedanken, zum Beispiel: „Immer, wenn man in den Naturwissenschaften vor unterschiedlichen, sich widersprechenden Hypothesen und Theorien steht, ist der jeweils einfachste Denkansatz der wahrscheinlich zutreffendste.“ Dieser – im Grunde wenig wissenschaftliche – Grundsatz hat sich in der Wissenschaftsgeschichte oft bewahrheitet.

Mitleidiges Lächeln bei der „Royal Society“

Mit der Veröffentlichung seiner *Chemischen Philosophie*[14] hatte die schöpferische Phase im Leben von John Dalton ihren Abschluß gefunden. Zwar war er weiter unermüdlich tätig, vor der *Lit & Phil* hielt er unzählige Vorlesungen – 116 Vortragsmanuskripte sind überliefert –, und er nahm auch immer lebhaften und kritischen Anteil an der Weiterentwicklung der Wissenschaft. Doch wesentlich Neues konnte er dazu nicht mehr beitragen.

Die letzten zwei Jahrzehnte seines Lebens führte er ein streng geregeltes, wenig aufregendes Dasein. Jedes Jahr verbrachte er seine Ferien im „Lake Distrikt“ und pflegte dort sein Hobby, die barometrischen Höhenmessungen. Die übrige Zeit vergrub er sich hinter seinen Büchern oder bereitete die monatlichen Sitzungen der Gesellschaft vor. Einmal wurde er eingeladen, nach London zu kommen, um vor der berühmten

Royal Society eine Vortragsreihe zu halten. Sein Auftreten war für die feine englische Gesellschaft ein Schock. Den großen Dalton hatte man sich anders vorgestellt. Mit seiner abgetragenen, leicht angestaubten Garderobe und dem unverfälscht bäurischen Dialekt wirkte er im vornehmen London wie der Vetter vom Lande. Man hörte ihm höflich zu und versuchte, ein mitleidiges Lächeln zu verbergen.

Dalton hatte für sein Alter schlecht vorgesorgt. Als 1834 die Honorarzahlungen für seine Bücher ausliefen, stand er vor dem Nichts. Um überhaupt existieren zu können, mußte der Greis seinen Lebensunterhalt durch Nachhilfeunterricht verdienen. Sein Honorar betrug zwei Shilling pro Stunde.

Daltons berühmtester Schüler war James Prescott Joule.[15] Mit ihm (und dessen Bruder Benjamin) nahm er zunächst das erste Buch von Euklid durch, weil er der Meinung war, daß die Arithmetik eine unerläßliche Voraussetzung für jegliche naturwissenschaftliche Betätigung sei. Im zweiten Jahr vermittelte er den beiden Brüdern chemisches Grundwissen, erst im dritten Jahr nahm er Newtons Lehrbuch der theoretischen Physik[16] durch.

40000 nahmen Abschied vom „Vater der modernen Chemie"

Der Privatunterricht nahm – zum großen Bedauern von James Prescott Joule – ein jähes Ende. Im Alter von 71 Jahren erlitt John Dalton einen Schlaganfall, von dem er sich nicht wieder ganz erholte. Seine geistigen Kräfte nahmen nun schnell ab. Am Morgen des 27. Juli 1844 hatte er noch die meteorologischen Instrumente abgelesen, wie er das seit fast sechs Jahrzehnten gewohnt war.[17] Die letzte Eintragung, mit zittriger Hand geschrieben, lautete: „Wenig Regen heute." Eine Stunde später wurde er sterbend im Bett gefunden. Vier Tage lang wurde sein Leichnam im Rathaus von Manchester aufgebahrt, 40000 Menschen erwiesen ihm die letzte Ehre. Der Leichenzug war mehr als eine Meile lang. In diesen Zahlen spiegelt sich die Beliebtheit und hohe Verehrung durch seine Mitbürger und Zeitgenossen.

Welchen Rang darf man Daltons wissenschaftlichen Verdiensten aus heutiger Sicht zumessen? Manche Historiker gaben ihm den Ehrentitel „Vater der modernen Chemie". Darüber kann man streiten. Sein Biograph Wilhelm Ostwald[18] zumindest sieht das wesentlich nüchterner. „In John Dalton … sehen wir einen begabten, aber nicht gerade vielseitigen Schulmeister, der eigentlich nur ein Problem bearbeitet hat, nämlich Wasser und Luft in ihren atmosphärischen Zusammensetzungen … Der Gedanke der Atomgewichte ist ihm nur als Nebenprodukt dieser Arbeit erschienen."

Immerhin ist dieses „Nebenprodukt", die exakte Formulierung der Atomtheorie, ein genialer Einfall und die Grundlage der theoretischen Chemie. Das allein ist Grund genug, daß sein Name der Nachwelt erhalten bleibt – nicht nur durch den Daltonismus, die Farbenfehlsichtigkeit, und durch den Namen einer Moosfamilie: *Daltoniaceae*.

Der Küchenstuhl aus dem Paradies

Joseph Louis Gay-Lussac, französischer Chemiker und Physiker * 6. Dezember 1778 in Saint-Léonard-de-Noblat bei Limoges – † 9. Mai 1850 in Paris

Daß die Chemie zu den exakten Wissenschaften gezählt wird, erfährt der Chemiestudent bereits im ersten Semester. Spätestens bei der Maßanalyse begreift er auch, warum das so ist: In der Chemie, vor allem aber in der analytischen Chemie, kommt es auf exaktes Wiegen und Messen an. Neben der Analysenwaage gehören zwei einfache Glasröhren zum unentbehrlichen Handwerkszeug des angehenden Chemikers: Die Pipette und die Bürette. Erstere verwendet er, um genau definierte Volumina abzumessen, die zweite, um beim Titrieren den Verbrauch eines Reagenzes festzustellen. Den Umgang mit Pipette und Bürette lernt der Student im anorganischen Praktikum. Wer diese genial einfachen Instrumente erfunden und in die Praxis des Chemikers eingeführt hat, wird in den Vorlesungen über Analytik nur selten erwähnt. Es war der französische Physiko-Chemiker Joseph Louis Gay-Lussac.

Der Richter Antoine Gay im Landstädtchen St. Léonard in der französischen Provinz Limousin hatte ein Problem. Häufig wurde er mit einem Mann gleichen Namens verwechselt. Um sich von seinem Namensvetter zu unterscheiden, hängte er seinem Geburtsnamen ein „-Lussac“ an. So hieß sein Landgut. Als Antoine Gay-Lussac war er unverwechselbar. Unverwechselbar ist der Name Gay-Lussac auch in der Geschichte der Naturwissenschaften. Ein Sohn des Richters war einer der bedeutendsten Denker und Forscher in der Frühzeit der Chemie. Die nach Joseph-Louis Gay-Lussac benannten Gasgesetze mar-

Louis Joseph Gay-Lussac (1778–1850)

kieren den Beginn eines neuen und später selbständigen Forschungsgebietes im Grenzbereich zwischen Chemie und Physik: Er war Mitbegründer der physikalischen Chemie.

Welche Gesetze herrschen am absoluten Nullpunkt?

Joseph Louis Gay-Lussac wuchs als ältestes von fünf Geschwistern auf. In der Kleinstadt St. Léonard-de-Noblat bei Limoges besuchte er die Grundschule. Sie konnte dem intelligenten Jungen das Rüstzeug für eine wissenschaftliche Laufbahn nicht vermitteln. Der Vater schickte seinen begabten Sohn 1789 auf ein Internat nach Paris. In der französischen Hauptstadt herrschten zu jener Zeit bürgerkriegsähnliche Zustände. Ein Terrorregime versetzte die Bewohner in Angst und

Schrecken. Viele unbescholtene Bürger wurden verhaftet, vor ein Tribunal gestellt und guillotiniert. Als auch noch eine Hungersnot ausbrach, schickte das Internat alle auswärtigen Schüler nach Hause.

Nur einer durfte bleiben: Joseph Louis Gay-Lussac. Der 15jährige hatte im Fach Mathematik so bemerkenswerte Fähigkeiten gezeigt, daß ihn der Schulleiter als Privatschüler behalten wollte. Der Hochbegabte wurde später an der berühmten *École des ponts et chaussées* zum Ingenieur ausgebildet. Sein Lehrer Berthollet[1] erkannte schnell, was in dem jungen Mann steckte und prophezeite ihm eine große Zukunft: „Deine Bestimmung ist es, Entdeckungen zu machen." Er sollte recht behalten. Nach Abschluß des Studiums ging Gay-Lussac nach Arcueil in einen Textilbetrieb, um zu lernen, wie man Baumwollgewebe durch eine Chlorbehandlung[2] bleichen kann. Lange konnte er dort nicht bleiben. Aus politischen Gründen kamen die Baumwolleinfuhren aus Nordamerika zum Erliegen, der Betrieb mußte geschlossen werden.

Gay-Lussac kehrte 1802 nach Paris zurück und übernahm die Stelle eines *répétiteur*[3] an der *École Polytechnique*. Schon nach wenigen Monaten machte er die Beobachtung, daß sich alle Gase beim Erwärmen um den gleichen Betrag ausdehnen[4] und beim Abkühlen in exakt dem gleichen Maße zusammenziehen. Durch genaue Messungen stellte Gay-Lussac fest: Wenn die Temperatur bei 0 °Celsius um 1 Grad fiel oder anstieg, nahm der Rauminhalt um 1/273 ab bzw. zu. Gay-Lussac folgerte daraus, daß es theoretisch einen Punkt geben müsse, an dem die Gase auf ein Nullvolumen zusammenschrumpfen. Dieser absolute Nullpunkt[5] wäre theoretisch bei –273 °C erreicht. Beweisen konnte er diese Theorie natürlich nicht, denn es gab noch keine Möglichkeit, ein Gas so weit abzukühlen.

Experimente in 7000 m Höhe

Das *Institut de France*[6] wurde auf den jungen Wissenschaftler aufmerksam und erteilte ihm einen außergewöhnlich interessanten, aber nicht ungefährlichen Auftrag. Gay-Lussac sollte zusammen mit dem französischen Physiker Biot[7] in einer „Charlière“,[8] einem mit Wasserstoff gefüllten Freiballon, in große Höhen aufsteigen, um zu untersuchen, ob die Luft in höheren Regionen anders zusammengesetzt sei als am Boden. Der englische Naturforscher John Dalton[9] hatte diese Theorie aufgestellt, weil er annahm, daß sich die Bestandteile der Luft infolge ihrer unterschiedlichen Dichte in der Höhe eigentlich entmischen müßten.

Die Vorbereitungen für die erste Ballonfahrt im wissenschaftlichen Auftrag dauerten fast ein Jahr. Nach langen Verhandlungen stellte der Innenminister einen (viel zu kleinen) Wasserstoffballon zur Verfügung. Am 24. August 1804, um 10 Uhr morgens, fand der erste Aufstieg statt. Die Ausrüstung der beiden wagemutigen Wissenschaftler war primitiv, aber zweckmäßig. Beide trugen gegen die Kälte einen pelzgefütterten Mantel und pelzgefütterte Schuhe, beide hatten Kopftücher um; der eine trug eine Pelzmütze, der andere, wie gewohnt, seinen Zylinder. Die wissenschaftliche Ausrüstung bestand aus Barometer, Thermometer und Kompaß, einigen evakuierten Glasflaschen für die Luftproben sowie einem Vogelkäfig. Der Kanarienvogel sollte zeigen, ob die Luft zum Atmen ausreicht. An Sauerstoffgeräte und Atemmasken war damals noch nicht zu denken.

Der Aufstieg gelang auf Anhieb. Die Forscher erreichten schnell die Höhe von 4000 m und landeten wieder sicher in der Nähe von Paris. Die wissenschaftliche Ausbeute des waghalsigen Versuchs: Temperaturabnahme 1°C je 174 m Höhe, die Magnetnadel zeigte in der Höhe keine abnormen Ausschläge, der Kanarienvogel fühlte sich wohl. Die wichtigste Frage, ob sich die Luft in großer Höhe entmischt, war jedoch nicht zu entscheiden: Bis 4000 m Höhe waren noch keine Unterschiede festzustellen. Darum wurde der Entschluß gefaßt, eine zweite Ballonfahrt in größere Höhen zu unternehmen. Der Ballon mußte dazu leichter gemacht werden. Biot blieb am Boden, Gay-Lussac sollte allein in die Gondel steigen. Der Start fand am 16. September 1804 statt und führte rasch auf 7016 m – ein neuer Höhenrekord. Doch Gay-Lussac wollte noch höher

Die Ballonfahrer: Biot (rechts) mit dem Höhenmesser und Gay-Lussac (links) mit einer evakuierten Glasflasche für die Luftproben. Oben der Kanarienvogel.

hinaus. Er warf aus der Gondel alle überflüssigen Gegenstände über Bord, den Proviant und zuletzt den einzigen Stuhl. So erreichte er schließlich die Höhe von 7376 m.

Geschenk aus dem Paradies

Der weißgestrichene Stuhl landete im Gebüsch, direkt neben einem Mädchen, das Schafe hütete. Das Erstaunen war groß,

Bauern strömten herbei, der Pfarrer wurde geholt, der auch sofort die richtige Deutung wußte: Ohne Zweifel sei der Stuhl direkt aus dem Paradies herabgefallen. Damit waren jedoch nicht alle einverstanden. Wenn der Pfarrer recht hatte, mußte der Stuhl auch im Paradies hergestellt worden sein. Aber wie war es zu erklären, daß der Stuhl so unfachmännisch grob gefertigt war, schon mehrfach geflickt und ganz laienhaft angemalt? Im Paradies ist doch alles perfekt und schön! Der heftige Streit wurde erst einige Tage später entschieden, als die Zeitungen Einzelheiten über Gay-Lussacs erfolgreiche Ballonreise berichteten.[10]

Erfolgreich war die Ballonreise besonders deshalb, weil Gay-Lussac bei der Untersuchung der mitgebrachten Luftproben den Nachweis erbringen konnte, daß sich die Zusammensetzung der Luft auch in großer Höhe – also bei abnehmender Luftdichte – nicht ändert. Die Hypothese des englischen Gelehrten Dalton war damit widerlegt. Politisch gesehen war dies ein wichtiges Ergebnis, denn in den Nachwirkungen der Französischen Revolution war es zu einer Art Prestigeduell zwischen der bis dahin dominierenden englischen Wissenschaft und den oft gedemütigten französischen Gelehrten gekommen. Gay-Lussac hatte mit der Ballonfahrt gezeigt, daß nicht alle Weisheit, die von der Insel kommt, unwidersprochen bleiben muß. Für Kaiser Napoleon I. bedeutete dies eine große Genugtuung.

Im Krankenbett zum Professor ernannt

Zu einem Duell ähnlicher Art gab wenige Jahre später die Meldung Anlaß, der englische Naturforscher Davy[11] habe bei der Elektrolyse von Salzen zwei neue Elemente entdeckt. Die Alkalimetalle Natrium und Kalium zeigten ganz neue, bisher unbekannte Eigenschaften: Sie schwammen auf dem Wasser und fingen an der Luft von selbst an zu brennen. Die Fachwelt stand Kopf, die englische Wisssenschaft verzeichnete einen neuen Triumph. Napoleon, der selbst ein begeisterter Hobbychemiker war, ärgerte sich maßlos. Sofort beauftragte er Gay-Lussac und dessen Freund, den Chemiker Thenard,[12] nach neuen chemischen Elementen zu suchen, um, wie er es nannte, die „Elementenlücke“ zu schließen. Napoleon stattete das Vorhaben mit erheblichen Geldmitteln aus, mit der Weisung, die Forscher sollten eine noch gewaltigere elektrische Batterie bauen, als der Engländer Davy,[13] der nicht weniger als 2000 „Volta-Säulen“ zusammengeschaltet hatte.

Der französische Erfolg ließ nicht lange auf sich warten. Ohne die Fertigstellung der Batterie abzuwarten, machten sich die beiden Kollegen Gay-Lussac und Thenard ans Werk. Mit dem von Davy isolierten, äußerst reaktionsfähigen Element Kalium gelang es ihnen, aus Borsäureanhydrid das Element Bor zu isolieren. Am 21. Juni 1808 veröffentlichten sie ihre Entdeckung. Damit war Davy, der das Bor fast zur selben Zeit entdeckt, dies aber erst am 30. Juni bekanntgegeben hatte, um genau neun Tage geschlagen.

Napoleon feierte die Entdeckung des neuen Elements als Sieg der französischen Wissenschaft und ernannte Gay-Lussac, der bis dahin keinerlei naturwissenschaftliche Ausbildung genossen hatte, zum Professor für Chemie an Frankreichs ältester und berühmtester Universität, der Sorbonne.[14] Gay-Lussac mußte die Ehrung im Krankenhaus entgegennehmen. Bei seinen Arbeiten mit Kalium hatte es eine gewaltige Explosion gegeben. Einen Monat lang war er in Gefahr, das Augenlicht zu verlieren; nur durch die ärztliche Kunst des Chirurgen Dupuytren erlangte er wieder seine volle Sehkraft.

Heiratsantrag im Wäschegeschäft

So unvermutet der 31jährige zu seiner ehrenvollen Professur auch gekommen war: Unverdient war die Ernennung keineswegs. Denn Gay-Lussac war in der Wissenschaft kein Unbekannter mehr. Schon seine Gastheorie hatte großes Aufsehen erregt. Die Untersuchungen über die Zusammensetzung des Wassers führten zu einer wichtigen Erkenntnis: Als erster hatte

Gay-Lussac herausgefunden, daß das Wasser aus zwei Volumenteilen Wasserstoff und einem Volumenteil Sauerstoff besteht. Damit war der wohlbekannten Formel H_2O der Weg bereitet.[15]

Bei weiteren Untersuchungen stellte Gay-Lussac fest, daß ein Volumenteil Chlorgas mit genau einem Teil Wasserstoff reagierte, ein Teil Sauerstoff jedoch mit zwei Teilen, ein Teil Stickstoff sogar mit drei Teilen Wasserstoff. Sooft er diese Versuche wiederholte, stets kam er zu denselben Ergebnissen. Die Volumina der miteinander reagierenden Gase standen immer in einem einfachen ganzzahligen Verhältnis zueinander, etwa im Verhältnis 1:1, 1:2, 1:3, 2:3 usw. Das konnte doch kein Zufall sein! Es war auch keiner, denn Gay-Lussac hatte ein allgemeingültiges Gesetz entdeckt, das „Gesetz der multiplen Volumina". Von hier war es ein kleiner Schritt bis zu der Erkenntnis, daß jedes Gas in demselben Volumen die gleiche Anzahl Moleküle enthält.[16]

Der 31 Jahre alte Professor war allgemein anerkannt, er hatte ein geregeltes Einkommen und konnte nun an die Gründung einer Familie denken. Als er in einem Wäschegeschäft einkaufte, bemerkte er ein junges Mädchen, das in die Lektüre eines Buches vertieft war. Auf seine Frage, was denn das für ein Buch sei, bekam er die erstaunliche Antwort: „Ein Lehrbuch der Chemie." Es entspann sich eine Unterhaltung, aus der Unterhaltung wurde Freundschaft, wenige Monate später war die knapp 17jährige Josephine, Tochter eines Musikers, Madame Gay-Lussac.[17]

Synthetische Kleesäure und Traubenzucker

Als Professor an der Universität Sorbonne und Mitglied vieler amtlicher Kommissionen spielte Gay-Lussac eine wichtige Rolle im wissenschaftlichen Leben Frankreichs. Seine Vielseitigkeit als Forscher war erstaunlich. Es gibt kaum ein Gebiet der Chemie, in dem er keine Spuren hinterlassen hätte. 1812 entdeckte er in der Asche von Seetang das Element Jod,[18] kurz darauf die Jodwasserstoffsäure und das Kaliumjodat. Bei der Untersuchung des Ammoniaks fand er Natriumamid (1813), das später in vielen chemischen Prozessen, besonders bei der Indigosynthese, eine wichtige Rolle spielen sollte. 1815 untersuchte er die enorm giftige Blausäure[19] und entdeckte dabei das Cyan. Es war das erste Beispiel eines „Radikals“.[20] Die Blausäure war für ihn der Beweis, daß keineswegs alle Säuren Sauerstoff enthalten müssen, wie dies Lavoisier behauptet hatte.

1818 stellte Gay-Lussac Äthyljodid her, das wegen seiner Reaktionsfähigkeit in der organischen Chemie bis heute von großer Bedeutung ist. Zusammen mit seinem Schüler Justus von Liebig[21] gelang ihm die Konstitutionsaufklärung der isomeren Substanzen Knallsäure und Cyansäure. Weitere Erst-taten waren die Gewinnung wasserfreier Flußsäure, die Herstellung von Traubenzucker aus Cellulose, sowie mehrere Syntheseverfahren für Oxalsäure. Die Färber benötigten die Oxalsäure als Hilfsstoff in der Wollfärberei. Sie war sehr teuer, weil sie mühsam aus den Blättern des Sauerklees und des Sauerampfers extrahiert werden mußte. Frauen von Waldarbeitern sammelten im Frühjahr die grünen Pflanzen und brachten sie zentnerweise zu den chemischen Werkstätten. Bis heute werden in der Textilindustrie für die Oxalsäure noch die alten Bezeichnungen „Kleesalz“ und „Kleesäure“ verwendet.

Für die Schwefelsäureherstellung von großer wirtschaftlicher Bedeutung war die Erfindung des „Gay-Lussac-Turms“.[22] In diesem Absorptions-Turm wurden die nitrosen Gase in den Schwefelsäureprozeß zurückgeführt. Das war, nebenbei gesagt, das erste „Recyclingverfahren“ in der Geschichte der chemischen Technik.

Laborarbeit in Holzpantoffeln

Gay-Lussac war nicht nur ein begnadeter Forscher, sondern auch ein geschätzter Lehrer. Seine Lehrtätigkeit hat sich in einigen praktischen Hilfsmitteln niedergeschlagen, die bis heute unverändert im Gebrauch sind. Gay-Lussac war es nämlich, der für die Maßanalyse einige wichtige Geräte eingeführt hat, den kleinen Saugheber, die Pipette,[23] und die Bürette, eine kalibrierte Glasröhre mit einem unteren Auslaufhahn. Auf Gay-Lussac geht die maßanalytische Methode der Titration zurück, ebenso die Verwendung von Lackmuspapier für die schnelle Unterscheidung von Säure und Lauge.

Glücklicherweise nicht bis in die heutige Zeit erhalten haben sich die zu jener Zeit noch durchaus üblichen, ziemlich üblen Zustände in den chemischen Laboratorien. Die Forscher mußten in kalten, dunklen, ungelüfteten Räumen arbeiten, ohne elektrisches Licht, ohne fließendes Wasser. Das Heizen der Laboratorien wurde für überflüssig gehalten. Justus von Liebig erzählt in seinen Erinnerungen an seine Zeit in Paris, daß er sich im Winter mit wollenen Socken und dicken Holzpantoffeln gegen die erbärmliche Bodenkälte zu schützen suchte. Sicherheitsvorrichtungen waren unbekannt, es gab weder Schutzbrillen noch Atemmasken, und natürlich erst recht noch keine Dunstabzüge, um sich vor schlechtriechenden, schädlichen Gasen und Dämpfen zu schützen.

Flucht in die Politik

Aufgrund der fehlenden Sicherheitsmaßnahmen wird es verständlich, warum Gay-Lussac in seiner Berufszeit mehrmals durch heftige Explosionen schwer verletzt wurde. Die erste (1808) kostete ihm, wie erwähnt, beinahe das Augenlicht. Schwerste Verletzungen an der Hand erlitt er, als bei Versuchen über den Dampfdruck von Kohlenwasserstoffen das ganze Labor in die Luft flog. Vielleicht hat ihn dieser letzte Unfall bewogen, sich ein ungefährlicheres Betätigungsfeld zu suchen. 1831 ließ sich der 53jährige in das französische Parlament wählen. Von nun an widmete er sich ausschließlich der Politik. Für die Wissenschaft war Gay-Lussacs überragender Genius verloren.

Joseph Louis Gay-Lussac starb hochgeehrt[24] und für die damalige Zeit hochbetagt im Alter von 72 Jahren. Drei Tage vor seinem Tod sagte er zu seiner Frau Josephine, mit der er mehr als 40 Jahre verheiratet war: „Aimons nous jusqu'au dernier moment, la sincérité des attachements est le seul bonheur.“ [25] Seine letzten Worte galten der Zukunft der wissenschaftlichen Entwicklung: „C'est dommage de s'en aller; ça commence à devenir drôle.“ [26]

Unter Strom – die Entdeckung neuer Elemente

Sir Humphry Davy,
englischer Professor und Privatgelehrter
* 17. Dezember 1778 in Penzance, Cornwall
† 29. Mai 1829 in Genf

Es gab einmal eine Zeit, in der sich die Menschen noch für die Chemie begeistern konnten. Jeden Freitag abend drängten sie sich zu Hunderten in den Vortragssaal, versuchten eilig einen der vorderen Plätze zu ergattern. Atemlos hingen sie an den Lippen des Vortragenden und spendeten Beifall für jeden geglückten Versuch. Am nächsten Tag erschienen in den Tageszeitungen ausführliche Berichte, so wie heute die großen Opernpremieren besprochen werden. Das wöchentlich wechselnde Thema bildete das Tagesgespräch in den Familien, an den Stammtischen, sogar beim Kaufmann. Ort der Handlung: London, Albermarle Street, Großes Auditorium der Royal Institution. Der Mann auf dem Katheder hieß Humphry Davy.

Humphry Davys Lebenslauf begann an der äußersten Westspitze von Cornwall, in der kleinen Hafenstadt Penzance. Hier kam der große englische Chemiker als ältestes von fünf Kindern zur Welt. Der Vater war ein schlichter, rechtschaffener Holzschnitzer. Durch unglückliche Spekulationen mit Zinnbergwerks-Aktien hatte er den ererbten Grundbesitz verloren. So lebte die Familie in ärmlichen Verhältnissen. Das Holzschnitzen brachte nicht viel ein, die Erträge einiger karger Äkker reichten nur für das Nötigste.

Humphry ging nicht gern zur Grammar School. Er lernte dort „little latin, less greek". Der Lehrer hatte wenig pädagogisches Geschick, aber er zeigte Verständnis für den frühreifen, wißbegierigen, hochintelligenten, wenn auch schwer steuerbaren

Sir Humphry Davy (1778–1829)

Jungen. „Ich betrachte es als einen Glücksfall, daß ich als Knabe mir selbst überlassen wurde und daß ich in der Schule viel bummeln durfte. Wahrscheinlich verdanke ich diesen Umständen die kleinen Talente, die ich besitze, und deren besondere Anwendung. Was ich bin, habe ich selbst aus mir gemacht; ich sage dies ohne Eitelkeit und aus reiner Herzenseinfalt." Diese Aussage zeigt einen Wesenszug, der sich im späteren Leben Davys noch verstärken sollte. Obwohl er das Gegenteil behauptet, ist ein gewisser Hang zur Eitelkeit nicht zu übersehen.

Ein Junge mit Erzählerdrang

Bei seinen Schulkameraden war Humphry sehr beliebt, denn er half ihnen bei der Übersetzung lateinischer Texte. Vor allem aber verstand er es meisterhaft, Geschichten zu erzählen. „Sobald ich ein Buch gelesen hatte, spürte ich das starke Bedürfnis, den Inhalt jemandem zu erzählen ... Langsam fing ich an, eigene Geschichten zu erfinden. Immer war es mein Bestreben, etwas Neues zu erfinden, statt nur nachzuahmen." So oft wie möglich sammelte er seine Kameraden um sich, hielt ihnen stundenlange Vorträge, deklamierte selbstverfaßte Gedichte, führte Experimente und Zauberkunststücke vor. Manchmal ließ er in den Felsspalten an der Küste selbstgebastelte Feuerwerkskörper abbrennen. Um seine Vorführungen einzuüben, stellte er im Garten Stühle und Bänke auf und predigte auf diese ein. So lernte er immer besser, andere Menschen für sich zu gewinnen.

Humphry hatte noch eine weitere Vorliebe. Viele Tage verbrachte er in der Natur, um Mineralien zu sammeln, mit der Angel auf Fischfang zu gehen oder mit dem Schrotgewehr nach Rebhühnern und Fasanen zu jagen. Angeln, vor allem Fliegenfischen, blieb ein Leben lang sein bevorzugtes Hobby.

Kann man Wärme greifen?

Als Humphry 16 Jahre alt war, starb der Vater. Die Mutter nahm den Jungen aus der Schule und gab ihn bei einem praktischen Arzt zur Lehre. Dort lernte der Junge vor allem, Heiltränke herzustellen. Das war Davys erste Berührung mit der praktischen Chemie. Die zugehörige Theorie lernte er aus dem Lehrbuch von Lavoisier.[1]

Eines Tages machte er in Penzance zufällig die Bekanntschaft von Gregory Watt, dem Sohn des Dampfmaschinenerfinders. Mit ihm diskutierte er leidenschaftlich über die Frage, was das eigentlich sei, die Wärme, mit der die Dampfmaschine betrieben wird. Ist die Wärme ein stoffliches Gebilde, wie Lavoisier behauptet hatte? Oder ist sie etwas ähnliches wie Licht, das man mit Händen nicht greifen kann? Diese Frage hatte bis dahin noch kein Wissenschaftler schlüssig beantwortet. Um hinter das Geheimnis zu kommen, dachte sich Davy einen einfachen Versuch aus. Er zeigte, daß zwei Eisstücke schmelzen, wenn sie aneinander gerieben werden. Daraus zog er den Schluß, daß die Wärme nicht materieller Natur sein könne.[2] Davy war mächtig stolz, immerhin hatte er Lavoisier, den größten französischen Gelehrten, widerlegt.

Für seinen umfänglichen Essay *Über Wärme und Licht und die Kombinationen von Licht* fand Davy einen Verleger. So gelangte der Name Davy zum erstenmal zu den Universitäten des Landes, und sein Versuch ging in die Wissenschaftsgeschichte ein. Spätere Wissenschaftler wiesen allerdings nach, daß Davys Versuch eigentlich keinerlei Beweiskraft hat. Davys Biograph Kendall, der den Essay später genau analysierte, fällte ein hartes Urteil: „Lauter Spekulationen, zu 90% schrecklicher Nonsens."

Eine Bekanntschaft anderer Art hatte ebenfalls etwas mit Wärme zu tun. Eine junge Französin, die sich bei Verwandten in Penzance aufhielt, erweckte in dem 17jährigen Humphry heiße Liebesgefühle. Sie entluden sich in feurigen Sonetten, hatten aber keine weitergehenden Konsequenzen, zumal die Angebetete bald – aus Humphrys Sicht viel zu bald – wieder in ihre Heimat zurückreisen mußte. Doch die Neigung, Gefühle und Gedanken poetisch auszudrücken, begleiteten den romantischen Forscher sein ganzes Leben.

Ein Gas, das die Menschen fröhlich macht

In einer Zeitung hatte Davy von der Theorie eines Amerikaners[3] gelesen, wonach die gasförmige Verbindung von Stickstoff und Sauerstoff, das Stickstoffoxydul,[4] die Ursache aller ansteckenden Krankheiten sei. Es rufe beim Einatmen „schreckliche Wirkungen" hervor. Sofort begann Davy, mit diesem Gas zu experimentieren und die Wirkung an sich selbst auszuprobieren. Er wurde aber nicht krank, sondern fröhlich. Sein mit vielen Details ausgeschmückter, humorvoller Bericht über das „Lachgas"[5] wurde in weiten Kreisen gelesen. Wieder stand Davy im Mittelpunkt der wissenschaftlichen Diskussion.

Davy hatte seinen Bericht auch an die Universität Oxford geschickt. Dort las ihn ein gewisser Dr. Beddoes, der – auf Anregung von James Watt – gerade damit beschäftigt war, eine Klinik[6] aufzumachen, in der die Heilwirkung der neuentdeckten Gase (Sauerstoff, Stickstoff, Kohlendioxid) untersucht werden sollte. Beddoes bot dem wissenschaftlich noch recht unerfahrenen Davy eine Assistentenstelle an. Er solle den Komplex „Stickoxide" bearbeiten. Das war ganz nach Davys Geschmack. Nun konnte er zeigen, was in ihm steckte. Mit Elan stürzte er sich in die Arbeit und testete alle ihm zugänglichen Gase, wenn nötig, auch im Selbstversuch. Beinahe wäre ihm sein ungestümer Forscherdrang zum Verhängnis geworden. Als er Wasserdampf über glühende Holzkohle leitete und das dabei entstehende „Kohlenwassergas" einatmete, wurde ihm schlecht. Dies hätte fatale Folgen haben können. Das im Wassergas enthaltene Kohlenmonoxid ist hochgiftig.

Fatal hätte auch ein anderes Abenteuer ausgehen können. Doktor Beddoes, ein schon älterer Herr von kleiner Statur und ziemlichem Leibesumfang, hatte ein junge, hübsche und vor allem lebenslustige Frau. Da der Herr Gemahl nicht gerne spazieren ging, wählte Anna Beddoes den 20jährigen Assistenten als Begleiter. Dieser war mit der Kunst, spannende Geschichten zu erzählen, vor allem auch mit seinen guten Kenntnissen über Flora und Fauna ein anregender Partner. Jedenfalls verstanden sich die beiden blendend und bildeten ein zwar ungleiches, aber lustiges Paar. Obwohl man über die offenkundige Liaison heftig tuschelte, wurde der Direktor nicht mißtrauisch. Im Gegenteil: Der junge Davy war sein bestes Pferd im Stall und genoß sein volles Vertrauen. Der fleißige Assistent rechtfertigte dieses Vertrauen durch seine intellektuelle Leistung: Nach einjähriger, intensiver Arbeit präsentierte er ein Buch mit 580 Seiten: *Über die Oxyde des Stickstoffs.*[7]

Dieses Werk brachte Davy einen neuen Auftrag. Der amerikanisch-britische Naturwissenschaftler Graf Rumford[8] war auf den jungen Mann aufmerksam geworden. Er fragte an, ob der 23jährige gewillt sei, als besoldeter Professor der Chemie an die

Große öffentliche Schauvorlesung über Chemie
an der Royal Institution, Zeichnung von T. Rawlandson, um 1819

Royal Institution nach London zu kommen. Die *Institution* war zwei Jahre zuvor von Rumford gegründet worden, zunächst als eine private Gesellschaft, die das Ziel hatte, dem breiten Volk chemische Kenntnisse zu vermitteln. Einmal wöchentlich müßte Davy einen populärwissenschaftlichen Vortrag halten, die übrige Zeit könnte er sich seiner Forschung widmen.

Als Davy sich beim Grafen vorstellte, war dieser entsetzt. Der junge Mann hatte ein linkisches Auftreten, beim Sprechen stieß er mit der Zunge an und verzog sein Gesicht zu schrecklichen Grimassen. Es wurde eine Probevorlesung vereinbart. Im Vortrag hatte Davy langjährige Übung, und so gelang es ihm, seinen Auftraggeber zu überzeugen. Er bekam die Stelle. Davys Vorträge über das Färben von Stoffen, über die Ledergerbung und die Rolle der Chemie in der Landwirtschaft waren gut einstudiert und voller Schwung. Die Zuhörer amüsierten sich über die vorgeführten Experimente, die anwesenden Gutsbesitzer luden den Vortragenden für das Weekend auf ihre Güter ein. Das Landleben erinnerte ihn an seine Jugend: Er konnte angeln und jagen wie einst in Penzance.

Als sich der republikanische *Tepiderian-Club* um seine Mitgliedschaft bemühte, sagte Davy mit Freuden zu. Hier konnte er sich die Manieren der Londoner „feinen" Gesellschaft aneignen. Durch ständiges Training vor dem Spiegel legte er sein komisch anmutendes Gebaren ab und verlor langsam auch den ausgeprägten cornischen Dialekt. Davy wurde „salonfähig". Mit der Zeit entwickelte er sich sogar zum ausgesprochenen Salonlöwen. Der junge Wissenschaftler war nicht mehr der um gesellschaftliche Anerkennung Werbende, sondern der Umworbene. In gehobenen Kreisen ließ man sich die Gelegenheit nicht entgehen, den Dandy, der so amüsant über wissenschaftliche Themen zu parlieren wußte, im eigenen Salon vorzuzeigen.

Der tolle Professor aus Cornwall

Dank Davys origineller und witziger Vortragskunst erlangten die Vorlesungen der *Royal Institution* bald Weltruhm. Um ein möglichst breites Publikum anzusprechen, war der Eintritt bewußt niedrig gehalten: Jeder hatte nur einen symbolischen Penny[9] zu zahlen. Humphry Davy bereitete seine mit Experimenten gewürzten Vorträge pedantisch genau vor, er hielt – wie schon in der Jugend – seine Rede zuerst vor leeren Bänken, bis er den Text auswendig kannte. Hunderte, an manchen Abenden sogar bis zu tausend Zuhörer drängten sich in das große Auditorium, um sich möglichst auf einem guten Platz vom „Feuer seines geistvollen Vortrags" mitreißen zu lassen.

Viele weibliche Zuschauer bewunderten nicht nur den Vortrag, sondern auch den Vortragenden selbst, den „wohl schönsten Mann in der Geschichte der Naturwissenschaften".[10] Sein Auftreten war so eindrucksvoll, daß man in ganz London von diesem tollen Professor aus Cornwall sprach. So blieben auch Ehrungen nicht aus. Mit 25 Jahren wurde Davy bereits Mitglied der hochangesehenen *Royal Society*, zwei Jahre später erhielt er eine der höchsten Auszeichnungen, die Copley-Medaille. Dabei hatte Davy in den ersten Jahren seiner Londoner Tätigkeit keine einzige Zeile mehr veröffentlicht. Die Vorbereitung für seine Vorlesungen hielt ihn ständig in Atem, zu konzentrierter Forschung fehlte ihm einfach die Zeit.

Strom aus 2000 Voltasäulen

Im Jahr 1807 bemerkte Davy, daß man die von dem Italiener Alessandro Volta[11] entwickelte Volta-Säule, das erste kleine „Elektrizitätswerk", sinnvoll zur Beeinflussung chemischer Substanzen einsetzen konnte. Er entwickelte Versuchsanordnungen, bei denen sich der positive und der negative Pol in zwei getrennten Gefäßen befand. Die so durchgeführte Elektrolyse, z.B. von Natriumsulfat, erzeugte am negativen Pol Schwefelsäure, am positiven Natronlauge. Spektakulärer war die Elektrolyse von geschmolzenem Ätzkali. Als Kathode benutzte er einen Platinlöffel, die positive Elektrode war ein Platindraht, den er in das geschmolzene Alkali tauchte. Das Alkali zersetzte sich: „Ich entdeckte kleine Kügelchen, die einen sehr lebhaften Metallglanz hatten und völlig wie Quecksilber aussahen. Einige verbrannten in dem Augenblick, in dem sie gebildet wurden, mit einer kleinen Explosion und lebhafter Flamme; andere blieben bestehen, liefen aber an und bedeckten sich zuletzt mit einer weißen Rinde, die sich an ihrer Oberfläche bildete."

Davy hatte das Kalium entdeckt, ein sehr reaktionsfähiges Metall, wenig später folgte auch das metallische Natrium. Diese beiden Metalle mit ihren ganz außergewöhnlichen Eigenschaften hatte noch kein menschliches Auge gesehen. Dementsprechend groß war die Aufregung und das Echo in der Fachwelt.

Diese Resonanz hatte Davy wieder Lust gemacht, Forschung zu betreiben. Monatelang beschäftigte er sich ausschließlich mit der Elektrolyse und den Wirkungen des elektrischen Stroms auf chemische Verbindungen. In der Erwartung, daß er mit größeren Stromstärken auch deutlich stärkere Effekte erzielen könnte, ließ er im Keller der *Royal Institution* eine Riesenbatterie aus 2000 Voltasäulen bauen. Sie erzeugte Stromstärken bis zu 10 Ampère. Das war einige 1000mal mehr, als mit einer Leidener Flasche zu erzielen waren. Mit Hilfe seiner gigantischen Batterie konnte Davy die Vorgänge aufklären, die heute als Ionenwanderung bezeichnet werden. Er entdeckte die Erdalkalimetalle Barium, Strontium, Calcium, Magnesium und wenig später auch das Element Bor. Gleichzeitig entwickelte er eine umfassende elektrische Theorie der chemischen Verbindungen. Durch Davy wurde die Elektrizität der Schlüssel zum Verständnis für das Bestreben der Stoffe, untereinander Verbindungen einzugehen. So wurde der Sohn eines einfachen Holzschnitzers aus Cornwall, ein Bauernjunge, der nie ein Universitätsstudium absolviert hatte, zum gefeierten Begründer der modernen „Elektrochemie".

Innerhalb weniger Monate war ein neues Wissenschaftsgebiet entstanden, das in der Öffentlichkeit gewaltigen Eindruck machte. Davys Genius überstrahlte alles, was sich auf dem Gebiet der Chemie sonst noch abspielte. Überall an den europäischen Universitäten wurden seine Versuche wiederholt und bestätigt. Die wissenschaftlichen Zeitschriften brachten die neuesten Berichte über die Elektrolyse. Davy konnte sich vor neugierigen Besuchern aus nah und fern kaum retten.

Einer der Besucher war der schwedische Chemiker Berzelius.[12] Dieser notierte in seinem Tagebuch: „Davy ist ein sehr angenehmer und intelligenter junger Mann. Wir hatten einen Abend lang eine interessante Unterhaltung. Der prinzipielle Fehler in seinem Charakter ist, daß er nicht raucht ... Bei ruhiger Haltung hat er das Aussehen, als hätte ein Galan aus ihm werden können, aber wenn er spricht, gerät er ganz und gar in Feuer. Als er redete, war seine Sprache ganz frei, und die Auffassung im höchsten Grade klar und verständlich. Er führte mich in sein Laboratorium hinab. Hier fand sich eine Art Unordnung, welche in jedem Laboratorium, in dem gearbeitet wird, unvermeidlich ist. Als ich diese Menge von entzweigeschlagenem Glas sah, diese Tische voll von Spuren von Säuren und brenzlichen Alkalien, Mengen von Gläsern, aus denen Massen übergegoren waren, alle Eisensachen durch saure Dämpfe verrostet, alles Messing grün – da konnte ich begreifen, was Corregio fühlte, als er im Überschwang seiner Seele sagte: Anch'io son pittore! (Auch ich bin Maler!)."

Volksauflauf in den Tuilerien

Napoleon I., der von der Erforschung der elektrischen Ströme Großes erwartete, hatte für Entdeckungen auf dem Gebiet der Elektrizität einen hohen Preis gestiftet. Nach Volta war Davy der zweite, der diesen Preis in Empfang nehmen konnte. Der englische König mochte da nicht zurückstehen. Im April 1812 ließ er Davy zum Ritter (*Knight*) schlagen, womit ihm das Recht zustand, den Titel Sir zu tragen. Er heiratete eine sehr wohlhabende Witwe namens Jane Apreece, die nun Lady Davy war. Die beiden führten in London ein großes Haus.

Sehr *ladylike* benahm sich diese Dame indes nicht, ihr Tun und Wesen war nicht gerade von feiner englischer Art. Sir Humphry bekam das bald zu spüren. Der perlengeschmückten Diva erschien es unter ihrer Würde, daß ihr Gatte eine bezahlte Stellung zu bekleiden hatte. Seiner Frau zuliebe mußte Davy auf die Professur an der *Royal Institution* verzichten. Auf ihr Drängen unternahm Davy, begleitet von der Lady, eine 18 Monate dauernde Reise auf den Kontinent. Die Reise-Chaise war voll beladen mit Koffern und Kisten, denn die Dame mochte unterwegs auf keine Annehmlichkeit verzichten. Aber auch Davy selbst war gut ausgerüstet. Seine gesamte Laboreinrichtung ging mit auf die Exkursion: „Eine Luftpumpe, eine Elektrisirmaschine, eine Voltaische Säule, ein Löthrohr, ein Blasebalg und eine Schmid-Esse, ein mit Wasser und Quecksilber zu sperrender Gasapparat, dazu die gewöhnlichen Reagenzien." Begleitet wurde das Paar von einem jungen Laborhelfer namens Michael Faraday,[13] der dem Meister als Vorlesungsassistent zu Diensten war. Lady Davy versuchte ihn dagegen als Kammerzofe einzuspannen. Daß Faraday sich dagegen wehrte, verzieh sie ihm nie.

In Paris, wo die Davys mit den großen französischen Wissenschaftlern zusammentrafen, mit Gay-Lussac[14] und mit Ampère,[15] wo die Reisegesellschaft von der Kaiserin Josephine persönlich empfangen worden war, kam es zum Eklat. Im Tuileriengarten trug Lady Davy, obwohl man sie gewarnt hatte, demonstrativ ihren großrandigen Londoner Hut zur Schau. Die Franzosen, die auf die Engländer ohnehin schlecht zu sprechen waren – Engländer und Franzosen befanden sich im Kriegszustand –, rotteten sich gegen die hochnäsige englische Lady zusammen. Diese wiederum bedachte das „Franzosenpack“ mit unflätigen Ausdrücken. Es gab einen Volksauflauf, einige zufällig vorbeikommende Offiziere mußten schlichtend eingreifen und die laut schimpfende Lady Davy unter militärischem Schutz zu ihrem Gasthof führen. Sir Humphry, dem das mehr als peinlich war, blieb nichts anders übrig, als schleunigst abzureisen. Die Pariser Zeitungen hatten wieder einmal Stoff für englandfeindliche Schlagzeilen.

Das war auf dieser Reise jedoch nur Schluß- und Höhepunkt einer Kette von höchst unerfreulichen Auseinandersetzungen. Schon beim Empfang in Paris war Davy selbst durch sein „arrogantes und geschwätziges Benehmen“ unangenehm aufgefallen. Zum Zankapfel zwischen dem Engländer und seinen französischen Kollegen war bald das Element Jod geworden. In der Asche von Seetang hatte ein französischer Seifensieder[16] bereits einige Jahre zuvor schwarzglänzende Kristalle entdeckt. Ampère besaß eine Probe der bis dahin noch namenlosen Substanz und hatte dem Besucher auf dessen Bitte eine kleine Menge zur näheren Untersuchung überlassen. Mit Hilfe seines Reiselabors, das ihn überallhin begleitete, und nach eingehenderen Untersuchungen im Laboratorium des *Jardin des Plantes* konnte Davy die von Gay-Lussac geäußerte Vermutung bestätigen, daß es sich um ein Element handelte.

Davy hatte nichts Eiligeres zu tun, als seinen Befund der *Royal Society* in London zu melden und stolz als eigene Entdeckung zu deklarieren. Als dies den Pariser Gastgebern zu

Ohren kam, reagierten sie verständlicherweise verschnupft. Sie betrachteten Davys Anmaßung als freche Effekthascherei. Wenig später war es dem Chemiker Gay-Lussac vorbehalten, das Element eindeutig als Halogen zu identifizieren und ihm den noch heute gültigen Namen Jod[17] zu geben.

Hilfe gegen Korrosion und „schlagende Wetter"

Die voreilige Inanspruchnahme der Jodentdeckung bedeutete eine Art Wendepunkt in der wissenschaftlichen Laufbahn des erst 35 Jahre alten Gelehrten. Die Zeit der atemberaubenden Erfolge war vorüber, viele Mißerfolge kennzeichneten die zweite Hälfte seines Arbeitslebens. Von der Regierung hatte Davy den Auftrag erhalten, Vorschläge zu unterbreiten, wie im Sitzungssaal des Oberhauses die sehr schlechten Luftverhältnisse verbessert werden könnten. Davy nahm diesen Auftrag sehr ernst, seine Vorschläge wurden auch realisiert. Aber die Luft im Oberhaus war danach eher schlechter als besser. Statt einer großzügigen Gratifikation bekam er nur den Spott der Lords zu spüren.

Ähnlich ging es ihm auch bei anderen praktischen Aufträgen, die ihm, dem allwissenden Gelehrten, übertragen wurden. So sollte er der britischen Admiralität Vorschläge machen, wie sich die Korrosion von kupfernen Schiffsbeschlägen an Kriegsschiffen vermindern lasse. Nach eingehenden Untersuchungen konnte Davy eine geniale Lösung präsentieren. Durch Anlegen von Opferelektroden („Protektoren") aus Eisen oder Zink ließ sich die Korrosion sogar vollständig vermeiden. Die Admiralität war sehr zufrieden und rüstete alle Schiffe mit den Davyschen Protektoren aus. Doch bald meldeten die Kapitäne, daß die Geschwindigkeit der Schiffe stark nachlasse. Der Grund: Durch die fehlenden Kupferionen setzte sich an den Schiffsrümpfen starker Algen- und Muschelbewuchs an. Das war für Davy peinlich und fatal, zumal er seine Erfindung vor der *Royal Society* groß herausgestellt hatte.

Noch einmal konnte Davy mit einer wirklichen Meisterleistung glänzen. England, das seine Wälder für den Schiffbau ab-

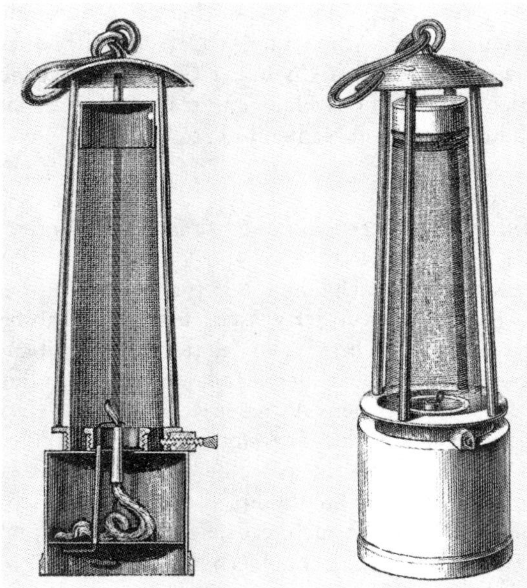

Gruben-Sicherheitslampen von Davy, um 1860

geholzt hatte, war auf die in reichem Maße vorhandene Steinkohle als Energieträger angewiesen. Immer tiefer wurden die Kohleschächte in den Untergrund getrieben, und immer häufiger ereigneten sich Explosionen des Methan-Luftgemisches, „schlagende Wetter", von großer Heftigkeit. Das Methan entwich beim Abbau aus der Kohle und entzündete sich an der Grubenbeleuchtung. Die Lüftung in großen Tiefen war ein kaum lösbares Problem. Am 25. Mai 1812 hatte es im mittelenglischen Kohlengebiet ein besonders schweres Grubenunglück gegeben. 92 Bergleute, Männer und Kinder, fanden den Tod. Davy wurde gebeten, sich der Entwicklung einer sicheren Grubenlampe zu widmen und geeignete Vorschläge zu unterbreiten.

Im Sommer 1815 begann Davy, unterstützt von seinem Assistenten Faraday, mit der Untersuchung. Es waren zahlreiche

Fragen zu klären: Welche Gasgemische sind zündfähig? Unter welchen Bedingungen werden die Gasgemische durch eine Flamme gezündet? Wie muß eine Lampe aussehen, die eine unbeabsichtigte Zündung mit Sicherheit verhindert? Schon nach einem halben Jahr hatten die beiden Forscher eine Lösung gefunden. Wurde die Grubenlampe mit einer dünnen, engmaschigen Metallgaze aus Kupferdraht umhüllt, kühlen sich die Flammengase so weit ab, daß sie das Gasgemisch nicht mehr entzünden konnten. Die „Davysche Grubenlampe“ war erfunden. Der Erfinder erntete viel Beifall, die Besitzer der Kohlengruben überreichten ihm zum Dank ein wertvolles silbernes Tafelgeschirr.

Die Freude über die geglückte Erfindung konnte er jedoch nicht lange genießen. Bald meldeten sich angebliche oder tatsächliche Vorerfinder, die Davy des wissenschaftlichen Diebstahls an der Idee der Sicherheitslampe bezichtigten. Erst als die *Royal Society* – Jahre später – ein öffentliches Statement über die Priorität von Davys Erfindung veröffentlichte, verstummte die Kritik. Mit nur geringen Abwandlungen hat die Sicherheitslampe mehr als 100 Jahre ihren Dienst getan und zweifellos zahllosen Bergleuten den Grubentod erspart.

Nachdem 1820 Sir Joseph Banks,[18] der langjährige Präsident der *Royal Society*, gestorben war, wurde der noch immer angesehene, aber durch seine Affären deutlich angeschlagene Davy zum Nachfolger gewählt. Dies war für den Mann aus Cornwall eine große Ehre, die höchste Auszeichnung, die ein englischer Forscher erreichen konnte. Sie kam jedoch zu spät. Der erst 42 Jahre alte Davy war müde geworden, ihn plagten Depressionen. Die öffentlichen Anfeindungen, die Mißerfolge, das endlose Gezänk mit Lady Davy, von der er inzwischen getrennt lebte, hatten ihn gesundheitlich zermürbt. Sechs Jahre lang konnte er mehr schlecht als recht das hohe Amt ausüben. Erschöpft entschloß er sich 1826 zum Rücktritt. Doch noch vor Unterzeichnung des Papiers erlitt er einen Schlaganfall. Zwar konnte er sich davon wieder erholen, sogar auf einer Reise in seine geliebten österreichischen Berge und nach Italien neue Kräfte sammeln. Wenige Wochen später kam aber ein

Rückschlag. Die Ärzte rieten ihm, erneut in den Süden zu reisen. In Rom traf ihn ein zweiter Schlaganfall. Als er wieder reisefähig war, beschloß er, das milde Klima am Genfer See zur Genesung aufzusuchen. Unmittelbar nach seiner Ankunft in Genf starb er am 28. Mai 1829 im Alter von 50 Jahren.

Das Lebenswerk: Glänzende Bruchstücke

Was hat Sir Humphry Davy, nach Berzelius „der größte Chemiker seiner Zeit", der Nachwelt hinterlassen? Seine wichtigste wissenschaftliche Erkenntnis war ohne Zweifel die trennende Wirkung des elektrischen Stromes auf geschmolzene und gelöste Salze. Ebenso bedeutend ist die erstmalige Darstellung des Kaliums, des Natriums und der Erdalkalimetalle. Und – besonders wertvoll für die Arbeit der Bergleute untertage – die Sicherheitslampe. Aber hier endet eigentlich schon die Liste der unsterblichen Verdienste. Es waren glänzende Bruchstücke. Davys Werk fehlte Kontinuität und Geschlossenheit. Zuviel Zeit hat er für die Selbstdarstellung benötigt, die allerdings als ein Meisterstück in die Geschichte der Vortragskunst eingegangen ist. Seine Vorlesungen an der *Royal Institution* erlangten Weltruhm. Sie gehören in eine Zeit, in der sich die Großen der Wissenschaft bemühten, dem bildungsbeflissenen Bürger die Grundzüge der Chemie zu erklären und den Sinn und Zweck ihrer Forschungsprojekte verständlich zu machen.

Wie kaum ein zweiter Chemiker war Sir Humphry Davy zugleich ein visionärer Romantiker. Seine Essays, Gedichte und Novellen sind von beachtlichem Rang. Das Werk *Salmonia* ist eine literarische, mit schönen Naturbetrachtungen ausgeschmückte Anleitung zum Lachsangeln. Ein letztes Buch trägt den Titel *Tröstungen auf Reisen oder die letzten Tage eines Philosophen.*[19] Es enthält aus der Sicht eines Wissenschaftlers Nachdenkliches und Melancholisches über die Natur und ist sein literarisches Vermächtnis. Die Wissenschaft bedachte ihn mit einer besonderen Ehrung: Ein Mondkrater trägt den Namen Davy.

Eprouvette und chemische Formelsprache

Jöns Jakob Berzelius, schwedischer Mediziner und Chemiker
* 20. August 1779 in Väversunda, Ostergötland
† 7. August 1848 in Stockholm

Daß der Chemiker Ha-zwei-O sagt statt Wasser, daß er H_2SO_4 schreibt, wenn er die Schwefelsäure meint, das ist dem schwedischen Chemiker Jöns Jakob Berzelius zu verdanken. Er hat sich die heute weltweit eingeführte chemische Symbolsprache ausgedacht, er hat die Spritzflasche erfunden und das Becherglas, das Filterpapier und den Scheidetrichter, den Platintiegel und die „Eprouvette" – das wohlbekannte Reagenzglas. Er hat die Grundlagen der analytischen Chemie erarbeitet und die Elemente Silicium und Cer, Selen und Thorium entdeckt; von ihm stammen die Begriffe Isomerie und Katalyse. Berzelius war zu seiner Zeit der ungekrönte König unter den Chemikern.

Der Familienname Berzelius ist die latinisierte Form des Namens „Bergsäter", also Bergsitzer. Die Vorfahren des schwedischen Chemikers Berzelius hießen ursprünglich Hakannson und bewohnten das Gut Bergsäter bei Motala. Der Vater, Samuel Berzelius, war Geistlicher und Lehrer in Linköping, die Mutter stammte aus dem nahen Väversunda. Hier kam Jöns Jakob Berzelius am 20. August 1779 zur Welt.

Ihn erwartete keine sorglose Jugend. Als er vier Jahre alt war, starb der Vater an Tuberkulose, kurz nach dem neunten Geburtstag auch die Mutter. Jöns und seine Schwester kamen zu einem Onkel, der bereits sieben eigene Kinder hatte. Die Stiefmutter war dem Trunk ergeben. Sie ließ ihren Haushalt verwahrlosen und kümmerte sich mehr schlecht als recht um die neunköpfige Kinderschar. Streitereien, harte Strafen und

Jöns Jakob Berzelius (1779–1848)

wüste Szenen beherrschten das Familienleben. Um den unerfreulichen Verhältnissen aus dem Weg zu gehen, streunte das ungeliebte Waisenkind durch Wald und Flur, beobachtete Vögel, sammelte Käfer und bestimmte die heimischen Pflanzen.

Mit 14 Jahren wird Jöns Jakob nach Linköping auf das Gymnasium geschickt. Der schmächtige Junge fällt in der Schule nicht eben durch Spitzenleistungen auf. Von seinen Pflegeeltern bekommt er keinerlei Unterstützung. In den Ferien muß er sich als Hauslehrer auf einem Bauernhof verdingen. Seine Aufgabe ist es, „zwei halberwachsene Burschen beim Studium des Katechismus anzuleiten“ und im Stall und auf dem Feld mitzuarbeiten. Auf dem Hof bekommt er nicht einmal ein eigenes Bett, er schläft auf den Kartoffelsäcken. Für sechs Monate Privatunterricht und Knechtarbeit erhält der Pennäler schließlich vier Reichstaler und ein Paar wollene Strümpfe.

Ungenügend im Fach Chemie

Mit 17 Jahren muß Jöns das Gymnasium verlassen. Das Abgangszeugnis bescheinigt ihm, daß er „ein junger Mann von guten Naturanlagen, aber schlechten Sitten und von zweifelhaften Hoffnungen“ sei. So beleumundet, beginnt er sein Medizinstudium an der ältesten schwedischen Universität in Uppsala. Der Rest des väterlichen Erbes reicht für das erste Semester, dann ist das kleine Vermögen aufgebraucht. Ein Stipendium hilft weiter. Beim ersten medizinischen Examen wäre er beinahe durchgefallen, ausgerechnet im Nebenfach Chemie zeigt er mangelhafte Leistungen. Das nimmt er sich so zu Herzen, daß er beschließt, neben den medizinischen künftig auch chemische Vorlesungen zu hören. Seine armselige Studentenbude besitzt eine Nebenkammer mit einem gußeisernen Ofen, dort kann er in den Abendstunden experimentieren. In den Semesterferien geht Berzelius bei einem Glasbläser in die Lehre. Um das nächste Semester zu überstehen, arbeitet er als Hilfsarbeiter in einer Apotheke. Hier hat er die Aufgabe, Wasser von Heilquellen zu analysieren. Daraus resultiert seine erste wissenschaftliche Arbeit,[1] die er bei der Universität für das Doktorexamen einreichen kann.

Der frischgebackene Dr. Berzelius steht nun vor einer schwierigen Entscheidung: Soll er sich als praktischer Arzt niederlassen oder sich seiner Liebhaberei, der Chemie, widmen? Obwohl er als „Professor-Adjunkt“[2] im chemischen Laboratorium des Chirurgischen Institutes zu Stockholm keinerlei Einkommen erwarten kann, entscheidet er sich für die Chemie. Um den Lebensunterhalt zu sichern, übernimmt er die Stelle eines Armenarztes. Mit den mageren Einkünften von 66 Talern jährlich kann er sich kaum über Wasser halten. Der Besitzer einer Mineralwasser- und Essigfabrik engagiert ihn als Berater und Teilhaber. Das stellt sich bald als schwerer Fehler heraus. Der Fabrikant speist ihn mit einem Hungerlohn und vagen Hinweisen auf bessere Zeiten ab. Berzelius muß akzeptieren. „Bei schmaler Kost magerte ich derart ab und wurde so bleich, daß meine näheren Freunde besorgt fragten, ob ich an einer chronischen Krankheit leide."

Es kommt, wie es kommen muß: Die Fabrik macht bankrott, der Besitzer flieht ins Ausland, und Berzelius muß zehn Jahre lang dessen Schulden abzahlen. Doch dann geschieht etwas Unerwartetes: Als der Lehrstuhlinhaber für Chemie an der Chirurgischen Schule stirbt, wird der 28jährige Berzelius zu seinem Nachfolger ernannt. Zudem wird die Schule als „Karolinisches medicochirurgisches Institut"[3] der Universität angegliedert. Berzelius ist also „wirklicher Universitätsprofessor". Seine materielle Lage bessert sich beträchtlich.

Für Jöns Jakob Berzelius beginnen 25 arbeitsreiche und glückliche Jahre. Er nimmt sich vor, „das gesamte Gebäude der physischen Wissenschaften kennenzulernen, zu durchforschen und mit neuen Ideen zu befruchten". Physik und „unorganische" Chemie, Pflanzenchemie, Tierchemie, Mineralogie, Geologie: Überall ist Neuland, überall gibt es ungelöste Fragen. Berzelius arbeitet bis zur körperlichen Erschöpfung und verfolgt seine Ziele mit beispielloser Zähigkeit. Zunächst nimmt er sich die chemische Analytik vor, denn er weiß, ohne genaue Untersuchungsmethoden hat er keine Chance, hinter die Geheimnisse der chemischen Reaktionen zu kommen.

Reagenzgläser und Analysentrichter

Vor allem muß die Laborausrüstung verbessert werden. Das Institut hat bis dahin nur der Lehre gedient, die Ausstattung an Geräten für analytische Untersuchungen ist mehr als dürftig. Im Handel gibt es weder Chemikalien zu kaufen, noch spezielle Geräte für analytische Zwecke. Berzelius erinnert sich an seine Glasbläserlehre in Uppsala und beginnt, die nötigen Glasgeräte nach eigenen Entwürfen selbst zu blasen. So entstehen die ersten Bechergläser und Rundkolben, Spritzflaschen und Scheidetrichter. Um die wertvollen Chemikalien nicht zu vergeuden und mit möglichst kleinen Stoffmengen arbeiten zu können, erfindet er die „Eprouvette“,[4] das Probier- oder – wie man heute sagt – Reagenzglas.

Zum Filtrieren von Lösungen stellt er spezielle Analysentrichter her, dazu die passenden Filtriergestelle. Eine schwedische Papierfabrik produziert nach seinen Anweisungen die zum Trichter passenden runden Filterpapiere.[5] Auf Berzelius geht die bekannte Methode zurück, das Filterpapier beim Glühen mitzuverbrennen und bei der Berechnung das Aschegewicht eines gleich großen Filters abzuziehen. Zum Eindampfen von Flüssigkeiten entwirft er Wasserbäder, Ölbäder, Sandbäder. Weil die herkömmlichen Öllampen stark rußen, baut er eine raffiniert konstruierte Spirituslampe[6] als Heizquelle für chemische Versuche. Erstmals verwendet Berzelius elastische Schläuche aus Kautschuk[7] zur Verbindung von Glasapparaturen. Um den Glührückstand zu bestimmen, benötigt er einen chemisch resistenten Tiegel, am besten aus Platin. In ganz Schweden gibt es aber nur einen einzigen Platintiegel, und der ist zu schwer für die vorhandene Feinwaage. Berzelius wendet sich an die russische Regierung und erhält 250 Gramm Platin – geschenkt! Daraus kann er mehrere Dutzend Tiegel herstellen lassen.

Mit seiner Labortechnik und, mehr noch, mit der damit entwickelten soliden und ausgefeilten Analysentechnik ist Berzelius seiner Zeit weit voraus. Es heißt, kein Chemiker habe je eine größere Zahl qualitativer und quantitativer Analysen gemacht als er. Und keiner hat so viele originelle Methoden in die Analytik eingeführt. Eine davon sei hier besonders erwähnt, auch wenn sie inzwischen längst den modernen, rechnergestützten Spektroskopiermethoden weichen mußte: die Lötrohranalyse.[8] Bei diesem qualitativen Test wird die feingepulverte Probe einer unbekannten Substanz mit Soda vermischt, in die Vertiefung eines nußgroßen Holzkohleblocks gebracht und mit Hilfe eines Blasrohrs hoch erhitzt. Dieses taucht seitlich in die leuchtende Flamme eines Spiritus- bzw. Bunsenbrenners ein und erzeugt eine spitze Stichflamme. Bereits aus der Flammenfärbung, dem Geruch, der Sublimation und den Eigenschaften der erschmolzenen Metallkügelchen

Labor und Wohnhaus von Jöns Jakob Berzelius in der Stora Nygatan

lassen sich eindeutige Schlüsse über die chemische Zusammensetzung der Substanzprobe ziehen.

Forschung mit Unterstützung der Köchin Anna

Während sich die Studenten mit Elementaranalysen herumquälen, widmet sich Berzelius seiner geliebten Privatforschung. Er ist der erste, der das Molekulargewicht organischer Stoffe berechnen kann. Einen durchschlagenden Erfolg in der Fachwelt hat er 1818, als er eine Tabelle mit den Atomgewichten aller damals bekannten 45 Elemente veröffentlicht.[9] Schon wenige Monate später folgt eine Aufstellung der prozentualen Zusammensetzung von 2000 chemischen Verbindungen. Er entwickelt außerdem eine elektrochemische Theorie, nach der verschiedenartige Atome sich nur dann zu einem Molekül vereinigen, wenn ihre kleinsten Teile elektrisch verschiedenartig geladen sind. Folglich sind die chemischen Substanzen in elektropositive und elektronegative Körper einzuteilen, und es muß eine Art elektrochemischer Spannungsreihe geben.

Nun darf man sich nicht vorstellen, daß Berzelius seine Forschungen mit dem materiellen und personellen Hintergrund eines heutigen Hochschullehrers gemacht hat, mit gerätemäßig perfekt eingerichteten Laboratorien, mit einem Schwarm von Assistenten, Laboranten, Doktoranden, Diplomanden. Nein, Berzelius hatte lange Jahre an der Universität nicht einmal ein eigenes Forschungslabor.[10] Fast immer arbeitete er allein oder mit nur einem Schüler – in seiner eigenen Wohnung. Berzelius Lieblingsschüler, der deutsche Friedrich Wöhler,[11] beschreibt seine Eindrücke in einem Brief: „Unter dem Laboratorium von Berzelius mußt Du Dir kein Laborator mit Schornstein usw. vorstellen. Es ist ein sehr pomadiges Zimmer."

An anderer Stelle schildert er die Räumlichkeiten genauer: „Das Labor bestand aus zwei gewöhnlichen Zimmern mit höchst einfacher Einrichtung; man sah darin weder Öfen noch Dampfabzüge, weder Wasser-, noch Gasleitung. In dem einen standen zwei gewöhnliche lange Arbeitstische von Tannenholz; an einem hatte Berzelius seinen Platz, an dem anderen ich den meinigen ... Im zweiten Zimmer befanden sich die Waagen und einige Schränke mit Geräthschaften. In der nahen Küche, in der die gestrenge Köchin Anna das Essen bereitete, stand der selten gebrauchte Glühofen und ein ständig beheiztes Sandbad." Die gestrenge Köchin Anna war Berzelius' Haushälterin Anna Christina Persdotter Sundström, der gute Geist in der Küche, eine Respektsperson und echte Stütze im Laborbetrieb. „Sie wusch lieber Laborgläser als die Weingläser der Montagabendgesellschaft auf."

Erstaunlich einfach war also die Laboreinrichtung, um so erstaunlicher ist die Fülle neuer Erkenntnisse, die Vielzahl neuer Methoden, die aus diesem Küchenlabor hervorgingen. Im Laufe seines Berufslebens isolierte Berzelius eine außerordentlich große Zahl organischer Stoffe, von der Zitronensäure bis zum Milchzucker, von der Essigsäure bis zum Tannin. Berzelius war es, der als erster den für die Chemie so eminent wichtigen Begriff „Katalyse" prägte und erklärte,[12] nämlich die Beschleunigung chemischer Reaktionen durch Substanzen, die an der Reaktion scheinbar gar nicht teilnehmen: „Die katalytische Kraft scheint eigentlich darin zu bestehen, daß bestimmte Körper durch ihre bloße Gegenwart die bei dieser Temperatur sonst nur schlummernden Verwandtschaften zu erwecken vermögen." Und hellsichtig fährt er fort: „Wir bekommen ... begründeten Anlaß, zu vermuten, daß in den lebenden Pflanzen und Tieren Tausende von katalytischen Prozessen zwischen den Geweben und den Flüssigkeiten vor sich gehen." Damit ahnt Berzelius bereits 1834 voraus, was erst ein Jahrhundert später durch Richard Kuhn,[13] Adolf Butenandt[14] und andere Forscher bestätigt wird: die wichtige Rolle der Hormone, Enzyme, Fermente und Vitamine im Stoffwechsel aller Lebewesen.

Berzelius ist es, der die Phänomene „Isomerie"[15] und „Allotropie"[16] entdeckt und einem fundamentalen Grundgesetz der Organischen Chemie auf die Spur kommt, dem „Gesetz der einfachen und multiplen Proportionen".[17]

Nicht alle Untersuchungen enden mit einem positiven Resultat. Als Berzelius mit Goldfulminat[18] experimentiert, gibt es eine heftige Explosion. Durch Glassplitter wird die linke Hand schwer verletzt, ein Auge durch Säure stark verätzt. Berzelius liegt monatelang blind im Krankenhaus, erst langsam kann er wieder sehen. Im rechten Auge bleibt eine Trübung zurück.

Zahlen und Symbole: Die chemische Zeichensprache

Einer der bedeutendsten Beiträge zur Entwicklung der Chemie ist zweifellos die von Jöns Jakob Berzelius erdachte Zeichen- und Formelsprache. Bei der Beschreibung seiner Versuche hat er sich oft darüber geärgert, wie umständlich es ist, chemische Reaktionen mit Worten zu beschreiben. Kann man Angaben wie „zwei Maaß Eisenvitriol, vermischt mit drei Maaß Schwefelnatrium geben fünf Loth Eisensulfür“ nicht kürzer und vor allem prägnanter ausdrücken? Sind die aus dem Mittelalter stammenden Bezeichnungen für Minerale, wie etwa Hornsilber und Spießglanzkönig, Weißnickelkies und Rothbleierz vielleicht durch einprägsamere, kürzere Bezeichnungen zu ersetzen?

Dieses Problem hatten schon die alten Alchemisten zu lösen versucht. Sie benutzten graphische Symbole – Kreise und Quadrate, Sonnen und Monde, Pfeile und Dreiecke – zur Kennzeichnung von Metallen, Mineralien, Salzen.

Der englische Naturforscher Dalton[19] schlug 1810 vor, die Symbole zu vereinfachen. Ein Jahr später greift Berzelius diesen Grundgedanken auf und kommt nach langer Überlegung auf die Idee, die Anfangsbuchstaben der lateinischen Namen der Elemente als Symbole zu verwenden. So gibt er dem Wasserstoff den Buchstaben H (*Hydrogenium*), dem Schwefel den Buchstaben S (*Sulfur*), Kohlenstoff erhält das Zeichen C (*Carbo*). Haben zwei Elemente den gleichen Anfangsbuchstaben, so fügt Berzelius den zweiten Buchstaben hinzu. Für das Kupfer (*Cuprum*) wählt er beispielsweise die Kurzbezeichnung Cu, für das Kobalt Co. Durch Zahlenindizes vor den Elementsymbolen beziffert er die Zahl der Moleküle in einer Reaktionsgleichung, durch die nachgestellte Zahl die Anzahl der Elemente in einem Molekül. Seitdem kann selbst der Laie die Formel H_2O verstehen.

Auch komplizierte Reaktionen lassen sich nach dieser Methode einfach darstellen und begreifen. Die enorme Zeit- und Raumersparnis, die Präzision des Ausdrucks, die Klarheit und Übersichtlichkeit machen die chemische Zeichensprache zu einem unentbehrlichen Instrument der internationalen Verständigung. Auch wenn die Schüler in aller Welt unter den „schrecklich komplizierten“ chemischen Formeln stöhnen: Einfacher ist eine gegebene chemische Reaktionsgleichung nicht auszudrücken.

Auf Berzelius geht der Brauch zurück, neuaufgefundenen Elementen phantasiereiche Namen zu geben. Als er 1803 ein seltenes Metall[20] findet, nennt er es „Cer", weil kurz zuvor der Planet Ceres entdeckt worden war. Sein englischer Kollege Wollaston[21] greift diese Idee auf und gibt seinem neu gefundenen Edelmetall den Namen „Palladium", nach dem Planetoiden Pallas. In der Folge wetteifern die Forscher, ihre Neuentdeckungen auf immer schönere Namen zu taufen. So erhält ein von Berzelius im Abfall der Schwefelsäurefabrikation[22] gefundenes, beim Erhitzen intensiv nach faulem Rettich stinkendes, schwefelähnliches Element den Namen Selen, nach dem griechischen Namen des Mondes (*selene*).

Auch die Benennung des Elements Thorium geht auf Berzelius zurück: Es verdankt seinen Titel dem germanischen Donnergott Thor. Als einer seiner Schüler, Nils Sefström,[23] 1830 ein neues Metall aufspürt, betätigt sich Berzelius ebenfalls als Taufpate. Weil er den Beinamen der nordischen Göttin Freya, Vanadis, sehr schön findet, schlägt er vor, das Metall als „Vanadin" zu bezeichnen. Beim Element Silicium, das Berzelius 1824 isoliert, greift der Schwede ausnahmsweise auf ein deutsches Wort zurück. Das Ausgangsmineral war ein einfacher weißer Bachkiesel, deshalb bekommt das Element zunächst den Namen „Kiesel". Erst später wird der Name latinisiert: Aus *silex* entsteht die heutige Bezeichnung Silicium.

An den phantasievollen Namensschöpfungen hatte Berzelius anfangs großen Spaß. Von ihm stammen etwa die Namen Wolfram,[24] Beryllium, Natrium, Kalium, Methyl und Anilin.[25] Später, als ihm die Phantasie dann doch zu weit ging, machte er sich über Kollegen lustig, wenn sie bei der Namensgebung von Mineralien versuchten, sich selbst oder engen Freunden ein Denkmal zu setzen. Als sein Schüler Wöhler[26] ein neues Mineral entdeckt hatte, schlug er ihm vor, dieses auf den Namen eines verdienten spanischen Kollegen zu taufen. Wöhler war sofort einverstanden und fragte nach dem Namen des künftigen Taufpaten. Berzelius mit todernstem Gesicht: „Sein Name ist Miguel Erecacoexcohoncrena."

Der falsche Finger oder von der Kunst, genau zu beobachten

Wenn Berzelius seine Vorlesung hielt, war der Hörsaal fast immer bis zum letzten Platz besetzt. Sein Vortrag strahlte Ruhe und Klarheit aus, seine Experimentierkunst war unübertrefflich. Auch der Humor kam nicht zu kurz. Er ermahnte die Studenten, immer scharf zu beobachten. „Das bloße Zusehen reicht nicht aus, ein Chemiker muß auch seine Nase und notfalls die Zunge zu Hilfe nehmen." Mit diesen Worten ließ er einmal ein Becherglas mit einer entsetzlich stinkenden Flüssigkeit durch die Reihen gehen. Zuerst hatte er selbst davon gekostet, die Studenten sollten es nun auch tun. Alle waren schockiert, denn das Zeug roch und schmeckte wirklich ekelerregend. Als das Becherglas zurückkam, sagte Berzelius trokken: „Sehen Sie, wie recht ich hatte. Sie haben wieder einmal nicht scharf genug beobachtet. Sonst hätten Sie merken müssen, daß ich gar nicht den Mittelfinger, den ich in die Flüssigkeit tauchte, in den Mund gesteckt habe, sondern den Zeigefinger!"

Eine besondere Attraktion in Stockholm waren die von Berzelius glanzvoll gestalteten öffentlichen Vorträge über praktische Chemie. Wenn sich der schwedische König Bernadotte oder Kronprinz Oskar angemeldet hatte, präsidierte Berzelius in ordenbestückter Akademieuniform. Die Hofdamen erschienen in tief dekolletierten Roben, die Herren in Galauniform und mit Degen. Auf dem Labortisch standen Elektrisiermaschinen, Gaszylinder gefüllt mit Wasserstoff und Sauerstoff, Glasflaschen mit farbigen Reagenzien, alles bereit für den Auftritt des großen Demonstrators. Berzelius verstand es, seine spektakulären Experimente mit Witz und Eleganz zu kommentieren und die Besucher für die vermeintliche Geheimwissenschaft Chemie zu begeistern.

Am schwedischen Königshof war Berzelius ein gern gesehener Gast. Auch vom französischen, englischen und dänischen König wurde er eingeladen, über seine Wissenschaft zu berichten. Sogar der russische Zar nahm sich Zeit, ihn in seinem Labor aufzusuchen. Als er 1822 in Karlsbad zur Kur weilte, wurde er dem 72jährigen Goethe vorgestellt. „Dieser empfing mich mit einer Miene und Gebärde, als sei er von der neuen Bekanntschaft nicht gerade sehr entzückt, auch sprach er kein Wort mit mir." Als Goethe beim gemeinsamen Mittagessen erfuhr, daß sein Besucher ein Fachmann auf dem Gebiet der Mineralogie war, besserte sich die Stimmung zusehends. Er lud Berzelius ein, seine Mineraliensammlung zu prüfen, und war begeistert, von ihm in der Kunst der Lötrohranalyse unterwiesen zu werden.

Jöns Jakob Berzelius hatte stets ein heiteres Wesen. Nur wenn ihm zu Unrecht die Priorität seiner Entdeckungen bestritten wurde, zeigte er sich von ganz anderer Seite. Dann wurde er „ein heißer, zorniger Mann, der seine Gegner mit diokletianischem Haß zu verfolgen pflegte". Seine Freunde schätzten ihn jedoch als ausgeglichene Persönlichkeit. Im Gespräch gab er sich offen und umgänglich, mit Interesse nahm er Anteil am Schicksal seiner Umgebung. Mit seinen Schülern verband ihn eine oft lebenslange Freundschaft. In der internationalen Fachwelt genoß er hohes Ansehen, zahlreiche große Wissenschaftler betrachteten es als Ehre, eine Zeitlang bei ihm arbeiten zu können.

Wenn irgendwo in Europa ein Lehrstuhl für Chemie neu zu besetzen war, pflegte man zuerst bei Berzelius anzufragen, ob er einen seiner Schüler empfehlen könne. Unter den Chemikern war er der „ungekrönte König". Und als Präsident der Schwedischen Akademie der Wissenschaften hatte sein Wort auch in der Politik großes Gewicht.

Junge Braut für die langen Abende des Alters

Berzelius hatte sich geschworen, nur für die Wissenschaft zu leben und nie zu heiraten. Nach seiner Emeritierung spürte er,

„daß ihm die Abende etwas zu lang wurden", der ewige Schwur geriet ins Wanken. Bei seinem Freund, dem Richter und späteren Kabinettsminister Poppius, hielt er um die Hand der Tochter Betty an. Obwohl die Braut mit 24 Jahren nicht einmal halb so alt war wie der Bräutigam (56), wurde aus dem ungleichen ein glückliches Paar. Der schwedische König dachte sich ein besonderes Hochzeitsgeschenk aus. Er erhob ihn aus diesem Anlaß in den Freiherrnstand. Nun hatte Berzelius ein prächtiges Freiherrnwappen und eine junge Gemahlin. Der deutsche Kollege Justus von Liebig gratulierte mit einem Augenzwinkern: „Sie sind ein besonders glücklicher Ehemann, denn wenn Sie vor 30 Jahren geheiratet hätten, so hätten Sie jetzt eine alte Frau."

Auch im Alter saß Berzelius täglich von früh morgens bis spät abends an seinem Schreibtisch und widmete sich seiner Lieblingsbeschäftigung: Berichte zu schreiben, an Büchern zu arbeiten, an seinen Aufsätzen zu feilen. Sein literarischer Nachlaß hat alle Biographen zum Staunen gebracht. Hunderte von Experimentalarbeiten sind in Fachzeitschriften erschienen, fast alle 27 Bände der von der Schwedischen Akademie[27] herausgegebenen *Jahresberichte über die Fortschritte der physischen Wissenschaften* – mit insgesamt 12 000 Seiten – entstammen seiner Feder. Ein fünfbändiges Lehrbuch über Tierchemie trägt seinen Namen, das dreibändige *Lehrbuch der Chemie*[28] war für lange Zeit das Standardwerk für angehende Chemiker. Allein der bisher veröffentlichte Teil seines Gedankenaustauschs mit Freunden und Kollegen umfaßt 4000 Blatt handschriftlicher Briefe.

Berzelius gehörte zweifellos zur Gattung der Vielschreiber. Dennoch war er stets bemüht, seine Muttersprache in besonders gutem Stil zu handhaben. „Ein Lehrbuch sollte angenehm zu lesen sein und niemals langweilen, wie in dem erzählenden Style der schönen Literatur ist die Neugierde des Lesers zuvor zu spannen, bevor sie befriedigt wird."

Schon von Jugend an hatte Berzelius unter „gichtartigen Anfällen" gelitten, seit seinem 23. Lebensjahr wurde er zweimal im Monat, „von 8 Uhr morgens bis 8 Uhr abends" von periodischen Kopfschmerzen geplagt, „die sich mit größter Regelmäßigkeit einstellten an dem Tage, an dem Neumond oder Vollmond eintrat". An seinem 60. Geburtstag deutete Berzelius in einem Brief an seinen ehemaligen Schüler Wöhler zum erstenmal an, daß er das Alter spürte: „Ich bin heute 60 Jahre alt geworden und fühle dies auch an meiner Arbeitskraft." Und zwei Jahre später: „Lieber Wöhler, arbeite tüchtig, solange Du noch Kräfte hast. Du glaubst nicht, was der Mensch für ein Vieh wird, wenn er zu altern anfängt."

Um sich von einer zunehmenden „Nervenschwäche" zu befreien, reiste Berzelius im Sommer 1845 erneut zu einer Badekur nach Karlsbad. Sie erfrischte ihn so, daß er anschließend noch eine Vergnügungs- und Besuchsreise nach Deutschland unternahm. Am Rhein traf er seine alten Schüler und Freunde und feierte mit ihnen ein feucht-fröhliches Wiedersehen – ein letztes Mal. Kaum war er wieder daheim, kehrten die Beschwerden verstärkt zurück, beide Beine waren gelähmt. Er lag im Bett, las viel oder ließ sich vorlesen. Wenige Tage vor seinem Tod verfaßte er sein wissenschaftliches Vermächtnis.

Am 7. August 1848 – Jöns Jakob Berzelius saß lesend im Garten in seinem Rollstuhl – ging sein Leben still zu Ende.

Spiel mit dem Feuer

Johann Wolfgang Döbereiner, deutscher Apotheker und Chemiker
* 13. Dezember 1780 in Hof an der Saale
† 24. März 1849 in Jena

In der Grundvorlesung Anorganische Chemie I wird der Name nur noch selten erwähnt. Fragt man ältere Semester nach Wolfgang Döbereiner, kommt vielleicht die zögernde Gegenfrage: „Meinen Sie den, der das Feuerzeug ...?“ Richtig, jener Döbereiner: Er hat 1823 eine „Feuermaschine“ konstruiert, bei der sich Wasserstoffgas an schwammartig feinverteiltem Platin selbst entzündet. Es war das erste funktionierende Feuerzeug. Darüber hinaus ist heute kaum noch etwas – nahezu nichts – über Döbereiner bekannt. Zu Unrecht, denn sein Lebenslauf hält manche Überraschung parat und erlaubt einen erhellenden Blick zurück in die Anfänge der Chemie am Beginn des 19. Jahrhunderts.

Döbereiners Vater, Johann Adam Döbereiner, war Kutscher in den Diensten des Herrn von Lindenfels. Die Mutter, Anna Susanna geb. Göringin, stammte aus dem benachbarten Ort Schauenstein. Daß der Junge, der einmal berühmt werden sollte, auf die Vornamen Johann Wolfgang getauft wurde, war sicher kein Zufall. Der in Weimar lebende Goethe genoß zu dieser Zeit schon außergewöhnliche Popularität in „teutschen Landen“, und mancher Bürger hatte den Wunsch, sein Kind mit den Vornamen des Idols möge später ebenfalls zu Ruhm und Ehre kommen. Die Eltern konnten damals nicht ahnen, daß ihr Sohn tatsächlich eine erstaunliche Karriere machen würde, nicht zuletzt durch die Bekanntschaft mit dem Weimarer Dichterfürsten.

Johann Wolfgang Döbereiner (1780–1849)

Jugendzeit zwischen Braukesseln und Schnapsdestillen

Der Junge wuchs auf dem Rittergut Bug am Fuß des Fichtelgebirges auf, wo sein Vater zunächst als Knecht, später als „hochherrschaftlicher Verwalter" angestellt war. Hier, zwischen Pferden und Hühnern, im Stall und auf den Feldern verlebte Johann Wolfgang eine unbeschwerte Jugendzeit. In der einklassigen Schule im Nachbarort Weisdorf lernte er Lesen und Schreiben, aber nicht sehr viel mehr. Seine Wißbegierde konnte hier nicht gestillt werden. Johann Wolfgang stürzte sich auf jedes bedruckte Stück Papier und las in seiner Kammer bis spät in die Nacht. „Ein alter Löffel diente als Leuchter, zusammengedrehte Fäden als Docht, Fettabfälle als Brennstoff."

Die Mutter und der Pfarrer versuchten ihr Bestes, durch Privatunterricht die Lücken in Johann Wolfgangs Schulbildung zu schließen. Der Vater nahm ihn mit auf die Jagd und zeigte ihm die einheimische Flora. Ein altes Botaniklehrbuch war des Jungen kostbarster Besitz, er lernte es fast auswendig. Doch am liebsten holte sich der Junge seine Anregungen in der gutseigenen Brauerei und Schnapsfabrik. Diese frühen Erfahrungen auf dem Gebiet der chemischen Technik bildeten ein Kapital, von dem Döbereiner ein Leben lang zehren sollte.

Aus finanziellen Gründen war an den Besuch einer höheren Schule nicht zu denken. So schickte man den 14jährigen für eine dreijährige Lehre in die Apotheke nach Münchberg.[1] Die Apotheke war zur damaligen Zeit eine beliebte Berufsschule für angehende Chemiker: Justus Liebig[2] hat sich in der Offizin das Rüstzeug für den späteren Beruf geholt, ebenso wie Emil Erlenmeyer[3] oder Martin Heinrich Klaproth.[4] Mit dem Lehrlingszeugnis in der Tasche ging der Apothekergehilfe Döbereiner auf Wanderschaft, zuerst nach Dillenburg, dann weiter nach Karlsruhe und schließlich nach Straßburg, wo er nicht nur die französische Sprache erlernen, sondern auch einige Bildungslücken schließen konnte, indem er an den wissenschaftlichen Instituten[5] Vorträge über Botanik, Mineralogie und Chemie besuchte.

Kurzes Unternehmerglück

Fünf Jahre blieb Döbereiner in der Fremde, dann zog es ihn wieder in die Heimat. Dort wartete die Jugendfreundin Clara Henrietta Sophia Knab, Tochter aus gutem Hause. Nach der Hochzeit stellte sich die Frage des Geldverdienens. An den Kauf einer Apotheke konnte der Gehilfe nicht denken, aber für den Erwerb einer „Landesproduktenhandlung“ in dem Städtchen Gefrees,[6] Grafschaft Bayreuth, reichte das Ersparte, aufgestockt durch ein Darlehen von den Schwiegereltern. Döbereiner gliederte eine kleine Fabrik „pharmaceutisch-chemischer Produkte“ an und stellte dort Bleiweiß (Bleicarbonat) für

Malerfarben, Bleizucker (Bleiacetat) für die Baumwollfärberei und Bittersalz (Magnesiumsulfat) als Beizmittel für Stoffdrukke her. Döbereiner war stolz auf seine kleine Fabrik. In Gehlens *Journal der Chemie*[7] berichtete er freimütig über seine Erfahrungen, Erfolge und Rezepte.

Das Unternehmerglück war nur von kurzer Dauer. Neidische Nachbarn brachten es fertig, daß ihm, dem Ortsfremden, die Betriebserlaubnis entzogen wurde. Er sei weder gelernter Kaufmann, noch habe er eine Apothekerkonzession, das verstoße gegen Gesetz und gute Sitten. Nachdem gegen ihn auch noch eine Anklage wegen „Pfuscherei" erhoben und die Fabrik 1806 geschlossen wurde, konnte Döbereiner nichts mehr halten. Bei Verwandten im heimatlichen Münchberg fand er ein Unterkommen, später bekam er Arbeit in einer Manufaktur für Textilwaren. Dort befaßte sich Döbereiner vor allem mit dem Bleichen baumwollener Gewebe und der Herstellung von Kalilauge und Hypochlorit.

Wieder sandte er Erfahrungsberichte an das *Chemiejournal* und beschrieb darin auch eine neue Methode zum Bleichen von gewebten Stoffen. Zu jener Zeit wurden die gewebten und gewaschenen Tücher noch auf den Wiesen vor der Stadt – „auf der großen Bleiche" – ausgebreitet und wochenlang der Sonneneinwirkung ausgesetzt. Die Chlorbleiche hatte gegenüber der herkömmlichen Rasenbleiche den Vorteil, daß der ganze Prozeß in ein bis zwei Tagen abgeschlossen war.

Kaum hatte Döbereiner in der Textilfabrik richtig Fuß gefaßt und erste Erfolge erzielt, drohte neues Unheil. 1806 verhängten die Franzosen ein totales Handelsverbot, die „Kontinentalsperre", gegen England und besetzten mit ihren Truppen Oberfranken. Dadurch kamen die Baumwolleinfuhren zum Erliegen, der Betrieb mußte geschlossen werden. Erneut war Döbereiner arbeitslos. Durch Vermittlung seiner Freunde konnte er auf dem Hofgut St. Johannis bei Bayreuth die Aufgabe übernehmen, das Bierbrauen und die Schnapsbrennerei zu modernisieren. Dank der in der Jugend gemachten Erfahrungen kannte er sich auf diesem Gebiet bestens aus. Aber auch hier holte ihn das Pech wieder ein: Nach wenigen Jahren wurde das Hofgut verkauft, der neue Besitzer legte den Brauereibetrieb still und entließ das Personal. Wolfgang Döbereiner stand zum drittenmal auf der Straße. Alle Versuche, Arbeit zu finden, schlugen fehl. Der kaum 30jährige Familienvater war verzweifelt und wußte nicht mehr, wie er Frau und Kinder ernähren konnte.

Glücklicher Irrtum

Nicht nur im Theater, auch in der Chemie gibt es gelegentlich einen *deus ex machina*. In diesem Fall war es ein Brief der Universität Jena, versehen mit einem roten Siegel, adressiert an „Herrn Profeßor Doctor Dobereiner zu St. Johannis bei Bayreuth". Der ebenso ehrenvoll wie falsch Titulierte weigerte sich, den Brief zu öffnen. Das mußte ein Irrtum sein. Doch er ließ sich überreden und traute seinen Augen nicht: Der Senat der „Gesammt-Academie Jena" hatte ihn als außerordentlichen Professor für Chemie und Technologie nach Jena berufen. Wie kam ausgerechnet er, der vom Schicksal gebeutelte Döbereiner, zu dieser unerwarteten Ehre?

Der Ruf nach Jena hatte eine skurrile Vorgeschichte. Der wissenschaftsfreundliche Großherzog Carl August von Sachsen-Weimar hatte 1789 – auf Anraten des Geheimen Rates Johann Wolfgang von Goethe – in Jena eine Professur für Chemie einrichten lassen, die er aus eigener Schatulle bezahlte. Der erste Lehrstuhlinhaber[8] war 1809 gestorben, und Goethe hatte vom Herzog den Auftrag erhalten, für einen Nachfolger zu sorgen. Goethe, der damals an seiner Farbenlehre schrieb – sie war nicht zuletzt eine Abrechnung mit Newton und anderen „Pfaffen der Wissenschaft" –, wollte keinen hochgestochenen Theoretiker auf diesem Lehrstuhl sehen, sondern einen tüchtigen Praktiker. Da er selbst keinen geeigneten Bewerber kannte, bat er seinen Freund Gehlen in München um Vorschläge für die Besetzung der vakanten Professorenstelle. Der wußte auch keinen Rat, denn Chemiker mit praktischen Erfahrungen in der chemischen Technik waren damals noch selten. Um Goethe nicht zu enttäuschen, nannte Gehlen schließlich den Namen Döbereiner. Dieser war ihm durch seine praxisorientierten Beiträge in dem von ihm herausgegebenen *Journal für Chemie* aufgefallen. Persönlich gekannt hatte der Herausgeber seinen Autor nicht.

Ein Professor ohne Diplom und lange Gesichter

Der Senat in Jena sah keinen Grund, Goethes Vorschlag abzulehnen, Döbereiner seinerseits noch viel weniger. „Hochbeglückt und mit innigstem Dank erfüllt", nahm er den Ruf an, reiste alsbald nach Jena und kündigte für das neue Semester gleich eine Vorlesung über „Reine allgemeine Chemie, verbunden mit Fundamentalversuchen" an. Doch schon bei den ersten Gesprächen mit der vorgesetzten Behörde gab es lange Gesichter. Nach dem Thema seiner Dissertation gefragt, mußte Döbereiner gestehen, daß er keinen Doktortitel besaß und auch nicht Professor war, ja nicht einmal einen ordentlichen Schulabschluß vorzuweisen hatte. Peinliches Schweigen. Es folgte ein Brief an Goethe, ein weiterer von Goethe an Gehlen. Dieser schrieb zurück, man habe nicht nach Titel und Diplomen gefragt, sondern nach einem Chemiker mit praktischen Kenntnissen.

Guter Rat war teuer (aber auch wieder nicht allzu teuer). Goethe, der sein Gesicht nicht verlieren wollte, lud Döbereiner zu sich nach Weimar ein und gab ihm den Rat, ein Gesuch an die philosophische Fakultät zu richten, man möge ihm das Doktordiplom auch ohne Zeugnis verleihen, und dies, da er mittellos sei, nach Möglichkeit gratis. Die Antwort der Behörde kam postwendend: Gratis, das ginge nicht, aber gegen die halben Gebühren wolle man ein Auge zudrücken. So geschah es, Döbereiner bezahlte „10 ziemlich abgeschliffene Laubthaler"[9] und bekam sowohl das begehrte Diplom als auch den Lehrauftrag. Die Hürden der Bürokratie waren damals wohl erheblich niedriger als heute.

Johann Wolfgang Döbereiner war hochbeglückt und versprach in einem Dankesbrief „den Allerhöchsten Herrschaften und Goethe", er wolle sein Amt „bis zu seinem Tode mit voller Hingabe der Kräfte" ausüben. Dieses aus dem Glücksgefühl des Augenblicks heraus gegebene Versprechen hat er sein Leben lang gehalten, obwohl sich später fünf angesehene Universitäten[10] um ihn bemühten.

Die Arbeitsbedingungen in Jena waren bescheiden, die Einkünfte armselig. Das winzige Laboratorium im herzoglichen Schloß enthielt nicht einmal die einfachsten Glasgeräte. Pro Jahr erhielt der Lehrstuhlinhaber 350 Taler, dazu als Naturaldeputat zehn Scheffel Korn, 16 Scheffel Gerste und drei Klafter Brennholz. Für die Beschaffung der Glasgeräte und Chemikalien mußte er selbst aufkommen – das verschlang fast ein Drittel seines ohnehin knappen Salärs. Für die Chemievorlesungen durfte er zwar das Auditorium benutzen, jedoch mit der Maßgabe, den Hörsaal nach jeder Benutzung sauber aufzuräumen und gründlich zu lüften. Wenn das nicht schnell und ordentlich genug vonstatten ging, kam der gestrenge Schloßvogt und erteilte dem Herrn Dozenten einen Rüffel.

Die Entstehung der „chemischen Anstalt" in Jena

Eine Zeitlang ließ sich Döbereiner alles gefallen. Dann aber erklärte er der „Oberaufsicht für Wissenschaft und Kunst des Herzogtums Sachsen-Weimar-Eisenach", daß zur Ausübung seiner Pflichten „ein geräumiges Laboratorium, dazu reichhaltige Apparaturen, eine gute Fachbibliothek sowie ein eigener Hörsaal mit einem Experimentiertisch dringend erforderlich" seien. Sonst könne er seinen Lehrauftrag nicht ordnungsgemäß ausfüllen. Die „Oberaufsicht", das war Seine Exzellenz, der Geheime Rat und Staatsminister von Goethe persönlich. Der reagierte auch prompt und lud den Petenten ein, nach Weimar zu kommen.

Zwei volle Tage war Döbereiner bei Goethe zu Gast, um ihm seine Vorstellungen zur Gestaltung des Chemieunterrichts vorzutragen. Das günstige Gesprächsklima ermutigte ihn, auch noch seine heimlichen Pläne für die Einrichtung einer

„chemischen Anstalt" in Jena vorzustellen. Seine Exzellenz war beeindruckt und versprach nach Kräften zu helfen. Als Sofortmaßnahme kaufte Goethe der Witwe des Lehramtsvorgängers für 160 Taler gebrauchte Apparate sowie 1200 Fachbücher ab, Band für Band zum Sonderpreis von 6 Groschen. Auch zur Behebung der Raumnot wußte Goethe Rat: Das oberste Stockwerk des Jenaer Schlosses sollte umgebaut werden, damit dort die „chemische Anstalt" einziehen konnte.

Goethe legte überdies ein gutes Wort bei den hohen Herrschaften in Weimar ein. Die Erbprinzessin Maria Paulowna, russische Großfürstin, stiftete daraufhin 1000 blanke Taler zur Anschaffung von Laborgeräten, Präparaten und Mineralien, sowie einige Glasschränke, in denen das Anschauungsmaterial ausgestellt werden konnte. Nun konnte Döbereiner loslegen, mit jugendlichem Schwung und erstaunlichen Ideen.

Zucker aus Stärke, Schnaps und künstliche Weine

Nachdem der Rohrzucker wegen der Kontinentalsperre im ganzen Land knapp geworden war – der Rübenzuckeranbau steckte noch in den Kinderschuhen –, regte Döbereiner an, in Tiefurt bei Weimar eine Fabrik zur Umwandlung von Stärke in Traubenzucker zu errichten.[11] Das war eine Pioniertat: die erste Traubenzuckerfabrik der Welt. Zwar konnte sich der Betrieb nach Aufhebung der Importsperre für Rohrzucker nicht behaupten, die Pläne aber blieben erhalten und wurden später in vielen Ländern realisiert.

Auch auf dem Gebiet der pflanzlichen Farbstoffe versuchte sich Doktor Döbereiner als Unternehmer. Er entwickelte ein chemisches Fabrikationsverfahren, um aus der einheimischen Waidpflanze *(Isatis tinctoria)* den blauen Farbstoff zu gewinnen, den die Tuchfärber anstelle des teuren Indigos aus Indien verwenden konnten. Wochenlang hatte Döbereiner blaugefärbte Hände.

Immer wieder kam er zurück auf seine früheren Erfahrungen im Schnapsbrennen. Obwohl die chemischen Reaktionen bei der durch Hefe eingeleiteten alkoholischen Gärung noch weitgehend ungeklärt waren, konnte der Jenaer Dozent den Branntwein- und Essigfabrikanten des Landes wertvolle Hinweise geben. Er zeigte ihnen, wie der Alkoholgehalt zu messen ist, er machte ihnen klar, daß es zwischen Zucker, Alkohol und Kohlensäure ein Gleichgewicht gibt und warum der Sauerstoffzutritt bei der Essigbereitung genau dosiert werden muß. Döbereiner schrieb ein Buch über die Gärungschemie und gab darin unter anderem genaue „Anleitungen zur Darstellung künstlicher Weine". Ob die darin enthaltenen Rezepte praktische Bedeutung erlangten, ist leider nicht überliefert. Überliefert dagegen ist sein Versuch, sich als Pyrotechniker zu betätigen. Goethe selbst hat 1811 darüber berichtet: „Ein indianisches Weißfeuer auf dem Landgrafenberg, vom Professor Döbereiner abgebrannt, gab durch Erleuchtung des Tales eine höchst überraschende Erscheinung."

Neben der praxisnahen Forschung wurde die Lehre nicht vernachlässigt. Die Studenten waren von Döbereiners Vorlesung gefesselt, das sprach sich schnell herum. Die chemische Fakultät der Universität Jena bekam starken Zulauf. Bald wurde es im Jenaer Schloß zu eng für die vielen Studenten, Döbereiner mußte erneut seinen Gönner in Weimar in Anspruch nehmen. In einem Bittbrief an den „Hochwohlgeborenen Herrn Staatsminister" führte er als Argument ins Feld: Durch die chemischen Experimente erwachse dem herzoglichen Schloß eine nicht zu vernachlässigende Feuersgefahr. Außerdem sei die Heizung so erbärmlich schlecht, daß im Winter „selbst der wärmste Chemiker in wenig Stunden vor Kälte erstarrt".

Goethe hatte ein Einsehen und setzte beim Serenissimus durch, daß das chemische Institut in ein großes leerstehendes Haus, „die Villa Hellfeld, am Ende der südlichen Vorstadt rechter hand beim Hinausgehen",[12] umziehen konnte. Dort fand Döbereiner mit seiner inzwischen auf sieben Köpfe angewachsenen Kinderschar[13] auch eine geräumigere Wohnung nebst Gemüsegarten. Ein öffentliches „chemisches Praktikum" wurde eingerichtet, um den Studenten Einblick in die Grundzüge technischer Verfahren zu geben.

Unter Döbereiners Leitung mauserte sich die Chemische Fakultät der Universität Jena mit seinem „modernen" chemischen Lehrlaboratorium zum Mekka für angehende Techniker. Döbereiner führte – nach den Worten eines Zeitgenossen – „die schmutzige Küchenmagd, als welche die Chemie bisher in ihren rußigen Laboratorien aufgetreten war, im zierlichsten Anzug ins elegante Boudoir". Der Lohn blieb nicht aus: Der Großherzog ernannte ihn, den Autodidakten, zum Professor, später zum Bergrat, schließlich zum Geheimen Hofrat.

Goethe war stolz auf seinen Schützling. Für ihn war er der lebende Beweis für seine These, daß es in der Chemie allein auf die Praxis ankommt. „Allzu große Gelehrsamkeit ist nach meinen Erfahrungen eher ein Hinderungsgrund für bedeutende wissenschaftliche Leistungen." Jedesmal, wenn Goethe in Jena weilte, besuchte er den Professor in seinem Laboratorium und ließ sich über dessen neueste Entdeckungen berichten. Manchmal ließ er ihn auch nach Weimar kommen, um sich von ihm in die Geheimnisse der Stöchiometrie[14] einweihen zu lassen. Döbereiner wurde Goethes chemischer Ratgeber. In Goethes Tagebuch finden sich häufig Eintragungen dieser Art: „Hofrath Döbereiner ... zeigte einige sehr anmutige Experimente." An anderer Stelle bekennt er: „Die Chymie ist meine heimliche Geliebte". Das Verhältnis zwischen Döbereiner und Goethe gestaltete sich im Laufe der Jahre herzlich und familiär, so daß der Professor den Dichter sogar um die Übernahme der Patenschaft für seinen Sohn August bitten konnte.

Ein glücklicher Idealist

In dem neuen Chemischen Institut im „Hellfeldischen Hause" wurde auf den verschiedensten Gebieten geforscht, nicht streng systematisch, aber immer mit der klaren Zielsetzung, den „heimischen Gewerbetreibenden praktische Hinweise zur Steuerung ihrer handwerklich geprägten Produktionsverfahren zu geben". Döbereiner ließ von seinen Studenten Mineralien, Drogen und Wasser schwefelhaltiger Heilquellen untersuchen, und zwar kostenlos. Er beriet Essigfabrikanten, Weingärtner und Stahlhersteller. Im Auftrag des Großherzogs beschäftigte sich Döbereiner mit der preiswerten Erzeugung von Leuchtgas für die Straßen- und Hausbeleuchtung. Er tat sich mit einem Optiker zusammen und versuchte sich in der Kunst, durch Beimischung von Metalloxiden zur Glasschmelze hochwertige optische Gläser herzustellen. Damit bereitete er den Boden für die Optischen Werke von Jena, die später Weltruf erlangten.

Reichtümer sammeln konnte und wollte der Idealist Döbereiner auf diese Weise nicht. „Ich liebe die Wissenschaft mehr als das Geld. Das Bewußtsein, daß ich damit vielen mechanischen Künstlern nützlich gewesen, macht mich glücklich." Goethe war mit einer solch selbstlosen Haltung gar nicht einverstanden. Aus Wiesbaden, wo er 1815 zur Kur weilte, schrieb er an Döbereiner: „Ich werde Sie ersuchen, künftig jeden neuen Fund zu sekretieren,[15] damit man den Versuch mache, ihn zu fremden und eigenem Nutzen anzuwenden. Sie sehen, daß auch mich der Kaufmannsgeist anweht."

Döbereiners Vermächtnis: Triaden und Katalysator

Wolfgang Döbereiner war ein guter Lehrer, und er hat zweifellos viel für die – wie das im Amtsdeutsch hieß – „Hebung des Gewerbefleißes" geleistet. Dies allein hätte aber kaum ausgereicht, daß er noch heute als eine der herausragenden Figuren in der Frühzeit der Chemie betrachtet wird. Es waren zwei eher unscheinbare Beobachtungen, die sich Jahrzehnte später zu elementar wichtigen Bausteinen der Chemie und Technik entwickeln sollten.

Die erste lag auf dem Gebiet der theoretischen Chemie. Im Zusammenhang mit seinen Arbeiten über Stöchiometrie kam Döbereiner 1829 einer zahlenmäßigen Beziehung zwischen den Atommassen chemisch ähnlicher Elemente auf die Spur. Es waren eigenartigerweise immer drei Elemente, die „irgendwie" zusammengehörten, so Lithium, Natrium und Kalium. Oder Chlor, Brom und Jod. Die Summe der Atomgewichte

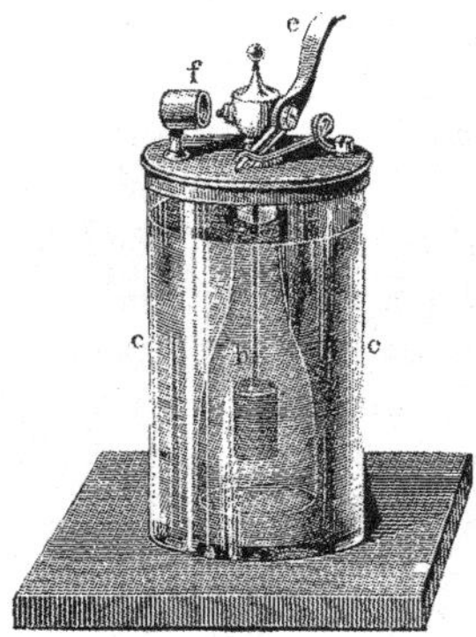

Das Döbereinersche Feuerzeug. Durch einen ausgeklügelten Mechanismus wurde Wasserstoff erzeugt, der sich am Platinrohr von selbst entzündete.

des ersten und dritten Elements war dabei genau doppelt so hoch, wie das Atomgewicht des mittleren Elements, das konnte kein Zufall sein. Döbereiner nannte als Prinzip der Gruppierung die „Dreiheit" und faßte die Elemente in „Triaden" zusammen. 40 Jahre später griff Mendelejew[16] Döbereiners Theorie der Triaden wieder auf und entwickelte daraus das „Periodische System der chemischen Elemente".

Die zweite Beobachtung hängt mit der erwähnten „Feuermaschine" zusammen. Durch Vermittlung der Großfürstin Maria Paulowna kam Döbereiner 1823 in den Besitz größerer Mengen Platinerz aus dem Ural. Bei seinen Versuchen zur Trennung der in diesem Erz enthaltenen Metalle bemerkte Döbereiner zufällig, daß feinst verteiltes Platin – er nannte es wegen der schwarzen Farbe „Platinmohr" – aufglüht, wenn Alkoholdampf oder Wasserstoffgas darübergeleitet wird. Zwar konnte er sich keinen Vers auf die Ursache dieses sonderbaren Verhaltens machen, aber als praktisch veranlagter Mensch sah er sofort die Möglichkeit einer sinnvollen Anwendung.

Mit einfachsten Mitteln konstruierte er ein „chemisches Feuerzeug": In einem bis zur Hälfte mit verdünnter Schwefelsäure gefüllten, oben verschließbaren Glasgefäß befestigte er einen nach unten offenen Glaszylinder und darin freihängend ein Stück metallisches Zink. Das Metall reagierte mit der Säure, es entwickelte sich Wasserstoffgas, das die Schwefelsäure aus dem Zylinder drückte, so daß die Reaktion zum Erliegen kam. Aus einem auf dem Gefäß angebrachten Hahn konnte man bei Bedarf eine kleine Menge des Wasserstoffs ausströmen lassen, das sich – ohne Zündfunken – am Platinmohr entzündete. Nach der Druckentlastung bildete sich im Gefäß neuer Wasserstoff für den nächsten „Schuß".

Das Platinfeuerzeug, ein Erfolgsprodukt

Ein Handwerker wurde beauftragt, eine größere Anzahl von „Zündmaschinen" anzufertigen und zum Verkauf anzubieten. Eine dieser „Maschinen" machte Döbereiner seinem Gönner in Weimar zum Geschenk. Am 7. Oktober 1827 bedankte sich Goethe ganz artig, „... da Ihr so glücklich erfundenes Feuerzeug mir täglich zur Hand steht und mir immerfort auf eine wundersame Weise nützlich wird". Nicht nur Goethe, vor allem auch viele Tabakraucher fanden das neuartige Patent aus Jena äußerst praktisch – die „Schwedischen Zündhölzer"[17] waren noch nicht erfunden. Schon im nächsten Jahr konnte Döbereiner nach Weimar einen großen Erfolg melden. „Meine Platinfeuerzeuge", so berichtete er stolz, „werden immer beliebter. Gegen zwanzigtausend derselben sind bereits im Gebrauche, teils in Deutschland, teils in England."

Selten hatte ein technisches Spielzeug größere Auswirkungen auf die industrielle Entwicklung: Döbereiner war der Katalyse auf die Spur gekommen, der Beschleunigung einer chemischen Reaktion durch scheinbar nicht an ihr teilnehmende Stoffe (Metalle, Oxide, Enzyme usw.). Die moderne Chemietechnik wäre ohne katalytische Prozesse ein zahnloser Tiger. Für den Erfinder, der das von ihm gezeugte Kind, die chemische Katalyse, nie beim Namen nennen konnte,[18] bestand der Erfolg lediglich in dem ungeheuren Aufsehen, den diese „feuererregende Lichtmaschine" in Fachkreisen erregte. Auf pekuniären Gewinn und eine Erfolgsbeteiligung hat Döbereiner freiwillig verzichtet, „aus Hochachtung vor der Wissenschaft", wie er sagte. Er begnügte sich mit Ehrungen: Der Großherzog persönlich heftete ihm das Ritterkreuz des weißen Falkenordens an die Brust.

Eigentlich müßten ihm die Autofahrer von heute ein Denkmal setzen, denn sie sind die späten Nutznießer der Döbereinerschen Katalyse: Das vor 170 Jahren erfundene „Feuerzeug" reinigt ihre Autoabgase – mit Hilfe des „Kat".

Ein Ende in Stille

1828 starb der ihm stets wohlgesonnene Großherzog, vier Jahre später auch sein Freund Goethe. Allmählich wurde es still um Döbereiner. Am 24. März 1849 erlag der bescheidene Chemieprofessor einem Krebs der Luftwege, möglicherweise hervorgerufen durch Unvorsichtigkeit im Umgang mit chemischen Stoffen. Er hatte sich angewöhnt, seine Analysenproben immer zuerst mit der Zunge zu prüfen. Döbereiner hinterließ ein Testament, in dem die Formalitäten seiner Beerdigung genau festgelegt waren: Sein Leichnam solle „zuerst seziert und dann in einem unvernagelten Sarge in aller Stille in einer Grube versenkt werden. Auf dem Grab möge man einige Fruchtbäumchen pflanzen, damit die Produkte der Verwesung sich organisch gestalten und in veränderter Form als Erzeugnisse neuen Lebens erscheinen."

Benzol und die Verflüssigung der Gase

Michael Faraday, englischer Naturforscher
* 22. September 1791 in Newington
† 25. August 1867 in Hampton Court, London

Seine Schulbildung war mangelhaft, zu einem Universitätsstudium hat es nicht gereicht, mathematische Formeln blieben ihm immer unverständlich: Dennoch zählt Michael Faraday zu den bedeutendsten Naturwissenschaftlern des 19. Jahrhunderts. Nahezu vier Jahrzehnte lang überraschte er die Fachwelt immer wieder mit der Aufdeckung neuer physikalischer und chemischer Gesetze. Ein physikalisches Phänomen trägt noch heute seinen Namen: Der „Faradaysche Käfig". Aber auch auf dem Gebiet Chemie hat sich der Autodidakt Faraday große Verdienste erworben. Er fand heraus, daß Gase verflüssigt werden können, er ist der Begründer der Elektrochemie, Fachausdrücke wie Kathode und Anode, Kation und Anion, Elektrolyse und Elektrolyt sind seine Wortschöpfungen; von ihm stammen die „Faradayschen Gesetze".

Faraday wuchs in ärmlichen Verhältnissen auf. Der Vater, ein Grobschmiedgeselle aus dem Londoner Vorort Newington,[1] war schon in jungen Jahren nicht mehr in der Lage, seinen Beruf regelmäßig auszuüben. An manchen Tagen konnte er vor Schmerzen kaum noch aufrecht stehen. Die Familie lebte von einer kümmerlichen staatlichen Unterstützung, die vier Kinder konnten sich nur selten satt essen. Einmal, so erinnerte sich Faraday später, mußte für die ganze Familie ein Laib Brot für eine ganze Woche reichen.

In der Elementarschule erhielt der Junge eine äußerst dürftige Ausbildung. Ihm wurden Lesen, Schreiben und die Anfangsgründe im Rechnen beigebracht, mehr nicht. Als der

Michael Faraday (1791–1867)

13jährige die Schule verließ, deutete nichts darauf hin, daß ihm eine bedeutende Laufbahn bevorstand.

Michael war schwächlich, deshalb war ihm nicht zuzumuten, in die Fußstapfen des Vaters zu treten und das Schmiedehandwerk zu erlernen. Er trieb sich in den nahegelegenen Dockanlagen und Lagerhäusern herum und sah den Kesselflikkern bei ihrer Arbeit zu. Auch in den Werkstätten der Färber und Leimsieder war er ein häufiger Gast. Das schärfte seine Beobachtungsgabe, die ihn später die Induktion entdecken ließ. Sein erstes Geld verdiente er als Zeitungsausträger. Zeitungen waren zu jener Zeit für viele Menschen kaum erschwinglich. Es war deshalb üblich, daß mehrere Familien gemeinsam eine Zeitung abonnierten. Gegen ein paar Pennys übernahm Michael die Aufgabe, die Blätter von Haus zu Haus zu tragen. Auf seinen Gängen hielt er die Augen offen und sammelte am Ufer der Themse herrenlose Gegenstände ein, die die Familie brauchen konnte.

Ein wißbegieriger Lehrling

Im Oktober 1805 bekam Faraday die Möglichkeit, beim Buchhändler Riebau in der Londoner Blandford Street eine siebenjährige Buchbinderlehre zu beginnen. Das erwies sich als Glücksfall: Der wissensdurstige Lehrling las alle Bücher, die ihm zum Binden gebracht wurden. Als er den Band E der *Encyclopaedia Britannica* in die Finger bekam, stieß er auf das Kapitel über die „Elektrischen Erscheinungen". Den 127 Seiten langen Text mit vielen Fachausdrücken konnte er zwar kaum verstehen, er bekam aber einen ersten Blick in eine für ihn neue und geheimnisvolle Welt. Mit brennendem Bildungseifer verschlang er alles Gedruckte, das irgendwie nach Wissenschaft roch. Er selbst fand das ganz normal. „Glauben Sie ja nicht, daß ich ein besonders tiefer Denker oder ein früh entwickeltes Individuum gewesen wäre. Ich war lebhaft und voller Einbildungskraft und glaubte ebenso gerne an Tausendundeine Nacht wie an die Encyclopaedia Britannica."

Das Lesen in der Abgeschiedenheit seiner kargen Kammer genügte dem Jungen bald nicht mehr. Abends besuchte er populärwissenschaftliche Vorträge und nahm an Rhetorikkursen teil, um sich seinen Vorstadtdialekt abzugewöhnen. Zu Hause bastelte sich der junge Faraday mit bescheidenen Mitteln Reibungselektrisiermaschinen und eine Leydener Flasche[2] und machte damit physikalische Versuche. Als er in der Stadt die Ankündigung über naturwissenschaftliche Vorträge las, wußte er sofort: Das war seine Chance. Aber die Teilnahme kostete pro Vortrag einen Schilling, und Michael hatte als Lehrling kein eigenes Einkommen. So lieh er sich das Geld von seinem älteren Bruder.

In den nächsten zwei Jahren hörte er 14 Vorträge über Mineralien und Metalle, über Blitzableiter und Magnete, über die Froschschenkelversuche von Luigi Galvani und die elektrische Säule des Grafen Alessandro Volta. Michael fand das äußerst spannend und führte über alle Vorträge sorgfältig Buch, mit Tabellen, Zeichnungen und einer exakten Beschreibung der

Experimente. Buchhändler Riebau war stolz auf seinen strebsamen Lehrling und zeigte das mit einer Gänsefeder sauber geschriebene und fachmännisch gebundene Notizheft einem wohlhabenden Kunden. Dieser war begeistert und lud den ernsten und phantasievollen jungen Mann ein, auf seine Kosten die öffentlichen Vorträge des berühmten Chemikers Humphry Davy[3] im Auditorium der *Royal Institution*[4] zu besuchen. Es waren die drei letzten Vorträge, die Davy vor öffentlichem Publikum hielt, doch sie gaben dem Leben von Michael Faraday die entscheidende Wendung: „Ich hatte den Wunsch, mich dem Erwerbsleben zu entziehen und in den Dienst der Wissenschaft zu treten, welche, wie ich mir einbildete, ihre Anhänger ebenso liebenswürdig und edelsinnig macht, wie das Handwerk sie böse und selbstsüchtig werden läßt."

Anschauungsunterricht über chemische Energie

Nach Beendigung der Buchbinderlehre schrieb Faraday an den Präsidenten der *Royal Society* und bot ihm seine Dienste an. Doch es kam keine Antwort. So versuchte er es mit einem Brief an Davy, den Direktor der *Royal Institution*: Ob er ihm vielleicht eine Stelle verschaffen könne? Diese Anfrage kam zum richtigen Zeitpunkt. Davy hatte gerade niemanden, der bei seinen Vorlesungen die Geräte aufbauen und ihm durch kleine Handreichungen helfen konnte. Der 21jährige Faraday erhielt den Bescheid, wenn er wolle, könne er dem großen Meister aushilfsweise assistieren.

Nach Ende der Aushilfszeit bedankte sich Michael Faraday für das ihm erwiesene Vertrauen und bat um eine feste Anstellung an der *Royal Institution*. Seinem Bittgesuch legte er eine sauber geschriebene, zu einem ledernen Quartband gebundene Mitschrift von Davys Vorlesungen bei, als Beweis, daß er sich wirklich ernsthaft für die Wissenschaft interessierte. „Warum auch nicht? Lassen wir ihn Gläser und Flaschen spülen", entschied Davy, „wenn er gut für etwas ist, wird er kommen, lehnt er ab, so taugt er für nichts." Faraday bekam eine Stelle als Famulus, sein Lohn betrug 25 Shilling in der Woche, außerdem konnte er zwei Zimmer im Dachgeschoß der *Royal Institution* beziehen.

Das Labor selbst befand sich im Keller: zwei dürftig beleuchtete Räume mit Kohleöfen und einigen Holztischen zum Experimentieren, an der Wand verstaubte Regale mit Gläsern, Retorten und Chemikalien. Gleich am ersten Tag bekam Michael Faraday kostenlosen Anschauungsunterricht über die chemische Energie: Beim Versuch, Chlorstickstoff[5] herzustellen, gab es mehrmals hintereinander heftige Explosionen, Glasgefäße zerbarsten, Splitter flogen im Raum umher. Davy und sein Famulus Faraday trugen zwar Gesichtsmasken aus Tuch, aber diese boten keinen ausreichenden Schutz. Michael Faraday ließ sich seinen Schrecken nicht anmerken, mit blutenden Wunden arbeitete er ruhig weiter, was Davy mit Wohlgefallen registrierte.

Auch in den nächsten Monaten zeigte sich der junge Mann bei der Arbeit so geschickt, daß er einen ehrenvollen Auftrag erhielt. Er durfte das Ehepaar Davy auf ihrer anderthalbjährigen Vortragsreise durch Europa begleiten, als „Assistent und Protokollant". Für Faraday, der bis dahin „nie weiter als zwölf Meilen von London weggekommen war", bedeutete diese Reise die Chance seines Lebens. Nicht nur, daß er fremde Länder sehen und berühmte Zeitgenossen kennenlernen konnte, darunter Koryphäen wie Ampère, Gay-Lussac, Napoleon und Alexander von Humboldt, er profitierte auch von den Vorlesungen seines Meisters, bei denen er assistieren durfte. Er war behilflich, als Davy das neue Element Jod aus Seetang isolierte, er war Zeuge beim Nachweis, daß Diamant aus reinem Kohlenstoff besteht, und er durfte mit Davy den Vesuv besteigen.

Eine interessantere Lehrzeit hätte sich der junge Mann nicht wünschen können. Nur eines störte ihn: Lady Davy war der Auffassung, sie habe das Recht, ihn als Kammerdiener zu beschäftigen. Michael ertrug diese Herabsetzung mit Demut, doch voller Zorn. Seine Abneigung gegen die Lady wuchs von Tag zu Tag. Als die Reisegruppe in Como vom greisen Grafen Alessandro Volta zum Essen eingeladen war, verhinderte Lady

Davy, daß auch der Famulus Faraday am Tisch Platz nehmen durfte. Das verletzte ihn tief. Auf der anderen Seite freute er sich um so mehr, wenn er von den Gastgebern als gleichrangig angesehen wurde. Der französische Chemiker Dumas[6] schreibt in der Rückschau: „Davys chemischer Assistent hatte sich durch Bescheidenheit, Liebenswürdigkeit und Klugheit viele Freunde in Paris, Genf und Montpellier erworben. Davy haben wir bewundert, aber Faraday haben wir geliebt."

Erste Schritte zur Wissenschaft

Voller Tatendrang kehrte Michael Faraday nach London zurück, wo er als Assistent an der *Royal Institution* angestellt wurde – inzwischen mit einer Besoldung von 30 Shilling – und den Auftrag bekam, die mineralogische Sammlung zu betreuen. Im Rahmen einer Auftragsforschung mußte Faraday die Eigenschaften von Stahllegierungen untersuchen, außerdem half er Davy bei dessen Versuchen zur Herstellung von Lachgas.[7] Die erste eigene Publikation beschäftigte sich mit toskanischem Ätzkalk. „Sir Humphry Davy beauftragte mich mit dieser Analyse – es war mein erster Versuch auf dem Gebiete der Chemie – zu einem Zeitpunkt, da meine Angst größer war als mein Selbstvertrauen und beide zusammen weit größer als mein Wissen." Einen breiten Raum nahmen die Versuche zur Zündfähigkeit von Methan-Luftgemischen ein, die er im Auftrag von Davy ausführte. Sie waren die Grundlage für die Konstruktion der „Davyschen Grubenlampe".[8]

Faraday hatte sich durch Selbststudium und praktische Arbeit bereits viele Fachkenntnisse angeeignet, so daß er sich in der Lage fühlte, dieses Wissen auch anderen mitzuteilen. Nach sorgfältiger Vorbereitung sprach der 26jährige vor einem zunächst kleinen Hörerkreis über Kohäsion und Adhäsion, über Sauerstoff und Wasserstoff, über die Halogene Chlor, Jod und Fluor. Mit jedem Vortrag gewann er an Sicherheit und Präzision des Ausdrucks und immer mehr Zuhörer scharten sich um den jungen Gelehrten. Nun wagte er sich auch an philosphische Themen: „Über die Ehre, über Einbildung und Urteil, über Hoffnung, Freundschaft und Ehe" usw. Das Thema Ehe lag ihm vielleicht besonders am Herzen, denn er stand kurz vor der Hochzeit mit seiner Verlobten Sarah Barnard. Mit ihr führte er 45 Jahre lang eine glückliche Ehe.

Im Hochzeitsjahr 1821 gelang Faraday seine erste große Entdeckung. Angeregt durch die Experimente des dänischen Physikers Oersted,[9] der nachgewiesen hatte, daß der elektrische Strom eine Magnetnadel ablenkt, beschäftigte er sich mit dem Zusammenhang zwischen Magnetismus und Elektrizität. Er baute aus Draht und Magneten zwei Stromkreise, von denen jeweils ein Magnet beziehungsweise Draht frei beweglich, der andere fest war. Wurde der Draht unter Strom gesetzt, drehte er sich um den festen Magneten. Wenn umgekehrt der Magnet beweglich angeordnet war, rotierte er um den festen, stromdurchflossenen Draht. Das war ein hübsches Spielzeug, mit dem er sich gern abends beschäftigte, um sich abzulenken. Aber dieses Spielzeug hatte es in sich: Die Umwandlung des elektrischen Stroms in eine rotierende mechanische Bewegung lieferte den Beweis, daß Elektrizität Arbeit zu leisten imstande ist.

Heimliche Liebe zur Chemie

Physik und Chemie waren zu jener Zeit noch keine getrennten Arbeitsgebiete. Faraday suchte sein Betätigungsfeld dort, wo er auf ungelöste Probleme stieß. Seine Liebe galt immer wieder der Chemie, und auf diesem Gebiet hatte er auch bald erstaunliche Erfolge. Als er einmal eine kleine Menge Chlorgas in ein Glasrohr eingeschmolzen hatte und das Rohr an einem Ende erwärmte, bemerkte er im Innern des Rohres eine ölige Substanz. Er dachte, das wäre eine Verunreinigung. Mit einer Feile ritzte er die Glasampulle an, um sie zu öffnen. Dabei explodierte der Inhalt und die ölige Substanz war verschwunden. Was war geschehen? Faraday wiederholte das Experiment mehrmals, dann war er sich sicher: Das Chlorgas hatte sich unter Druck verflüssigt. Wochenlang versuchte er nun, weitere

Faradays Laboratorium an der Royal Society

Gase zu verflüssigen, teils, indem er sie unter Druck setzte, teils, daß er sie in einer Kältemischung stark abkühlte. Oft zerplatzten die Glasrohre, und Faraday zog sich schmerzhafte Verletzungen zu, einmal sogar an den Augen. Doch er ließ nicht locker und scheute sich auch nicht, mit giftigen und höchst aggressiven Substanzen wie Cyanverbindungen oder Flußsäure zu experimentieren. Seine Mitteilung an die *Royal Society* erregte großes Aufsehen: Fast alle Gase, wie Kohlensäure, Schwefeldioxid und Bromwasserstoff, lassen sich verflüssigen, wenn sie stark abgekühlt oder komprimiert werden.

Kurze Zeit später wurde er zu einem Londoner Gaswerk gerufen, wo durch Erhitzen von Walöl ein brennbares Gas hergestellt wurde. Das „portative Gas" wurde in eiserne Flaschen abgefüllt und sowohl zum Kochen als auch als Lampenbrennstoff verwendet. Die Techniker hatten bemerkt, daß sich in allen leer zurückgeschickten Flaschen eine kleine Menge einer eigenartig riechenden Flüssigkeit befand. Faraday nahm Proben der unbekannten Substanz in das Labor und machte sich an die Untersuchung. Nach sorgfältiger Analyse kam er zu dem Schluß, daß es sich um einen einheitlichen Stoff mit dem

Siedepunkt 80°C und der Bruttoformel CH handelt. Er nannte das Öl *bicarburate of hydrogene*. Es war Benzol, später ein wichtiger Rohstoff für Anilinfarben.

Bei der Untersuchung eines Naturstoffs aus Brasilien betrat Faraday gleichermaßen Neuland. Es handelte sich um Kautschuk, aus dem Baum *Hevea brasiliensis* gewonnen. Als Faraday das elastische Material untersuchte, fand er den Grundstoff, aus dem Kautschuk zusammengesetzt ist: Isopren.

Ein weiterer Auftrag für die *Royal Society* führte Michael Faraday auf ein neues Gebiet: Die Glasforschung. Als seefahrende Nation benötigte England leistungsfähige Fernrohre. Bei der Herstellung optischer Gläser waren die deutschen Glasmacher den Engländern weit voraus.[10] Faraday entwarf einen neuartigen Glasschmelzofen für sein Labor und untersuchte zahlreiche Glasmischungen. Diese Arbeiten begleiteten ihn mehr als zehn Jahre und führten schließlich zu hochwertigen, blasen- und schlierenfreien Bleigläsern, die sowohl für Fernrohre als auch für Mikroskope verwendet werden konnten.

Die schwarze Kugel des Präsidenten

Faraday war unermüdlich im Ersinnen von Experimenten und genial in ihrer Ausführung. Niemand übertraf ihn in der Formulierung von Hypothesen. Seine wissenschaftlichen Arbeiten erregten überall größte Bewunderung. So war es keine Überraschung, daß er bereits im Alter von 34 Jahren zum Direktor an der *Royal Institution* vorgeschlagen wurde. Sein Lehrer Davy, inzwischen zum Präsidenten der *Royal Society* aufgestiegen, war darüber gar nicht glücklich. Zwar hielt er von seinem Schüler große Stücke. Als man ihn einmal fragte, welche seiner großen Entdeckungen seiner Meinung nach die bedeutendste sei, zögerte er keinen Augenblick mit der Antwort: „Michael Faraday!“ Auf der anderen Seite hatte er die sich häufenden Erfolge seines ehemaligen Schülers mit wachsenden Neidgefühlen beobachtet. Daß sein Famulus jetzt auch noch auf den

Präsidentenstuhl gesetzt werden sollte, den er früher selbst innehatte, das schien ihm entschieden zu viel der Ehre.

Davy forderte Faraday auf, seine Kandidatur zurückzuziehen. Faraday: „Ich erwiderte, daß ich sie nicht beantragt hätte; ich könne sie nicht zurückziehen, da sie von den Antragstellern vorgeschlagen worden sei." Davy: „Dann veranlassen Sie die Antragsteller zur Rücknahme!" Faraday: „Ich weiß, das werden sie nicht tun." Davy: „Dann werde ich, als Präsident, den Antrag niederschlagen!" Faraday: „Ich bin sicher, daß Sir Davy das tun wird, was er als das beste für die *Royal Society* betrachtet." Als das erlauchte Gremium der *Royal Society* zur Wahl schritt, warfen alle Mitglieder weiße Kugeln auf den Tisch. Sie bedeuteten Zustimmung. Nur eine schwarze Kugel war dabei, die des Präsidenten Sir Humphry Davy.

Öffentliche Vorlesungen am Freitagabend

Faraday mochte nicht im Elfenbeinturm forschen. Er war Praktiker, seine Entdeckungen sollten dem Gewerbe und der Industrie zugute kommen. Aus diesem Grund führte er Abendvorlesungen für Unternehmer ein, die *Friday Evening Discourses*. In mehr als 100 Vorträgen behandelten er oder eingeladene Fachleute praxisnahe Fragen, wie etwa die Herstellung von Leuchtturmlampen, von Silberspiegeln und Schreibfedern. Einmal wurde über die Notwendigkeit der Ventilation in Bergwerken doziert, dann über Lithographie, das nächstemal über die korrodierende Wirkung von Seewasser.

Faraday war ein hinreißender Redner. Souverän experimentierte er mit Spulen, Stabmagneten und Galvanometern und zeigte, daß man mit Hilfe der Elektrizität Magnetismus erzeugen, und auch umgekehrt Magnetismus in Strom umwandeln konnte. Mit diesen Versuchen hatte Faraday die Induktion entdeckt, eine der Grundlagen für die heutige Kraftwerkstechnik. Ein andermal zeigte er seinen Zuhörern, wie das magnetische Feld sichtbar gemacht werden kann: Auf Papier gestreute Eisenfeilspäne bildeten unter einem Magneten regelmäßige

Muster, die er „Kraftlinien“ nannte. Faradays Vorträge wurden zu einer stadtbekannten Attraktion. Zu seinen öffentlichen Vorlesungen drängten sich die Zuhörer, oft saß der Prinzgemahl Albert mit seinen Söhnen in der ersten Reihe. Der große Vortragssaal mit mehr als 600 Sitzplätzen war immer überfüllt, der Verkauf der Eintrittskarten bildete eine gute Einnahmequelle für die Institution.

Unerfüllbare Träume

Seine vielleicht größten Erfolge feierte Faraday auf einem bis dahin völlig neuen Grenzgebiet zwischen Chemie und Elektrizität, der Elektrochemie. Bei der Untersuchung der chemischen Wirkungen der Elektrizität fand er die „Faradayschen Gesetze“. Sie beschreiben die Beziehungen zwischen dem Stromfluß und den an den Elektroden abgeschiedenen Stoffmengen. Zur Beschreibung seiner Versuche mußte Faraday neue Fachausdrücke erfinden, um die komplizierten Vorgänge kurz und präzise bezeichnen zu können. Weil er keine Ausbildung in klassischen Sprachen genossen hatte, bat Faraday den Rektor des *Trinity College* um Rat, gemeinsam prägten sie die uns vertrauten Begriffe „Elektrolyse“ (griechisch = „durch Elektrizität befreit“), Elektrolyt und Elektroden (griechisch = „die Straße der Elektronen“). Die positiv geladene Elektrode erhielt die Bezeichnung Anode (griechisch = „obere Straße“), weil Faraday den Elektrizitätsfluß mit fließendem Wasser verglich und glaubte, der Strom würde immer vom positiven zum negativen Pol fließen. Dementsprechend erhielt die negativ geladene Elektrode den Namen Kathode (griechisch = „untere Straße“). Daß die beiden Straßen vertauscht waren, spielt heute keine Rolle mehr, Faradays Wortschöpfungen haben sich dennoch in der Wissenschaft fest eingebürgert, ebenso wie die Termini Ion (griechisch „das Wandernde“), Anion und Kation.

Die strenge Proportionalität zwischen dem Stromfluß und den an den Polen abgeschiedenen Stoffmengen war für Faraday ein erneuter Fingerzeig für seine Annahme, daß „alle Naturkräfte unter einem übergeordneten Gesetz zusammenhängen, die Schwerkraft, das Licht, Elektrizität, Magnetismus, Wärme und selbst die in der Materie schlummernden Kräfte". Eines Tages, das war sein großer Traum, würde er auch den Beweis für diese kühne Hypothese liefern können, vielleicht sogar die universale Formel, nach der sich die Wechselwirkungen und gegenseitigen Umwandlungen berechnen lassen. Doch Faradays Träume erfüllten sich nicht, seine Bemühungen blieben ebenso erfolglos, wie 100 Jahre später die theoretischen Ansätze Albert Einsteins, Gravitation und Elektrodynamik in einem System zusammenzufassen. Mit einer seiner visionären Voraussagen lag Faraday jedoch goldrichtig – mit der Vermutung, daß es ein Naturgesetz geben müsse, nach dem die Summe aller Energien konstant sei (1839). Sechs Jahre später formulierte Robert Mayer das Gesetz von der Erhaltung der Energie.

Weitere Arbeiten von Faraday befaßten sich mit den Eigenschaften der Dielektrika, mit dem Diamagnetismus und mit den Beziehungen zwischen Elektrizität und Licht. Er entdeckte die Drehung der Polarisationsebene von Licht im magnetischen Feld, den „Faraday-Effekt", der heute beispielsweise für den Bau von ultraschnellen Kameraverschlüssen genutzt wird. Auch der „Faradaysche Käfig", ein durch Metallgitter gegen elektrische Einflüsse abgeschirmter Raum, ist mit seinem Namen verbunden. Deshalb wurde später sein Name als Maßeinheit für die elektrische Kapazität gewählt, das *Farad* (F).

„... und Faraday klopft seine Sprüche dazu"

Die Fülle neuer Erkenntnisse, die auf Faraday zurückgehen, ist aufgrund der Tatsache um so erstaunlicher, daß er nie eine mathematische Ausbildung genossen hat und zeitlebens nicht in der Lage war, eine physikalische Formel zu schreiben. In vielen Fällen war es ihm nicht einmal möglich, die mathematische Fassung physikalischer Begriffe nachzuvollziehen. Fast immer arbeitete er allein und mit beschränkten technischen Hilfsmitteln. Nur bei den Vorlesungen assistierte ihm ein ehemaliger Artillerist, Sergeant Anderson, der seine wissenschaftliche Rolle so zu beschreiben pflegte: „Ich mache die Experimente, und Faraday klopft seine Sprüche dazu."

Als Hilfe bei wissenschaftlicher Forschung war Anderson weniger geeignet. Faraday, der den Nachmittagstee in seiner Wohnung einzunehmen pflegte, gab einmal seinem Sergeanten die Anweisung, ein Gefäß mit einem Reaktionsgemisch über dem Feuer so lange zu rühren, bis er von der Teestunde zurückkäme. Aus irgendeinem Grund war Faraday verhindert, die Arbeit im Labor fortzusetzen. Als er am nächsten Morgen das Labor betrat, fand er den treuen Sergeanten noch immer mit Umrühren beschäftigt. Erstaunt fragte er, was er in so früher Stunde denn im Labor treibe. Die Antwort: „Aber Sie haben mir doch selbst gesagt, ich solle ..."

Ehrungen und Ablehnung des Adelstitels

Der Aufstieg des Autodidakten Michael Faraday vom Zeitungsjungen und Buchbinderlehrling in den „Kreis der Wissenden", zum Nachfolger des berühmten Sir Davy, zum Professor der Chemie und schließlich zu einem der größten Gelehrten seiner Zeit ist beispiellos. Ohne Beispiel ist auch seine Lebensleistung: Faradays Laboraufzeichnungen umfassen mehr als 16000 Eintragungen, sorgfältig numeriert und sauber gebunden, wie er es in der Buchbinderlehre gelernt hatte. Im Jahr 1838 erhielt Faraday die Copley-Medaille, eine Auszeichnung, die an Bedeutung dem heutigen Nobelpreis gleichkommt. Die Französische Akademie der Wissenschaften wählte ihn zu ihrem Mitglied, im Jahr 1855 wurde er Kommandeur der Ehrenlegion. Den Adelstitel und das Präsidentenamt der *Royal Society* lehnte er jedoch ab. Als Mitglied einer frommen Sekte glaubte er, den Titel eines „Lord" nicht führen zu dürfen. Als ihm seine Brüder und Freunde Vorhaltungen machten, entgegnete er: „Mein Vater war Hufschmied, Du,

Die Royal Institution in London, Faradays Wirkungsstätte

mein Bruder, bist Klempner. Ich selbst habe in meiner Jugend eine Buchbinderlehre absolviert, nur um Bücher lesen zu können, die ich sonst nicht zu Gesicht bekommen hätte. Mein Name ist Michael Faraday, ist das nicht genug?"

Im Alter von 65 Jahren ließen Faradays geistige Kräfte schnell nach. Vermutlich litt er an einer Quecksilbervergiftung, die er sich in den schlecht gelüfteten Räumen der *Royal Institution* zugezogen hatte. Dennoch kam er seinen Lehrverpflichtungen weiter nach. Berühmt waren seine wissenschaftlichen Kurse für Kinder. Die *Christmas Juvenil Lectures*, in denen er zum Beispiel die „Naturgeschichte einer Kerze" behandelte, sind heute noch lesenswert.

Kurz vor seinem 70. Geburtstag zog er sich nach Hampton Court zurück, in eine von Queen Victoria zur Verfügung gestellte Ehrenwohnung im königlichen Park. Dort starb Michael Faraday, geistig verwirrt, im Alter von 76 Jahren.

Des Königs blaue Tinte

Friedlieb Ferdinand Runge,
deutscher Mediziner und Chemiker
* 8. Februar 1795 in Billwerder bei Hamburg
† 27. März 1867 in Oranienburg

Die erste populärwissenschaftliche Darstellung einer chemischen Erfindung war der 1936 erschienene Roman Anilin *von Alois Schenzinger. Er fand in Deutschland große Beachtung und wurde auf Anhieb ein Bestseller. Anschaulich, packend, wenn auch etwas verkitscht, schildert der Autor darin das von großen Erfolgen und bitteren Enttäuschungen gezeichnete Leben eines Chemikers: das Leben von Friedlieb Ferdinand Runge, Dr. med. et chirurg., Doktor der Philosophie, Professsor an der Universität Breslau, später Betriebsleiter der Chemischen Produktenfabrik in Oranienburg. Dieser originelle und außergewöhnlich kreative Wissenschaftler hat nicht nur das Anilin entdeckt, sondern auch Coffein, Stearin und Paraffin, die desinfizierende Wirkung der Carbolsäure (Phenol) und die pupillenerweiternde Eigenschaft des Atropins. Er ist der Erfinder der Papierchromatographie und der „Oranienburger Kernseife". Vor allem aber steht der Name Runge am Anfang eines besonders farbigen Abschnitts der Chemiegeschichte: des Zeitalters der synthetischen Teerfarben.*

Friedlieb Ferdinand Runge wurde 1795 in Billwerder an der Bille geboren, einem kleinen Straßendorf südöstlich von Hamburg. Er wuchs in einer kinderreichen Pastorenfamilie auf. In der Familienkasse herrschte ständig Ebbe, die Gemeinde mußte häufig Geld sammeln, um ihren Hirten über Wasser und bei Laune zu halten. Friedlieb besuchte einige Jahre die Elementarschule im Nachbardorf Schiffbeck. 1807 besetzten

Friedlieb Ferdinand Runge (1795–1867) mit seinem Stachelbeerwein

französische Truppen den Hamburger Hafen und das weitere Umland, um die von Napoleon verhängte Kontinentalsperre zu kontrollieren. Die Folge: Alle Schulen wurden geschlossen, an einen geordneten Schulunterricht war nicht mehr zu denken. Der 12jährige Friedlieb und seine vier Geschwister wurden nun vom Vater unterrichtet.

Kurze Zeit später verloren die Kinder beide Eltern, die Waisen kamen bei Verwandten unter. Ein Onkel wurde Friedliebs Pflegevater. Er verschaffte dem 16jährigen eine Lehrstelle in der Ratsapotheke zu Lübeck. Der junge Mann zeigte so gute Leistungen, daß ihm erlaubt wurde, sich an der Universität Berlin zum Studium der Medizin einzuschreiben.

Zwei Jahre studierte Runge in Berlin, dann wechselte er an die Universität Jena, um sich mit der Chemie der Pflanzen zu beschäftigen. Speziell den Pflanzengiften galt sein Interesse, nachdem er schon in der Lehre mit diesen Giften unfreiwillig Bekanntschaft gemacht hatte: Beim Einkochen von Bilsenkrautsaft war ihm ein Tropfen des Sudes ins Auge gespritzt; nach einigen Minuten begann es zu jucken und zu flimmern, im Spiegel mußte Friedlieb mit Schrecken feststellen, daß sich die Pupille seines rechten Auges erheblich vergrößert hatte. Die Sehkraft ging für mehrere Tage verloren. Der Apothekerlehrling untersuchte daraufhin das Bilsenkraut und fand im Pflanzensaft das Alkaloid Atropin.

Schon wenig später bekam Runge Gelegenheit, die pupillenerweiternde Wirkung des Pflanzensafts auch praktisch anzuwenden. Im Jahr 1812 suchten die napoleonischen Truppen Rekruten für ihren Feldzug nach Rußland. Ein Freund kam zu Runge und bat ihn um Hilfe. Man hatte ihn zur Musterung bestellt, „aber lieber wolle er sich die Hand verstümmeln, als mit den Franzosen in den Krieg nach Rußland ziehen". Runge wußte einen Ausweg. Einige Stunden vor der Musterung träufelte er dem Freund ein paar Tropfen Bilsenkrautsaft in die Augen. Prompt wurde dieser „wegen extremer Kurzsichtigkeit" vom Militärdienst freigestellt.

Mit der Katze unterm Arm zu Goethe

Pflanzengifte in der Tollkirsche, der Stechpalme und im Bilsenkraut waren das Thema, über das Runge bei Professor Döbereiner[1] in Jena promovierte. Das brachte ihm den Spitznamen „Dr. Gift" ein. Zur Prüfung der Wirkung von Pflanzensäften benutzte er ein lebendes Reagens: seine Katze. Ihr tropfte er den Aufguß der Blätter, Blüten und Früchte ins Auge und kontrollierte die Pupillenerweiterung.[2] Sein Doktorvater Döbereiner war von dieser originellen Methode so angetan, daß er seinem Freund Goethe in Weimar darüber Bericht erstattete. Der ließ den jungen Doktor der Medizin und Chirurgie zu sich rufen. Am 3. Oktober 1819 erschien Runge zur Audienz, gekleidet in einen viel zu großen geliehenen Frack, einen komischen Philisterhut auf dem Kopf und seine Hauskatze unterm Arm. „Ach so", sagte Goethe, „das also ist der künftige Schrecken der Giftmischer! Was hat er denn da? Eine Katze? Zeig' er doch her!"

Mit Erstaunen betrachtete Goethe den Unterschied der beiden Katzenaugen: Auf der einen Seite eine schmale Spalte, auf der anderen ein großes rundes Sehloch. „Womit haben Sie denn diese Wirkung hervorgebracht?" fragte Goethe. „Mit dem Saft von Bilsenkraut, Exzellenz." Lange unterhielten sich die beiden über das gelungene Experiment. Goethe äußerte die Idee, das Phänomen der Pupillenerweiterung könnte vielleicht umgekehrt auch für den Nachweis des Giftes Atropin verwendet werden. Tatsächlich fand diese Methode später Eingang in die Kriminaltechnik. Heute wird Atropin in der Augenheilkunde verwendet und wegen seiner krampflösenden Wirkung bei Gallenkoliken eingesetzt.

Zum Abschied wurde Runge vom Geheimrat mit einer Rarität beschenkt: „Nachdem Goethe mir seine größte Zufriedenheit ... ausgesprochen, übergab er mir eine Schachtel mit Kaffeebohnen, die ihm ein Grieche als etwas ganz Vorzügliches gesandt. Auch diese können Sie zu Ihren Untersuchungen gebrauchen, sagte Goethe. Er hatte recht; denn bald darauf entdeckte ich darin das wegen seines hohen Stickstoffgehaltes so berühmt gewordene Coffein." Einmal in der Übung, wagte sich Runge gleich an eine weitere Droge. Aus Chinarinde[3] konnte er einen fiebersenkenden Wirkstoff isolieren und rein darstellen. Es war das Chinin.[4]

Die beruflichen Stationen des „Dr. Gift" in den nächsten zwölf Jahren waren die eines Suchenden, der sich unstet nach einer seinem Genius entsprechenden Aufgabe sehnt. Zunächst versuchte er in Berlin, in die Universitätslaufbahn einzusteigen. Dafür mußte er die philosophische Doktorwürde erwerben. Also promovierte er zum zweitenmal – über den blauen Farbstoff Indigo. Runge und sein Freund Poggendorf[5] wohnten in Berlin zusammen und führten „eine echte Junggesellenwirtschaft. Die Stube war durch die chemischen Versuche fürchterlich zugerichtet, auf dem Fußboden, an den Wänden, an den Fensterscheiben zeigten sich Spuren von allerlei Farben und schmutzige Überresten."

Nach der zweiten Doktorprüfung – sie sei „eine der komischsten gewesen, die je an deutschen Hochschulen vorgekommen ist" –,[6] wird Runge Privatdozent. Er soll an der Berliner Universität einen Lehrstuhl für technische Chemie übernehmen, aber er hat kein Sitzfleisch, ihn zieht es in die Fremde. Zweieinhalb Jahre lang reist er durch Europa, „um die vorzüglichsten Fabriken Frankreichs, Englands und der Schweiz kennenzulernen". Weitere zwei Jahre arbeitet er als Chemiker in einer „Kattunfärberey" in Breslau und beschäftigt sich nebenbei mit dem Farbstoff der Krappflanze, „womit die Seide in fast allen Nüancen ächt roth gefärbt werden kann".[7] In dieser Zeit beginnt er mit der Niederschrift des Buches *Grundlagen der Chemie für Jedermann.* Es wird ein bahnbrechendes Werk auf dem Gebiet volkstümlicher Darstellung der Chemie.

„… in einer Toilette à la Schustergeselle"

Das Jahr 1828 bescherte Runge eine außerordentliche Professur,[8] das Cholerajahr 1831 eine ungewöhnliche Aufgabe: Er übernahm die Leitung einer Kommission zur Abwehr oder Eingrenzung der Cholera. Runge verbot als erstes die herkömmliche, seiner Meinung nach völlig unwirksame „Räucherung" mit schwefliger Säure. Statt dessen führte er die Desinfektion durch Chlorkalk ein. Die Cholera-Epidemie kam tatsächlich zum Stillstand, das hob Runges Ansehen in der Öffentlichkeit.

Nach Berlin zurückgekehrt, fällt Runge in seine Junggesellenallüren zurück. Robert Bunsen[9] hat ihn dort besucht und schildert das Zusammentreffen: „Er ist ein höchst origineller Mann; ich fand ihn, auf dem Sofa liegend, mit langem, gelocktem, bis auf die Schulter herabhängendem Haar, in einer Toilette à la Schustergeselle, mit der einen Hand einen Niederschlag filtrierend, während er mit der anderen Hand ein paar Kartoffeln umrührte, die er sich über einer chemischen Lampe briet."

Im Jahr 1833 wechselt der inzwischen 38jährige Professor zur *See-Handlungs-Gesellschaft*[10] in Oranienburg und wird Technischer Leiter der *Chemischen Produktenfabrik*. Über die Gründe zu diesem Schritt kann nur spekuliert werden. Fühlte er sich doch mehr zur praktischen Chemie hingezogen, oder hoffte er, sein schmales Professorensalär aufbessern zu können? Seine Aufgabe ist es, „den Umsatz der Fabrik durch Einfälle und Entdeckungen von Jahr zu Jahr nach Kräften zu steigern". Mit der Tätigkeit in der damals modernsten Chemiefabrik Europas[11] beginnt für den unruhigen Geist die Zeit großer Erfindungen – und tiefer Enttäuschungen.

Runge nimmt sich das Palmöl vor, das aus den Früchten der afrikanischen Ölpalme gewonnen wird. Er kristallisiert und oxidiert, er bleicht und raffiniert das Pflanzenöl und gewinnt daraus eine weiße, wachsartige Masse. Er nennt sie „Palmtalgsäure", heute wird sie als Stearin bezeichnet. Die aus Stearin hergestellten „Palmwachskerzen" rußen und riechen nicht, sie sind zudem um vieles billiger als Kerzen aus Wachs oder Ziegentalg. Unter Runges Leitung entsteht in Oranienburg die erste deutsche Stearinkerzenfabrik der Welt. Für den Produktionsabfall, die Ölsäure, weiß Runge gute Verwendung: Er produziert daraus Palmöl-Soda-Seife. Sie findet als „Oranienburger Kernseife" reißenden Absatz und macht die Fabrik bei den Hausfrauen bekannt.

Tinte gegen Champagner

Runge zeigt in seiner Aufgabe als Technischer Leiter – Forschung in der Industrie ist noch unbekannt – erstaunliche Kreativität und Vielseitigkeit. Er beschäftigt sich mit einer neuen Methode zur Raffination des Rübenzuckers, er erfindet ein Reinigungsverfahren für Graphit, um die Qualität der Bleistifte zu verbessern, und komponiert eine Wachsmilch zum Polieren der Möbel. Für die Textilfärber entwickelt er das „Türkischrotöl",[12] das als Ölbeize beim Färben von Kattun wertvolle Dienste leistet. Runge sucht nach einer Tinte, die keinen Bodensatz bildet, das Papier nicht angreift und Stahlfedern[13] nicht rosten läßt. Er experimentiert so lange, bis er die „ideale" Tinte findet: Aus Blutlaugensalz, Eisenvitriol und Kleesalz (Oxalsäure) zaubert er ein tiefes Blau. Runge widmet die Tinte seinem König. Das Forschungsergebnis füllt er in eine leere Champagnerflasche und schickt diese an den Preußischen Hof. König Friedrich Wilhelm ist begeistert von der Qualitätstinte und revanchiert sich mit einer Flasche echten Champagners. Dieses Spiel – Tinte nach Berlin, Champagner zurück nach Oranienburg – wiederholt sich in den folgenden Jahren viele Male. Noch heute wird in den Schreibwarengeschäften Tinte mit der Aufschrift „Königsblau" verkauft.[14]

Die Oranienburger Chemiefabrik stellte neben Seife auch Salmiak[15] und Salmiakgeist[16] her. Dazu wurde das Gaswasser aus den Berliner Gasanstalten verwertet. Jede Woche brachten Havelkähne alte Ölfässer mit dem braunen, entsetzlich nach Ammoniak stinkenden Abfallprodukt nach Oranienburg. Meist enthielten die Fässer aber nicht nur Gaswasser, sondern auch einen schwarzen Bodensatz, für den man keine Verwendung wußte: Steinkohlenteer. Das nutzlose Zeug wurde achtlos in die Abfallgruben auf dem Fabrikgelände geschüttet. Mit der Zeit flossen die Gruben über, auf dem Fabrikhof bildeten sich schwarze, stinkende Seen. Die Fabrikleitung sperrte das Gelände mit einem Lattenzaun ab.

Als der „Umweltskandal" nicht mehr zu übersehen war, rief die Geschäftsleitung Runge zu Hilfe. Man gab ihm zwei Arbeiter zur Hand und den Auftrag, das Zeug schnellstmöglich „zu entsorgen". Runge stand vor einer schwierigen Frage: Wohin mit dem zähen, schwarzen Teer? Der Begriff „Sondermülldeponie" war noch unbekannt.

Der Brei der Finsternis

Runge bereute bald, diesen Auftrag angenommen zu haben. „Dieser Brei der Finsternis" raubte ihm den Schlaf, der Gestank verpestete das ganze Haus, setzte sich in Kleider und Haare. „Bald sah ich, das war nicht in ein paar Tagen abgemacht, auch in Wochen nicht, ich brauchte Monate dazu und mußte während dieser Zeit dem Umgang mit der Gesellschaft entsagen. Manchmal kam ich mir vor wie ein Geächteter. Wenn mich auch nicht alle Welt floh, so mußte ich die Menschen doch fliehen, um dem Naserümpfen und ihren Witzen zu entgehen."

Er behandelte den Teer „mit Weingeist und Aether, ließ Schwefelsäure und Kalk darauf einwirken. Aber mit all diesen Dingen war dem Teer nicht beizukommen". Nach vielen Versuchen erhielt Runge bei der Destillation des Teers mit Wasserdampf eine milchig-trübe Flüssigkeit, aus der sich farblose, „nach Bibergeil" riechende Öltropfen absonderten. Er nannte das sauer reagierende Öl zunächst „Kohlenöl-Säure", dann „Carbolsäure". Bei genauerer Untersuchung stellte er ganz außergewöhnliche Eigenschaften fest, beispielsweise die „starke fäulniswidrige Kraft". „Bei Versuchen, die mich eine nicht geringe Selbstüberwindung kosteten, habe ich mich vergewissert, daß die abscheuerregendsten Dinge, wie Fleisch und Fische auf dem höchsten Gipfel fauliger Zersetzung, mit Carbolsäure übergossen, sogleich den Gestank verloren." Runge testete das Öl sogar im Selbstversuch: „Die Carbolsäure dient auch gegen Zahnweh bei hohlen Zähnen. Sie hat aber das Unangenehme, daß sie sehr scharf ist, das Mundfleisch ätzt, zu strenge riecht und auch nicht immer hilft."

Die Tragweite seiner Entdeckung hat der Professor nie erfahren. Daß Phenol – wie die Carbolsäure ab 1843 genannt wurde[17] – 20 Jahre später als unentbehrliches Mittel zur Wunddesinfektion[18] Verwendung finden und so Tausende von Menschenleben retten würde, das konnte Runge nicht ahnen. Die Erreger von Cholera und Diphterie waren noch nicht bekannt. Robert Koch,[19] der spätere Entdecker der Mikroben, war noch nicht geboren.

Hochfliegende Pläne und taube Ohren

Dennoch, einen Zipfel der künftigen Bedeutung seiner Teerversuche bekam Runge doch zu fassen. „Nun ging ich auf dem

Wege der Entdeckungen weiter, und bald wurde ich durch einen schönen roten Farbstoff überrascht, der sich ganz unerwartet bildete." Diesen Farbstoff nannte er „Rosolsäure". Schon kurze Zeit später fand er durch Zufall eine weitere unbekannte Substanz. Runge hatte seinen Gartenzaun gegen Fäulnis mit dem übelriechenden Teeröl gestrichen. Um den umherstreunenden Hunden die schlechte Gewohnheit abzugewöhnen, eine Duftmarke an dem Zaun zu hinterlassen, streute er etwas Chlorkalk[20] zwischen die Sprossen. Am nächsten Tag war er einigermaßen verwundert, daß sich das Holz veilchenblau verfärbt hatte.

Nun wurde Runge neugierig und untersuchte das Teeröl im Labor. Beim Destillieren fand er eine Flüssigkeit, in der so schwerlösliche Stoffe wie Schwefel und Indigo sehr gut löslich waren. „Noch merkwürdiger als dies war aber die Veränderlichkeit des Stoffes durch verschiedene chemische Mittel. Je nachdem ich Chlor, Chromsäure, Salpetersäure, Chlorgold usw. darauf einwirken ließ, entstanden daraus vor meinen Augen wunderschöne violette, grüne und rote Farbstoffe," beschreibt Ferdinand Runge diesen historischen Augenblick. Er hatte das Anilin[21] entdeckt und damit den ersten Schritt in das Reich der künstlichen Farben getan.

Fasziniert von den ungeahnten Möglichkeiten bei der Verwertung der schwarzen Abfallprodukte stellte Runge bei der vorgesetzten Behörde den Antrag, eine neue Fabrik zur Aufarbeitung von Steinkohlenteer zu genehmigen. Das niedrigsiedende Kohlenöl müßte man als Lampenbrennstoff nutzen, das Pech zum Abdichten der Dächer verkaufen und den Ruß für die Farbenbereitung verwenden können. Außerdem: Die Carbolsäure könne man sicher mit gutem Gewinn an die Apotheken liefern und die Basen[22] zur Herstellung künstlicher Farben benutzen, dieses Geschäft müßte sich ganz besonders lohnen. Doch Runge stieß mit seinen hochfliegenden Plänen bei der Generaldirektion der „See-Handlung" auf taube Ohren.

Das große Geschäft mit Teerfarbstoffen machte wenige Jahre später ein junger Engländer, der 18 Jahre alte William Henry Perkin,[23] Assistent des deutschen Chemikers August Wilhelm von Hofmann am *Royal College of Chemistry* in London. Auf der Suche nach dem Fiebermittel Chinin hatte er in seinem Reagenzglas einen schwarzen Niederschlag gefunden, der sich in Alkohol mit hellvioletter Farbe auflöste. Perkin nannte den Farbstoff zunächst *anilin purple*, später gab er ihm wegen der typischen Malvenfarbe den Namen *mauvein*. Dem jungen Mann war erstaunlicherweise sofort klar, daß seine Zufallsentdeckung die Chance seines Lebens war. Er beredete seinen Vater, das Baugeschäft zu verkaufen und mit dem Erlös eine chemische Fabrik zu errichten. Die Firma *Perkin & Sons* nahm bereits ein Jahr später, 1857, die Produktion auf. Es war die erste Anilinfarbenfabrik der Welt. Sie hätte auch in Oranienburg stehen können.

Paraffinkerzen schmücken die Hoftafel

Nachdem Runge aus Berlin lange Zeit überhaupt nichts mehr gehört und dann nur einen abschlägigen Bescheid erhalten hatte, wandte er sich entmutigt wieder der Kerzenproduktion zu. Sein Ziel war, das importierte Palmöl durch einheimische Rohstoffe zu ersetzen. Nach langwierigen Versuchen gelang es ihm, aus dem heimischen Torf ein weißes, alabasterartig durchscheinendes Wachs zu isolieren, welches sich – sogar besser als Stearin – zu Kerzen verarbeiten ließ. Runge hatte im Torf das Paraffin[24] entdeckt. Weiße Paraffinkerzen schmückten bald die Hoftafel des Königs. Doch Runges Gesuch, die Kerzenfabrikation auf den billigeren und besseren einheimischen Rohstoff umstellen zu dürfen, wurde von den preußischen Ministerialbeamten wiederum abgelehnt.

Die Auseinandersetzungen mit der „See-Handlung" und den nachfolgenden Fabrikbesitzern überschatteten die letzten Berufsjahre des kreativen Erfinders. „So wurde ich denn stets abschlägig beschieden oder erhielt gar keine Antwort, weil meine Gegner die Vorschläge höheren Ortes als nicht zeitgemäß darzustellen wußten."

Noch einmal schöpfte Runge Hoffnung, als ihm 1843 A.W. Hofmann,[25] damals noch Assistent von Justus v. Liebig, bestätigte, daß alle Befunde von Ferdinand Runge, die zehn Jahre zuvor von der Fachwelt bezweifelt worden waren, absolut richtig waren.[26] Runges „Blauöl“, so wies Hofmann nach, sei nichts anderes als Anilin. Mit Hofmanns Bericht und Liebigs wissenschaftlicher Reputation im Rücken versuchte Runge ein letztes Mal, den Plan einer Teerdestillations- und Anilinfabrik in Oranienburg durchzusetzen. Vergeblich.

Professorenkleckse – oder: Der Bildungstrieb der Stoffe

1851 erhielt der 56jährige Runge von der *See-Handlungs-Gesellschaft* die Kündigung, verbunden mit der Verpflichtung, in Oranienburg zu bleiben, damit man jederzeit seinen Rat einholen konnte. Die beschämende Gegenleistung der Fabrikherren: Der Gefeuerte erhielt eine kleine Pension von 400 Talern jährlich, er durfte seine Wohnung weiter benutzen und bekam ausreichend Holz zum Heizen. Runge akzeptierte – was blieb ihm anderes übrig?

Enttäuscht zog sich Runge in seine vier Wände zurück, doch nicht von der Chemie. Die betrieb er nun zu Hause – im Miniaturmaßstab. Mit den Chemikalien mußte er jetzt äußerst sparsam umgehen. Weil er sich zudem nicht gern mit der Reinigung von Reagenzgläsern abgeben wollte, ersann er eine neue Methode, analytisch zu arbeiten: Er verlegte den Ort chemischer Reaktionen aus dem Reagenzglas in die Ebene von Fließpapieren. Mit einer Pipette tropfte er eine Lösung A – z.B. eine Mischung aus drei Teilen Kupfersulfat und einem Teil Eisenchlorid – auf ein Löschpapier. Nach dem Trocknen des Papiers folgten an derselben Stelle einige Tropfen der Lösung B – etwa eine Lösung des gelben Blutlaugensalzes in Ammoniak. Sofort bildete sich ein tiefblauer Farbring mit braunem Rand. Form und Farbe der runden Bilder waren so charakteristisch, daß daraus nicht nur auf die Art und Menge der verwendeten Chemikalien geschlossen, sondern auch unbekannte Substanzen identifiziert werden konnten. Der Erfinder hatte eine fast kindliche Freude an den prächtigen

Titelblatt von Runges Werk „Der Bildungstrieb der Stoffe“, Oranienburg 1855

Farbspielen und wiederholte seine Experimente unzählige Male, bis er es in dieser Kleinkunst zu wahrer Meisterschaft brachte.

Runge vermutete hinter dem Entstehen der herrlichen Farbkleckse ein Naturgesetz. Er glaubte, den „Bildungstrieb der Stoffe" entdeckt zu haben. Selbstironisch nannte er die chemischen Kreise „Professorenkleckse" und war begierig, sie der Öffentlichkeit vorzustellen. Aber wie? Oranienburger Schulkinder halfen ihm. Unter Runges Anleitung produzierten sie mit Begeisterung und Ausdauer Tausende von „Musterbildern für Freunde des Schönen und zum Gebrauch für Maler, Verzierer und Zeugdrucker". Buchbinder machten Bücher daraus, Buchhändler brachten sie unter die Leute. Leider sind nur wenige dieser Kostbarkeiten aus der Frühzeit der Chemie[27] erhalten.

Vater der Papierchromatographie

Die eigentliche, grundlegende Bedeutung seiner Farbkreise hat Runge nicht erkannt. Die Leistungsfähigkeit des Verfahrens, chemische Substanzen durch Farbreaktionen auf fließfähigen Papieren kenntlich zu machen, wurde erst später interessant, als man daranging, biochemische Stoffe, die im biologischen Ausgangsmaterial oft nur in geringsten Spuren enthalten sind, von ihren Begleitstoffen zu trennen und sie durch Farbreaktionen zu identifizieren. Papierchromatographie wird dieses heute für die chemische Analytik absolut unentbehrliche Verfahren genannt. Die Chromatographie wird in analytischen Laboratorien in vielen Varianten angewendet, etwa in Form der Gas-, Gel- oder Säulenchromatographie. Über 100 Jahre nach Runge erhielten die englischen Chemiker Martin und Synge[28] für diese elegante Trenn- und Analysenmethode den Nobelpreis. Der wirkliche Vater der Papierchromatographie aber ist Friedlieb Ferdinand Runge.

Im letzten Lebensjahrzehnt richtet sich Runges Interesse zunehmend auf die praktische Anwendung seines reichen Wissens, auf die Chemie des Alltags. Er erfindet ein Verfahren zum Schnellpökeln von Fleisch und eine Methode zur Entfernung von Rostflecken auf weißer Wäsche. Hausfrauen empfiehlt er ein Rezept zum Einlegen saurer Heringe und zur Zubereitung eines leicht verdaulichen Gurkensalats.[29] Er komponiert das Bohnerwachs für die Fußböden, beschäftigt sich mit dem Nachweis von Zucker im Harn und erfindet eine Methode zur Desinfektion von Briefen (die Angst vor der ansteckenden Cholera geht noch immer um).

Runge entpuppt sich auch als wahrer Kochkünstler. Mitten im Winter verblüfft er seine Besucher mit gebratenen Schnepfen und frischem Spargel. Sein Geheimnis: Ein selbstgebauter Dampfschrank, in dem er vorgekochte Gerichte in Zinnblechdosen sterilisiert. Vor dem Dämpfen bohrt er ein winzigkleines Loch in den Deckel, damit die Luft beim Erhitzen entweichen kann. Dann wird das Loch zugelötet und das Dämpfen kurze Zeit fortgesetzt. Das ist die Geburtsstunde der Konservendose. Seine Ratschläge für die Hausfrau werden in den *Hauswirthschaftlichen Briefen*[30] abgedruckt und finden dankbare Leserinnen. Sie enthalten Kochrezepte, Tips zur Fleckenentfernung, Vorschläge für Familienfeiern und Anweisungen für Halswickel und Haarpflege. Die Lektüre des z.T. mit sarkastischem Humor geschriebenen Buches ist auch heute noch amüsant.

Stachelbeerwein von legendärem Ruf

Runge entwickelte sich zu einem stadtbekannten Sonderling, von weitem erkennbar an dem wallenden Haar und seinem schrulligen Habitus. Im Umgang wirkte er manchmal reichlich grob, in seiner Wortwahl nicht immer salonfähig, doch die rauhe Schale verdeckte nur einen weichen Kern. Wo Not am Mann war, erwies sich der passionierte Junggeselle als Wohltäter, wenn es etwas zu feiern gab, als freigebiger Gastgeber. „Als alter Junggeselle litt er nicht, daß irgendein weibliches Wesen seine Stube beträte. Seine Lagerstatt sah auch ganz danach aus.

Am auffallendsten in dem sonst öden Raum war ein ungeheurer Haufen leerer Weinflaschen, die in einer Ecke des Zimmers wirr durcheinandergeworfen und bis zur halben Höhe aufgehäuft lagen. Es mußten wohl an die tausend Flaschen sein. Um meine Ankunft zu feiern, holte er gleich eine Flasche voll Stachelbeerwein aus dem Keller, und als die Flasche leer war, flog sie zu den anderen in der Ecke.“ So der Bericht eines Zeitgenossen.

Der Stapel ausgetrunkener Weinflaschen legt beredtes Zeugnis ab von den fröhlichen „Zauberfesten“ im Kreis seiner Freunde. Diese rühmten Runges Meisterschaft in der Bereitung von Obstweinen, besonders sein Stachelbeerwein genoß legendären Ruf. Das einzige von ihm erhaltene Foto (siehe S. 184) zeigt ihn, wie er stolz den selbsthergestellten Kunstwein kostet, hergestellt aus Alkohol, Zitronensäure und geheimen Ingredienzen.

Von der vorgesetzten Behörde in Berlin hat Runge nie die Anerkennung erfahren, die er verdient hätte. Sie behandelte ihn wie einen lästigen Bittsteller. Wie in der Geschäftsleitung der Oranienburger Fabrik über ihn gedacht wurde, geht am klarsten aus der Anmerkung in seiner Personalakte hervor: „Herr Runge gehört zu denjenigen Individualitäten, denen es nicht zu wohl gehen muß!“, schreibt dort sein Vorgesetzter. Auch von seinen Fachgenossen bekam Runge selten Unterstützung. Als er in der Fabrik anfing, aus Knochen und wollenen Lumpen einen stickstoffreichen Kunstdünger[31] zu produzieren – das Produkt sollte als „Deutscher Guano“ verkauft werden –, protestierte ein Kollege, es sei „eine sträfliche Vermessenheit, den Koth eines Vogels nachmachen zu wollen“.

„Spät kommt ihr, doch ihr kommt“

Nur der König[32] selbst hielt Runge die Treue. Schon 1847 hatte er dem verkannten Genie den Roten Adlerorden verliehen. Als er hörte, daß Runge mit einer Hungerrente von jährlich 400 Talern nach Hause geschickt worden war, bewilligte er ihm einen Pensionszuschuß von 350 Talern, „damit er einigermaßen sorglos leben könne".

In seinen letzten Lebensjahren erfuhr der große Forscher dann doch noch die ihm lange vorenthaltene Würdigung. Auf Anregung des damaligen Präsidenten der *Royal Institution* in London, A.W. Hofmann, wurde ihm auf der Londoner Industrieausstellung 1862 die Goldene Preis-Münze zuerkannt. „Spät kommt Ihr, doch Ihr kommt! Es ist nur gut, daß mich die Auszeichnung noch am Leben getroffen hat!", rief Runge aus, als die Abgesandten bei ihm anklopften, um die Münze zu überreichen.

Ein Jahr später wurden am Main, am Rhein und an der Wupper[33] die ersten deutschen Anilinfarbenfabriken gegründet, deren Ursprung Runge so gerne in seiner märkischen Wahlheimat gesehen hätte. Ob Runge davon überhaupt noch Notiz genommen hat, ist nicht bekannt. Er starb, 74jährig, am 27. März 1867 in seinem Haus in der Oranienburger Mühlenstraße. Bei seiner Beerdigung am folgenden Tag sang der Seminarchor Runges Lieblingslied: „Über allen Wipfeln ist Ruh."

Explodierende Kleider

Christian Friedrich Schönbein, deutscher Chemiker
* 18. Oktober 1799 in Metzingen, Württemberg
† 29. August 1868 in Baden-Baden

Wissenschaftler und Techniker müssen bisweilen mit dem Vorwurf leben, Dinge zu erfinden, die der Menschheit nicht nur Nutzen bringen, sondern möglicherweise auch zum Schaden gereichen. Aber kann man Wissensdurst zügeln? Sind alle Konsequenzen und Nebenwirkungen einer Erfindung schon im voraus zu erkennen? Als Gottlieb Daimler in Stuttgart-Bad Cannstatt 1886 seine „Benzinkutsche" baute, hat er sicher nicht vorausgesehen, was sich heute auf den Straßen abspielt. Otto Hahn konnte 1938 noch nicht wissen, welche Folgen die Bestrahlung von Uran mit Neutronen haben würde: Der harmlos aussehende Laborversuch löste zu seiner Überraschung eine Kernspaltung aus; Hahn begriff rasch, welche Kräfte durch die Kernspaltung freigesetzt werden konnten – sieben Jahre später fielen die ersten Atombomben auf Hiroshima und Nagasaki. Zunächst ahnungslos war auch ein kauziger Basler Professor, der keiner Fliege etwas zuleide tun konnte. Ihm passierte bei der Laborarbeit ein kleines Mißgeschick. Es hatte weitreichende Folgen. Seine Erfindung erleichterte zwar die schwere Arbeit im Steinbruch, sie schlug aber auch ein neues Kapitel in der Geschichte der Kriegstechnik auf.

Christian Friedrich Schönbein wurde am 18. Oktober 1799 in Metzingen geboren, einer kleinen Landgemeinde am Rande der Schwäbischen Alb. Schönbeins Vater war Färber; seine Familie lebte zwar in bescheidenen Verhältnissen, die acht Kinder hatten dennoch eine unbeschwerte Jugend. Christian Friedrich, der Älteste, trieb sich am liebsten in der väterlichen

Christian Friedrich Schönbein (1799–1868)

Werkstatt herum. Dort konnte der kleine Rotschopf ungestört mit den in der Färberei verwendeten Chemikalien experimentieren, mit Blauholz, Chinesischgrün und mit dem Baumwollfarbstoff Indischgelb.

Christian besuchte die Metzinger Volksschule. Nach der Konfirmation meinte sein Lehrer Osiander, er könne dem intelligenten Jungen nun nichts mehr beibringen, man sollte ihn besser auf die Universität schicken. Den biederen Eltern erschien ein Universitätsstudium für Leute ihres Standes zu „hoffährtig". In einer chemischen Fabrik in Böblingen erhielt der 13jährige eine Lehrstelle und wurde in der „Bereitung pharmazeutischer Praeparate im Großen" unterwiesen. Die Ausbildung war hart, von sechs Uhr früh bis abends um sieben mußte der Lehrling an den hölzernen Rührbottichen stehen und unter der strengen Aufsicht des Meisters Säuren, Tinkturen und „allerlei Pillen" herstellen.

Zum Abschluß der siebenjährigen Lehre bestätigte der Prüfer, ein Universitätsprofessor aus Tübingen, „Christian könne, wenn er sich ohne Unterbrechung fortbilden würde, am Ende ein sehr nützlicher praktischer Chemiker werden". Der 20jährige bekam eine Anstellung als Laborleiter in der chemischen Fabrik Dr. Dingler[1] in Augsburg. Die Arbeitszeit betrug 13 Stunden täglich, abends durfte er die Bibliothek des Fabrikherrn für seine fachliche Weiterbildung benutzen. Doch Schönbein hatte sich seinen Beruf wohl etwas anders vorgestellt. Nach wenigen Monaten quittierte er das Arbeitsverhältnis und zog nach Erlangen, wo er in einem chemischen Betrieb die Stelle des „Fabrikdirektors" übernahm. Auch diese Aufgabe war nicht ganz nach seinem Geschmack, gar zu gerne hätte er studiert.

Im Bestreben, seinen geistigen Horizont zu erweitern, schrieb er an den bekannten Philosophen Friedrich Wilhelm Schelling[2] und bat ihn um Privatstunden. Erstaunlicherweise war dieser einverstanden. Auf ausgedehnten Spaziergängen weihte er den 14 Jahre jüngeren Schönbein in die Grundzüge der Naturphilosophie ein. Schelling war es auch, der seinem Schüler den Weg zur Universität ebnete. Im Einvernehmen mit dem Fabrikherrn durfte sich Schönbein im Sommersemester 1821 an der Universität Erlangen als Student der Chemie, Physik und Philosophie einschreiben. Seinen Lebensunterhalt verdiente er als Hauslehrer bei dem ihm wohlgesonnenen Prinzipal. Auf der Universität schloß Schönbein Bekanntschaft mit Justus Liebig, mit ihm blieb er lebenslang in enger Freundschaft verbunden.

Privatforschung mit Zunge und Nase

Nach zweijährigem Studium fand Schönbein eine neue Aufgabe an der „Fröbelschen Waldschule"[3] in Keilhau bei Rudolstadt. Offenbar fühlte er eine pädagogische Neigung: „Jugendbildung ist derjenige Wirkungskreis, in dem man am meisten für die höchste Bestimmung der Menschheit arbeiten kann."

Nach drei Jahren (1826) wechselte er an eine Privatschule in Epsom bei London, wieder zwei Jahre später zog er nach Paris, um an der ehrwürdigen Sorbonne zu studieren, dem „Zentralsitz der europäischen Weisheit". Zwei Koryphäen der Naturwissenschaften waren dort seine Lehrer: Gay-Lussac[4] und Ampère.[5]

Das Gastspiel in Paris war von kurzer Dauer. Aus Basel kam eine Anfrage: Ob Schönbein für einige Wochen die Vertretung des erkrankten Chemieprofessors übernehmen könne? Er konnte. Als der Vorgänger, Professor Peter Merian, starb, bekam Schönbein, obwohl er nie eine akademische Prüfung abgelegt, nie einen akademischen Titel erworben hatte, den Lehrstuhl für experimentelle Chemie, dotiert mit fürstlichen 1600 Schweizer Franken pro Jahr. Auf diesem Lehrstuhl blieb er bis zu seinem Lebensende.

Die philosophische Fakultät der Universität Basel war mit dem zunächst titellosen „Instruktor" sehr zufrieden. Schon nach zwei Jahren wurde ihm der Doktortitel *honoris causa* verliehen. Fünf Jahre später wurde Schönbein zum ordentlichen Professor ernannt, mit einem Jahresgehalt von 2300 Schweizer Franken. Um das Glück voll zu machen, konnte er im selben Jahr seine Verlobte Emilie Benz aus Stuttgart heiraten. Das Paar bezog eine Wohnung direkt am Rheinufer mit Blick auf das gegenüberliegende Basler Münster. Hier wuchsen die vier Töchter der Familie Schönbein auf.

An der Universität Basel hatte Schönbein sechs Wochenstunden experimentelle Chemie zu lesen, zusätzlich unterrichtete er am Basler Pädagogium je vier Stunden Chemie und Physik. Die übrige Zeit stand ihm für seine Privatforschung zur Verfügung. Dabei entdeckte er, daß Eisen durch Behandlung mit konzentrierter Salpetersäure in einen merkwürdigen Zustand von Reaktionsträgheit versetzt wird. Schönbein hatte nicht die Ausrüstung, um diese Erscheinung näher zu erforschen. Heute gehört die „Passivierung" des Eisens zu den Grundlagen der Metallurgie.

Das Universitätslabor war mehr als dürftig ausgerüstet. Einige Reagenzgläser, ein paar Retorten und Kolben, eine Gasflamme, das war die ganze Gerätschaft. An exaktes Wiegen, sauberes Titrieren und quantitatives Messen war nicht zu denken. Die chemische Forschung beschränkte sich auf scharfes Beobachten mit den Augen, der Zunge und – vor allem – mit der Nase. Genau diese spielte bei Schönbeins erster großer Entdeckung eine wichtige Rolle.

Ein Geruch nach Heu und Nelken

Als Schönbein einmal seinen Kollegen Grove in Birmingham besuchte, erhielt er als Abschiedsgeschenk eine kleine Voltasche Säule. Zurückgekehrt nach Basel, machte er mit dieser elektrischen Energiequelle einige spielerische Versuche. In der nächsten Vorlesung wollte er die bekannte Knallgasexplosion vorführen und stellte dafür auf elektrolytischem Wege Wasserstoff her. Dabei fiel ihm ein charakteristischer Geruch auf, der ihn an seine Jugend erinnerte. In die benachbarte Metzinger Martinskirche hatte einmal der Blitz eingeschlagen. Der Turm war ausgebrannt, im unbeschädigten Chor hielt sich aber noch tagelang ein eigenartiger Geruch nach Heu oder Nelken. Derselbe Geruch stieg Schönbein nun bei der Elektrolyse wieder in die Nase. Seltsamerweise war er ausschließlich am positiven Pol zu bemerken. Das fremde Gas entfärbte eine Indigolösung, bläute Jodkaliumstärke, verwandelte gelbes Blutlaugensalz in dunkles „Berliner Blau". Was konnte das sein?

Ein humanistisch gebildeter Kollege schlug Schönbein einen passenden Namen vor: „Ozon" sollte das unbekannte Gas heißen, abgeleitet aus der griechischen Bezeichnung für „das Riechende".[6] Doch die Zusammensetzung des Gases war Schönbein ein Rätsel. Fünf Jahre beschäftigte er sich fast ausschließlich mit dem „Riechenden", in unzähligen Experimenten versuchte er Ozon zu isolieren und analytisch zu bestimmen. Er schrieb darüber ein kleines Buch: *Über die Erzeugung des Ozons auf chemischem Wege*. Doch hinter das Geheimnis der chemischen Zusammensetzung kam er nicht. Auch Berzelius[7] konnte ihm da nicht weiterhelfen, obwohl dieser erfahrene Chemiker der Wahrheit schon dicht auf den Fersen war: „Es muß eine allotrope Modifikation[8] des Sauerstoffs sein“, schrieb er an Schönbein. Und weiter: „Dadurch kommt dem Ozon ein millionenmal höheres Interesse zu, als wenn es ein ganz eigener Stoff wäre. Ihre Entdeckung ... ist aus diesem Gesichtspunkt eine der schönsten, die je gemacht worden ist.“

Hellsichtig erahnte Schönbein bereits die Bedeutung des Ozons: „Und es dürfte dieser Körper in dem Haushalte der belebten wie unbelebten Natur eine große Rolle spielen.“ Aber richtig zu fassen bekam er den „Heuduft“ nicht. Kein Wunder, ist doch Ozon eine mengenmäßig äußerst geringe Beimengung des Sauerstoffs, eine dreiatomige Modifikation, die sich in dem Meer des normalen Sauerstoffs gut versteckt hält und nur mit empfindlichsten Instrumenten zu erfassen ist.

Die explodierende Laborschürze

Blieb die jahrelange Suche nach der richtigen Formel des duftenden Gases auch erfolglos – folgenlos blieb sie nicht. In der falschen Annahme, Ozon setze sich aus Sauerstoff und Stickstoff zusammen, untersuchte Schönbein alle aus diesen beiden Elementen zusammengesetzten Stoffe, vor allem die Salpetersäure. Im Dezember 1845 widerfuhr ihm bei seinen Experimenten ein Mißgeschick: Eine Glasflasche mit einem Gemisch aus verdünnter Salpeter- und Schwefelsäure fiel vom Labortisch und ging zu Bruch. Schönbein beeilte sich, die Säure mit seiner baumwollenen Küchenschürze aufzuwischen. Dann hängte er die Schürze zum Trocknen an den Ofen. Einige Stunden später gab es einen lauten Knall: Die Schürze war detoniert.

Professor Schönbein, zu Tode erschrocken, wurde hellwach. Was war geschehen? Er konzentrierte sich voll auf die Untersuchung der heftigen Reaktion. Bald war ihm klar, daß eine Verbindung zwischen den Cellulosefasern und dem Säurerest der Salpetersäure stattgefunden haben mußte. Um die Reaktion aufzuklären, behandelte er andere cellulosehaltige Naturstoffe, z.B. Holzwolle, Heu und Stroh, aber auch Rohbaumwolle und Baumwolltücher, bei verschiedenen Temperaturen in unterschiedlichen Konzentrationen und Einwirkungszeiten mit der Salpetersäure. Bald war es ihm ein Leichtes, Baumwolle so zu präparieren, daß sie beim Entzünden mit explosionsartiger Wirkung verpuffte. Schönbein hatte die Schießbaumwolle (Nitrocellulose) erfunden.

Publikumswirksame Knalleffekte

Für den glücklichen Erfinder war die schießende Baumwolle zunächst nur ein Scherzartikel. Es machte ihm einfach Spaß, den Knalleffekt seinen Freunden vorzuführen. Häufig war der Junggeselle zu Abendgesellschaften eingeladen, denn Schönbein war ein glänzender Unterhalter. Dabei trug er stets eine kleine Schachtel mit präparierter Watte bei sich, um sie nach Tisch, zum Vergnügen der Gäste, an einer Kerze mit lautem Knall zu entzünden. Staunende und lachende Zuhörer fand er auch bei seinen Studenten im Vorlesungssaal und sogar an Fürstenhöfen. Bald fand er Nachahmer auf den Jahrmärkten. Die Marktschreier ließen sich diese publikumswirksame Attraktion nicht entgehen. Sogar das Theater fand Gefallen daran. Auf einigen städtischen Bühnen wurde eine Komödie aufgeführt mit dem Titel *Die explodierende Baumwolle.* Die Hauptdarstellerin trug ein Kleid aus Schießbaumwolle, das am Ende des Stückes explodierte. Zwar richtete der Knalleffekt keinen Schaden an, doch die Schauspielerin stand im Evaskostüm auf der Bühne. Tosender Beifall.

Gottfried Keller, der Schweizer Dichter und Fabulierer, schildert in seiner literarischen Romanze *Der Apotheker von Chamonix*, wie sich eine betrogene Jungfrau an ihrem ungetreuen Liebhaber rächt: Sie schenkt ihm einen mit Schießbaumwolle gefütterten Schal. Als der Ungetreue bei der Jagd auf einen Steinbock schießt, springt vom Gewehr ein Funke über, die Explosion reißt dem Jäger den Kopf ab. Eine aparte Anwendung für die nitrierte Baumwolle.

Militärisches Interesse an „Schießbaumwolleschönbeins" Erfindung

Die Nachricht von der explosiven Baumwolle ging wie ein Lauffeuer durch ganz Europa. „Schon im Jahr der Entdeckung wurde überall und von den unberufensten Leuten mit Schießbaumwolle geschossen und viel Unheil angerichtet."[9] Bald kannte jeder den Namen des Erfinders, im Volksmund hieß er nur noch der „Schießbaumwolleschönbein". Kollegen der Wissenschaft kamen von weit her, um Schönbein ihre Aufwartung zu machen, es meldeten sich aber auch Geschäftemacher und Spekulanten, die von ihm das Exclusivrecht zur Verwertung des Verfahrens erwerben wollten. Kein Wunder, die hochnitrierte Cellulose hatte gegenüber dem herkömmlichen Schwarzpulver entscheidende Vorteile: Sie entwickelte dreimal so viel Gas wie die gleiche Menge Schwarzpulver und verbrannte 500mal schneller. Wenn die Schießbaumwolle im Steinbruch eine so gewaltige Sprengkraft zeigt, warum sollte die Explosionswirkung in Flinten und Kanonen geringer sein?

Diese Frage stellten sich auch die Militärs. Die Kriegsministerien verschiedener europäischer Länder wurden aktiv, der Bundestag in Frankfurt richtete sogar eine offizielle Lizenzanfrage an Schönbein. Dieser war völlig überrascht; an eine wirtschaftliche Verwertung seiner Erfindung hatte er überhaupt nicht gedacht. Nachdem sich jedoch einige „Nacherfinder" meldeten, die ihm die Priorität an der Erfindung streitig machen wollten, blieb Schönbein nichts anderes übrig, als zu reagieren. Er meldete Patente an, trat in Verhandlungen ein, schloß Abfindungsverträge.

Eine englische Pulverfabrik bot Schönbein für die Produktionslizenz ein Drittel des zu erwartenden Reingewinns. Schönbein konnte nicht nein sagen, der in Aussicht gestellte Geldsegen war zehnmal höher als sein Jahreseinkommen an der Universität. Die Sprengstoffabrik in England wurde gebaut, doch schon ein dreiviertel Jahr später flog sie in die Luft: 21 Tote gab es und viele Verletzte. Für Schönbein war der Traum vom schnellen Reichtum schnell verflogen. Zwar konnte er mit einem amerikanischen Unternehmen einen weiteren Lizenzvertrag abschließen, doch von der vereinbarten Lizenzsumme wanderte der größte Teil in die Tasche des gerissenen Maklers.

Wundschnellverband und andere Anwendungen

Christian Friedrich Schönbein hatte nun kein Interesse mehr am freien Unternehmertum. Er kehrte in sein Labor zurück, um nach weniger risikoreichen Anwendungen für die Nitrocellulose zu suchen. Sie zu finden, fiel dem praktisch veranlagten Chemiker Schönbein nicht schwer. Die Lösung von Schießbaumwolle in einem Äther-Alkoholgemisch eignete sich zum Abdecken frischer Wunden. Nach dem Verdampfen des Lösungsmittels blieb eine dünne Haut zurück, welche die Wunde vor Infektionen schützte. Jahrzehntelang war die zähflüssige Mischung – Schönbein gab ihr den Namen „Collodium" – die Grundlage eines in aller Welt verwendeten „Wundschnellverbands". Schönbein erhielt dafür nie eine finanzielle Vergütung.

Bald zeigte sich die vielseitige Verwendbarkeit der nitrierten Cellulose. Sie eignete sich zur Bereitung von Hühneraugenpflastern, zur Beschichtung von Papieren, zum Lackieren von Lederschuhen und Metallschildern,[10] zur Herstellung von Abbeizmitteln, Möbelpolituren und Fensterkitt. Eine besonders attraktive Anwendung in der Fotografie fand der Engländer Frederick Scott Archer.[11] Mit seinem „Collodium-Naßverfahren" konnte er lichtempfindliche Glasplatten herstellen, die bereits nach wenigen Sekunden Belichtungszeit gestochen scharfe Porträtaufnahmen lieferten.

Das Scott-Archer-Verfahren war allerdings ziemlich umständlich: Der Photograph mußte immer ein Zelt – als „Dunkelkammer" – mitführen, vor jeder Aufnahme eine Glasplatte mit Collodiumlösung beschichten und diese in völliger Dunkelheit durch Eintauchen in ein Bad aus Silbernitrat und Jodsilber lichtempfindlich machen. Die Platte wurde in noch nassem Zustand belichtet und sofort entwickelt. Die meisten Por-

Die Erfindung der tragbaren Dunkelkammer, Karikatur um 1870

trät- und Landschaftsaufnahmen vor 1872 sind nach diesem Verfahren hergestellt.

Ab 1851 verdrängte das Scott-Archer-Verfahren die Daguerreotypie und verhalf dem Erfinder zu beträchtlichem Reichtum. Berufsphotographen zogen damals scharenweise von Stadt zu Stadt und bannten mit ihren klobigen Plattenkameras Menschen und Sehenswürdigkeiten auf die Platte. Die großformatigen Schwarzweißbilder waren beliebte Souvenirs für Touristen. Heute sind sie begehrte Sammlerobjekte. Frederic Scott dachte überhaupt nicht daran, den Erfinder des Collodiums finanziell zu beteiligen, Schönbein ging auch hier leer aus.

Puppenköpfe und Billardkugeln

Genausowenig profitierte Schönbein von der Verwendung der nitrierten Cellulose für die Herstellung von Celluloid.[12] 1855

Landschaftsphotograph um 1860 mit tragbarer Photo- und Dunkelkammerausrüstung

hatte der englische Chemiker Alexander Parkes ein Patent für „künstliches Horn" aus Schießbaumwolle und Campher angemeldet. Es eignete sich für Kämme und Puppenköpfe, für Spielwaren und Brillengestelle, besonders gut aber als Material für Billardkugeln, die bis dahin aus den Stoßzähnen von Elefanten und Walrössern gefertigt wurden. Billard war in den 60er Jahren des 19. Jahrhunderts in Amerikas Wildem Westen zum Nationalsport geworden. Das gesamte Elfenbein der Welt hätte den Bedarf der billardfanatischen Cowboys nicht decken können. Die Imitationen aus Nitrocellulose, Campher, Schwerspat und Kreide waren nicht nur billiger, sondern auch besser als das natürliche Material. Der Produzent, die *Albany*

Billard Comp., belieferte mit den Schießbaumwollekugeln[13] den gesamten Weltmarkt und wurde steinreich.

Noch eine wichtige Erfindung geht auf die Schönbeinsche Schießbaumwolle zurück: die Kunstfaser. Christian Friedrich Schönbein hatte schon 1847 die Idee, aus Nitrocellulose-Lösungen Fäden zu ziehen. Zehn Jahre später griff Mathias Schweizer[14] diesen Gedanken auf. Sein Verfahren konnte sich jedoch nicht durchsetzen – die aus Nitrocellulose erzeugten Textilien waren heimtückisch explosiv. Erst 1889 gelang es dem französischen Grafen Hilaire Chardonnet[15], aus nitrierten Baumwollabfällen (Linters) Fasern zu spinnen. Sie hatten nur wenig Ähnlichkeit mit Seide, aber die Bezeichnung „Kunstseide" war werbewirksam. Das „Chardonnet-Verfahren" machte den Erfinder zum reichen Mann, Schönbeins Erben gingen leer aus.

Dynamit: Arbeitshilfe und Stoff für Verbrechen

Das ganz große Geld mit der Schießbaumwolle aber machte der Schwede Alfred Nobel.[16] Er hatte zuvor das Dynamit erfunden, den berühmten Sprengstoff aus Nitroglyzerin und Kieselgur (Diatomeenerde). Weil Dynamit schwierig zu handhaben und in Formen zu pressen war, mischte er eine Collodiumlösung aus niedrig nitrierter Schießbaumwolle zu und erhielt ein Produkt von gallertartiger Konsistenz, die Sprenggelatine. Mit diesem plastischen Sicherheitssprengstoff gelang es, Tunnels durch die Berge zu sprengen (beispielsweise den St.-Gotthard-Tunnel), Schiffahrtskanäle auszuheben (als erstes den Kanal von Korinth) und Erdölfelder zu erschließen (die Ölfelder von Baku).

Nachdem Alfred Nobel erkennen mußte, daß sein Sprengstoff nicht nur für Erdbewegungen, sondern auch für kriminelle Zwecke verwendet wurde, z. B. zur Beseitigung mißliebiger Potentaten – als einer der ersten fiel 1881 der russische Zar Alexander II. einem Bombenattentat zum Opfer –, geriet er in eine seelische Krise. Um sein Gewissen zu entlasten, vermachte er den Großteil seines riesigen Vermögens – 50 Millionen schwedische Kronen – einer Stiftung, die seit 1901 jährlich die Nobelpreise für hervorragende Leistungen auf fast allen wichtigen Gebieten der Wissenschaft und Literatur wie auch für die Erhaltung des Friedens verleiht.

Für militärische Zwecke wurde die Schießbaumwolle praktisch nie verwendet, paradoxerweise aus Sicherheitsgründen. Sie explodiert einfach zu schnell und im falschen Augenblick. Dennoch war Schönbein indirekt auch am Wandel der Kriegstechnik beteiligt. Angeregt durch die Schönbeinsche Erfindung nitrierte der deutsche Chemiker Joseph Wilbrand[17] 1863 statt Baumwolle andere organische Materialien. Das dreifach nitrierte Toluol, bekannt als Trinitrotoluol, kurz TNT, war der ideale Sprengstoff: hochbrisant, aber ungefährlich für die Handhabung – ungefährlich allerdings weniger für die Opfer.

Atome so groß wie Leberklöß'

Christian Schönbein kümmerte sich zeitlebens nicht mehr um eine wirtschaftliche Verwertung seiner Erfindungen. Er zog sich zur Forschung in sein Universitätslabor zurück. Jahrelang drehte sich bei ihm alles um den Sauerstoff, seinen „chemischen Helden“, und um die Mechanismen der Oxydation. Später beschäftigte er sich mit dem zweiten Lufthauptbestandteil und stellte dabei mit Freude fest, „daß der Stickstoff nicht der tote Hund ist, für welchen man ihn so lange gehalten“.

In seinem letzten Lebensjahrzehnt wandte sich Schönbein der lebenden Materie zu und untersuchte die katalytischen Eigenschaften des Fleisches, des Blutes, von Pilzen und Pflanzensamen. Er stellte fest, daß Blausäure auch in geringsten Konzentrationen die katalytischen Prozesse hemmt. Das brachte ihn auf den Gedanken, Fleisch und Gemüse durch Begasung mit Blausäure zu konservieren. Zuerst setzte er seiner Katze mit Blausäure behandeltes Fleisch vor. Als diese den Versuch unbeschadet überstand, aß er selbst davon und „fand es köstlich“. Zu seinem Bedauern mußte er feststellen, daß außer ihm kein Mensch mit Blausäure konserviertes Fleisch essen wollte. So ließ er achselzuckend den naheliegenden Gedanken fallen, diese „elegante" Methode den Schlachthäusern anzubieten.

Freimütig teilte Schönbein alle Beobachtungen seinen Chemikerkollegen mit. Obwohl er sich selbst als schreibfaul bezeichnete – „ich verbringe meine Zeit ungleich besser im Laboratorium als am Schreibtisch" –, hat er eine Vielzahl von Schriften und Briefen hinterlassen. Er war wohl einer der schreibfreudigsten Chemiker seiner Zeit. Seine unzähligen Publikationen würden schätzungsweise 30 dicke Bände füllen. Mit führenden Köpfen seiner Zeit führte er eine ausgedehnte Korrespondenz, vor allem mit seinem Freund Justus von Liebig und dem Philosophen Schelling, mit Michael Faraday in London und Jöns Jakob Berzelius in Stockholm.

Am liebsten aber pflegte er das persönliche Gespräch bei einer guten Flasche Wein. So schrieb Liebig einmal seinem Freund Wöhler: „Schönbein ist seit etwa 10 Tagen bei mir und ist lustig und guter Dinge wie immer. Ach könnt ich nur kneipen wie er, so wäre ich ein beneidenswerter Mann". Nicht nur dem guten Wein sprach Schönbein fröhlich zu, er war auch kein Tabakverächter. Auf die Vorhaltungen seines Freundes Friedrich Fröbel, er habe einfach nicht genügend Willenskraft, sich das Tabakrauchen abzugewöhnen, schrieb er: „Du irrst, ich könnte sehr wohl wollen, aber ich will nicht wollen."

Mit seiner schwäbischen Heimat fühlte sich Schönbein immer verbunden. Obwohl er 40 Jahre in der Schweiz lebte, hat er seinen schwäbischen Dialekt nie abgelegt. Oft verspürte er Heimweh und das Bedürfnis, „heimatliche Luft zu atmen, Sauerkraut, Blutwurst und Knöpfle zu essen und Neckarwein zu trinken".

Schönbein war ein kreativer Vertreter der praktischen Chemie. Mit theoretischer Chemie konnte er sich dagegen nicht so recht anfreunden. Das „Formeltypenwesen" war ihm „ganz widerwärtig", und die moderne Atomtheorie verdroß ihn. „Geht mir weg mit eire Atome! Warum gibt's net Atome so graoß wia Leberklöß', daß mr se de Leut au zeiga könnt'?"

Einer seiner Biographen bezeichnete Schönbein als „heiteren Philosophen mit weitem Blick“, ein anderer meint, er gehöre „zweifellos nicht zu den größten Chemikern des 19. Jahrhunderts, wohl aber zu den glücklichsten“.

Der geliehene Frack mit dem Zähringerorden

Von den Basler Bürgern wurde Schönbein als liebenswertes Original angesehen und immer hoch geachtet, nicht nur als Chemiker und Hochschullehrer, sondern auch als Stadtpolitiker. Lange Jahre war er Mitglied des Großen Kantonsrats, später betätigte er sich für das Gemeinwohl im Großen Stadtrat. Dafür ernannte ihn die Stadt zu ihrem Ehrenbürger. Für seine bahnbrechenden Erfindungen erhielt er von der schwedischen Regierung den Orden des Nordsterns, von Bayern die Maximiliansmedaille in Gold, von verschiedenen Universitäten die Ehrendoktorwürde.

Einen badischen Orden verdankt er seiner schwäbischen Sparsamkeit. Als Schönbein, der nie einen eigenen Frack besaß, zu einem Empfang beim Großherzog von Baden eingeladen war, mußte er sich dieses Kleidungsstück von seinem Kollegen Eisenlohr ausleihen. Beim Defilee fragte der Großherzog erstaunt, wann Schönbein denn den Zähringerorden erhalten habe. Der Angesprochene bemerkte erst jetzt, daß dieser Orden noch am Frack steckte und meinte zu seiner Entschuldigung: „Des isch halt der vom Eisenlohr, dem g'hört au' der Frack.“ Darauf der Großherzog leutselig: „Nun, wenn Sie ihn schon tragen, dann können Sie ihn auch gleich behalten.“

Im Jahr 1868 weilte Schönbein zur Kur in Wildbad, Schwarzwald. Dort erkrankte er an einer „Karfunkel“, einem eitrigen Geschwür. Auf der Rückreise nach Basel besuchte er einen Freund in Baden-Baden. In dessen Haus verstarb er an einer Sepsis am 29. August 1868, kurz vor seinem 69. Geburtstag.

Harnstoff ohne Nieren

Friedrich Wöhler, deutscher Mediziner und Chemiker
* 31. Juli 1800 in Eschersheim, Frankfurt am Main
† 23. September 1882 in Göttingen

Welche Schlagzeilen würde heute die Meldung liefern, ein Unbekannter habe innerhalb von nur drei Monaten zwei so eminent wichtige Erfindungen gemacht, wie etwa das Fernsehen und die elektrische Waschmaschine, oder die Photographie und das Flugzeug? In der Geschichte der Chemie gab es einen solchen Fall: Der Frankfurter Friedrich Wöhler entdeckte am 22. Oktober 1827 das Leichtmetall Aluminium, und auf den Tag genau drei Monate später, am 22. Januar 1828, synthetisierte er erstmals einen Stoff, der sonst nur in der Natur vorkommt, den Harnstoff. Für die Technik ist Aluminium unverzichtbar geworden, ein Metall dreimal leichter als Eisen, aber ebenso stabil, dehnbar wie Silber, korrosionsfest wie Kupfer. Ohne Aluminium gäbe es keine Flugzeuge und keinen ICE, keine metallic-lackierten Autos und keine Alu-Folie. Ebenso unverzichtbar sind die organischen Chemieprodukte. Der synthetische Harnstoff war nur das erste Beipiel einer unübersehbar großen Zahl organischer Stoffe – inzwischen sind es mehr als sechs Millionen. Aus diesem riesigen Reservoir stammen Hunderttausende von Werkstoffen und Konsumgütern, die aus dem täglichen Leben nicht mehr wegzudenken sind.

Friedrich Wöhlers Vater, Dr. August Wöhler, war ein gebildeter Mann. In Marburg hatte er Tierarzneikunde studiert, aber wenig Spaß an diesem Beruf gefunden. So war er in die Dienste des Kurfürsten Wilhelm I. von Hessen-Kassel getreten, der ihn zum Stallmeister seines in Hanau residierenden Sohnes ernannte. Doch der junge Kurprinz war ein ungezogener Lümmel.

Friedrich Wöhler (1800–1882)

Zwischen dem an Jahren weit älteren Wöhler und dem jähzornigen Prinzen gab es ständig Reibereien. Eines Tages, als der Kurprinz den Marstall besuchte, erregte irgendeine Kleinigkeit seinen Unwillen. Er machte dem Stallmeister heftige Vorwürfe, die in Beschimpfungen, am Ende in Handgreiflichkeiten ausarteten. Wöhler, sonst ein besonnener Mann, riß der Geduldsfaden. Er griff nach der Reitpeitsche und verabreichte dem Kurprinzen eine Tracht Prügel.

Der Prinz, total verblüfft, brachte kein einziges Wort über die Lippen. Der Stallmeister aber wußte, was folgen würde: Die Entlassung, wenn nicht Arretierung durch den Kurfürsten. So setzte er sich auf das nächstbeste Reitpferd, gab ihm die Sporen und floh ins nahe „Ausland", in die freie Reichsstadt Frankfurt. Katharina Wöhler, seine Frau, stand kurz vor ihrer Niederkunft. Eilends packte sie ihre Sachen und folgte ihrem Mann mit der Kutsche nach Frankfurt, wo sie bei ihrem Schwager, dem Ortspfarrer von Eschersheim, Unterkunft fand.

Wenige Tage später schenkte sie einem Knaben das Leben. Es war Friedrich Wöhler.

Unbeschwerte Kindheit und frühes Interesse an der Natur

Die ersten sechs Jahre seines Lebens verbrachte Friedrich zusammen mit den drei nachgeborenen Geschwistern eine unbeschwerte Kindheit in Meiningen. Dort hatte der Vater beim Herzog von Meiningen eine neue Stellung gefunden, zunächst wieder als Stallmeister, später als Intendant des berühmten Meininger Hoftheaters. Als Friedrich sechs Jahre alt war, zog es August Wöhler wieder in die Frankfurter Gegend. In Rödelheim wurde er Besitzer eines Landgutes. Hier bekam der Junge seinen ersten Unterricht, vom Vater persönlich. Der Weg in die nächste Schule wäre zu weit gewesen, und es gab noch keine Schulpflicht.

Neben Schreiben, Rechnen und Lesen bekam Friedrich Unterricht in Reiten, Voltigieren, Fechten und Schwimmen. Im Sommer wurde er zur Hühnerjagd, im Winter zu den Treibjagden mitgenommen. Einmal, so erinnerte er sich später, habe er auf der Heimfahrt von der Treibjagd entsetzlich gefroren. Er wußte sich zu helfen. Er schnitt den toten Hasen die Schwänzchen ab und streifte ihr Fell über die blaugefrorenen Finger.

Als Friedrich im Alter von neun Jahren auf die allgemeine Schule geschickt wurde, war er seinen Altersgenossen wissensmäßig und geistig weit überlegen. Der Schulunterricht langweilte ihn, so nahm er zusätzlich Privatstunden in Latein und Französisch. Außerdem besuchte er Vorträge über die neuesten Entdeckungen auf dem Gebiet der Naturwissenschaften, z.B. über die Herstellung der Scheeleschen „Feuerluft"[1] oder die Wasserzersetzung mit Hilfe der Voltaschen Säule.[2] Bei seinen Streifzügen durch die Natur sammelte er Käfer und Schmetterlinge, alte Tonscherben, seltene Früchte, am liebsten aber Versteinerungen, Kristalle und Minerale. So begann eine lebenslange Sammelleidenschaft. Seine Fundstücke bildeten später den Grundstock für eine umfangreiche naturwissenschaftliche Sammlung.

Im Alter von 13 Jahren kam Friedrich Wöhler zum erstenmal in den Genuß eines ordentlichen Schulunterrichts. Sein Vater war dem Angebot des Großherzogs Karl-Theodor[3] gefolgt, als Stallmeister in seinen Hofstaat einzutreten. Dazu mußte er den Wohnsitz nach Frankfurt verlegen, ohne jedoch das Hofgut aufzugeben. Im Frankfurter Gymnasium bekam Friedrich Wöhler eine gründliche humanistische Bildung. Seinen Lehrern, darunter Friedrich Diesterweg,[4] blieb er bis ins hohe Alter dankbar verbunden.

Nur im Fach Chemie kam der Schüler Wöhler nicht auf seine Kosten. Deshalb schloß er sich an schulfreien Nachmittagen dem Frankfurter Privatgelehrten Dr. Johann Jacob Casimir Buch an, einem ehemaligen Arzt, der sich den Naturwissenschaften verschrieben hatte. Bei ihm machte er sich als Famulus nützlich. Dafür durfte er seinem Lehrherrn beim Experimentieren zuschauen und ihn auf ausgedehnten Wanderungen begleiten. So lernte Friedrich die einheimischen Pflanzen und Tiere kennen, Gesteine und Mineralien bestimmen. Durch Buch wurde der wißbegierige Junge auch mit dem Frankfurter Edelsteinhändler Menge bekannt. Als der leidenschaftliche Mineraliensammler Johann Wolfgang von Goethe bei seinem Besuch in Frankfurt im Jahr 1815 das Mengesche Geschäft aufsuchte, um eine besonders schöne Stufe Kupferlasur für seine Sammlung zu erwerben, wurde der zufällig anwesende Friedrich Wöhler dem Herrn Geheimrat vorgestellt. Der 15jährige war natürlich beeindruckt, fortan war Goethe sein großes Idol.

Mutters Waschküche in Flammen

Unter der Anleitung von Dr. Buch entwickelte sich Friedrich Wöhler zu einem leidenschaftlichen Experimentator. Ein Zeitgenosse[5] berichtet: „Wir sehen, wie das behende Kerlchen tagaus, tagein beständig laboriert, wie er die mütterliche Waschküche ... zu einem Laboratorium umwandelt. Auch das

Schlafzimmer im steilen Giebel ist ganz und gar mit Trichtern, Phiolen und Retorten angefüllt, dazwischen sich verstaubte Mineralien, Kristalle und Gesteinstufen, zusamt alten Büchern malerisch drängen.“ Dabei geht es nicht immer ohne Gefahr für Haus und Hof ab und auch nicht für die eigene Person. Als Friedrich Wöhler Chlor herstellt, schließen die Apparate nicht dicht, der junge Laborant erstickt fast an den giftigen Gasen.

„Um die gleiche Zeit machte er Versuche mit Phosphor in seiner Stube. Dabei verbrannte er sich die Haut so stark, daß man die Narben noch an der Hand des Greises bemerken konnte. Die Phosphorteilchen spritzten überall im Zimmer umher, und als er abends zu Bett gegangen war und das Licht gelöscht hatte, sieht er allwärts die aufflammenden Leuchten.“ Bei einem anderen Versuch geht sogar das improvisierte Laboratorium in Mutters Waschküche in Flammen auf. Von alldem läßt sich der junge Forscher nicht entmutigen. Mit Hilfe eines Blasebalgs, den die jüngere Schwester bedienen darf, stellt er aus Kaliumchlorid durch Glühen mit Kohle metallisches Kalium her. Den staunenden Eltern und Geschwistern zeigt er begeistert, wie die blanken Kaliumkügelchen auf dem Wasser schwimmend sich selbst entzünden und mit violetter Farbe[6] brennen.

Zusammen mit Dr. Buch experimentierte der Gymnasiast vor allem auf jenen Gebieten, die damals unter Fachleuten als sensationelle Neuigkeiten diskutiert wurden. Aus „französischem Soda“ isolierten die beiden Hobbyforscher das neue Element Jod.[7] Erst kürzlich hatte ein Göttinger Professor[8] im Zinkoxid ein anderes Element entdeckt, das Cadmium. Buch und Wöhler sagten sich, daß dieses Element auch im Zinkerz enthalten sein müßte. Bald zeigte sich, daß sie richtig vermutet hatten. Noch heute wird Cadmium aus Zinkerzen gewonnen.

Aus Schweden kam die Meldung, daß Berzelius aus einem wertlosen Abfallprodukt der Schwefelsäurefabrikation das Element Selen[9] gewonnen habe. Dr. Buch ließ sich „Vitriolerz“[10] aus Böhmen kommen, Wöhler fand auch darin dieses seltsame, von Berzelius beschriebene neue Element. Von seinem Lehrer ermutigt, verfaßte der Schüler Wöhler einen wissenschaftlichen Aufsatz „Über das Selen".[11] Es war seine erste Publikation, sie fand jedoch wenig Beachtung.

Blutlaugensalz und Berliner Blau

Als Wöhler im Frühjahr 1820 die Schule verläßt, ist er schon ein ernstzunehmender Naturwissenschaftler, bewandert in der Welt der Chemie, geübt in der Durchführung von Untersuchungen und Experimenten. Dennoch entschließt er sich, Medizin zu studieren. Der Beruf des Landarztes kann eine Familie immer ernähren, aber ließe sich auch mit chemischen Kenntnissen Geld verdienen? Ein Jahr lang studiert Wöhler in Marburg, wo er tagsüber brav die medizinischen Vorlesungen hört. Abends aber frönt er in der Studentenstube – zum Unwillen der Hauswirtin – seiner geheimen Leidenschaft Chemie. Besonders die Cyanverbindungen haben es ihm angetan. Warum gibt es darunter so wunderschön farbige Substanzen wie das Berliner Blau[12] und das gelbe Blutlaugensalz,[13] auf der anderen Seite aber höchst giftige Stoffe wie die Blausäure?

Wöhler stellt alle ihm bekannten Cyan- und Rhodanverbindungen her, um hinter die Gesetzmäßigkeiten zu kommen. Bei einer dieser Substanzen, dem Rhodanquecksilber, findet er ein merkwürdiges Verhalten: „Erhitzt man es gelinde, so schwillt es plötzlich, sich gleichsam um sich selbst in wurmartigen Gebilden windend, um das Vielfache seines Volumens auf."[14] Voller Entdeckerstolz eilt Friedrich Wöhler zu seinem Professor, um ihm die seltsame Erscheinung vorzuführen. Doch dieser ist wenig beeindruckt. Der Herr Studiosus möge sich gefälligst mehr um sein Medizinstudium kümmern.

Chemische Vorlesungen – reine Zeitverschwendung

Wöhler war enttäuscht und beschloß, die Universität zu wechseln. In Heidelberg lehrte der berühmte Leopold Gmelin,[15]

Die „Pharao-Schlange" – ein chemisches Experiment als Scherz

von dem er wußte, daß dieser sich ebenfalls mit Cyanverbindungen beschäftigte. Als sich Wöhler bei Gmelin vorstellte, bekam er sofort die Möglichkeit, in seinem Laboratorium zu experimentieren. Auf die chemischen Vorlesungen könne er aber unbesorgt verzichten, das sei reine Zeitverschwendung. So studierte Wöhler wieder zweigleisig: Tagsüber hörte er medizinische Vorlesungen, nachts beschäftigte er sich mit seinem chemischen Liebling Cyan.

Durch Verseifung des Dicyans erhielt er 1824 Oxalsäure, die bereits Scheele 1776 durch Oxidation von Zucker mit Salpetersäure hergestellt hatte. Oxalsäure, das wußte Wöhler von seinem Lehrherrn Dr. Buch, kommt auch im Sauerampfer und Sauerklee vor. Aus Sauerklee wurde zu jener Zeit in großem Umfang „Sauerkleesalz"[16] gewonnen, das in der Kattundrukkerei und Seidenfärberei benötigt wurde. Wöhler hatte also aus anorganischen Grundstoffen eine Säure synthetisiert, die auch im Pflanzenreich vorkommt. Die Bedeutung dieser Synthese wurde ihm erst später klar.

Inzwischen war er mit der Lösung einer Preisaufgabe beschäftigt: „Welche Stoffe, die von Tier oder Mensch durch die Nahrung aufgenommen werden, finden sich im Harn wieder, und was kann man daraus schließen?" Durch Reihenversuche an Hunden, aber auch an sich selbst, erbrachte Wöhler den Nachweis, daß viele organische Säuren in Form der Natriumsalze durch den Harn ausgeschieden werden, die meisten unverändert, andere nach einer chemischen Umwandlung. Die Benzoesäure verwandelt sich im Körper beispielsweise in Hippursäure. Wöhler wies nach, daß diese Umsetzung nur im Blut stattfinden kann. Damit gewann er den ersten Preis, seine Untersuchungsergebnisse wurden veröffentlicht.

Das Medizinstudium war nach sechs Semestern absolviert. Wöhler erhielt den Doktortitel für Medizin, Chirurgie und Geburtshilfe mit der selten verliehenen Note *insigni cum laude.*[17] Welchen Berufsweg sollte er nun einschlagen? Vater Wöhler war dafür, daß er zunächst auf Reisen gehe, um an den großen Hospitälern die ärztliche Praxis zu erlernen. Friedrich Wöhler aber hatte sein Herz endgültig an die Chemie verloren; er entschloß sich – gegen den Widerstand des Vaters –, Chemiker zu werden. Gmelin gab ihm den Rat, sich bei Berzelius in Stockholm das analytische Rüstzeug für seine spätere Laufbahn zu holen. „Durch das Studium Ihrer Schriften von der größten Hochachtung für Sie durchdrungen, hielt ich es seit jeher für ein großes Glück, unter der Leitung eines solchen Mannes diejenige Wissenschaft treiben zu können, die immer meine Lieblingsneigung war", schrieb Wöhler an Berzelius, und dieser antwortete: „Ich will mir nicht die glückliche Gelegenheit, Ihre persöhnliche Bekanntschaft zu machen, versagen und werde Sie daher herzens gern als mein Arbeits-Camerade annehmen". Das waren höfliche Zeiten!

Stürmische Überfahrt nach Stockholm – Mitarbeiter von Berzelius

Heute dauert der Flug von Frankfurt nach Stockholm zwei Stunden. Wöhler, der hoffte, bei seiner Reise über die Ostsee von einem Segelfrachtschiff mitgenommen zu werden, hatte mit einer Reisedauer von drei Wochen gerechnet. Tatsächlich dauerte sie jedoch mehr als doppelt so lange. Eine Woche brauchte die Postkutsche nach Lübeck, einen ganzen Monat lang lag das Segelschiff im Hafen von Travemünde vor Anker und wartete auf die Ladung. Friedrich Wöhler nutzte die Zeit, in der Bibliothek des Lübecker Apothekers, bei dem er wohnte, Fachbücher zu lesen und in dessen Labor kleinere Experimenten durchzuführen.

Gerade noch rechtzeitig vor Wintereinbruch wurde der Anker gelichtet. „Die Fahrt wurde sehr stürmisch, die See ging fortwährend sehr hoch, und das Schiff lag entsetzlich auf der Seite. Dennoch war ich der einzige von den fünf Passagieren, der nicht seekrank wurde." Nach der Landung in Schweden waren die überstandenen Strapazen schnell vergessen, denn „als ich nach den schuldigen Gebühren fragte, sagte der alte Commandant, daß er für die Wissenschaft und seinen alten Landsmann Berzelius eine zu hohe Achtung habe, als daß er von Einem etwas nehmen sollte, der seiner Studien wegen eine so weite Reise mache".[18]

Wöhler beschrieb die Ankunft in Stockholm: „In einem offenen Kärrchen fuhr ich in fortwährendem Regen nach Stockholm, wo ich in der Nacht ankam und nach vielem Hin- und Herfahren endlich in einem sogenannten Keller Aufnahme fand; eigentliche Gasthäuser gab es damals nicht." Am nächsten Morgen ging er „in das Haus auf der Stora Nygatan, wo

Berzelius wohnt. Mit klopfendem Herzen stand ich vor seiner Tür und zog die Schelle. Ein stattlicher Mann öffnete. Es war Berzelius selbst. Im Vorzimmer legte man Galoschen und Mantel ab, dann ging's ins Laboratorium. Da saß er dann an seinem Tisch, der voller Gläser und Tiegel steht. Er hat seine Laboratoriumsuniform an, ein paar alte weite blaue Hosen, blauen langen Rock und schwarze Weste, auf der man mehrere Reaktionen bemerkt."

Etwas ernüchternd war der erste Eindruck, den Wöhler von seinem neuen Arbeitsplatz im Labor des verehrten Meisters erhielt. Es befand sich nicht, wie er vermutet hatte, am Carolinischen Institut, wo Berzelius seine Vorlesungen für Mediziner hielt, sondern in seinem Privathaus. Das Labor war sehr einfach eingerichtet, fast primitiv.[19] Das also war das Reich des „Königs der Chemiker", der Ort, den die Naturwissenschaftler in ganz Europa als „Heiligen Gral der Chemie" verehrten. Doch bald wußte Wöhler diesen Ort und das enge Zusammenarbeiten mit dem 20 Jahre älteren Lehrer zu schätzen. Von ihm lernte er „die tausend einfachen Handgriffe, die das chemische Arbeiten erleichtern, die sauber durchdachten analytischen Methoden, die Berzelius ersonnen hatte, kurz alles, was einen sicheren Analytiker ausmacht".

Die beiden ungleichen Forscher fanden schnell Gefallen aneinander. Sie untersuchten seltene Minerale, darunter solche, die nur in Schweden zu finden sind, sie überprüften Verbesserungen in der Analysentechnik und bereiteten gemeinsam jene berühmten physikalisch-chemischen Vorlesungen vor, die Berzelius einmal im Monat vor dem schwedischen Königshof zu veranstalten hatte. Naturwissenschaftliche Vorträge, vor allem, wenn sie durch interessante Experimente gewürzt waren, bildeten damals beliebte Abendunterhaltungen für die gehobene Gesellschaft.

Wöhler war mit von der Partie, als Berzelius mit seinen Freunden zu tagelangen mineralogisch-geologischen Exkursionen aufbrach. So lernte er Südschweden kennen und durfte dabei seiner großen Leidenschaft frönen, dem Sammeln von Mineralien. Einmal unternahm die Gruppe eine drei Monate dauernde geologische Expedition nach Norwegen. Das Lehrjahr in Schweden war für Friedrich Wöhler fachlich und menschlich ein großer Gewinn, er fühlte sich bereichert an wissenschaftlicher Weitsicht und Lebenserfahrung.

„Ein Pulver aus winzig kleinen Metallflittern bestehend“

Nach Heidelberg zurückgekehrt, wollte sich Wöhler an der Universität als Privatdozent bewerben, doch es kam ein verlockendes Angebot aus Berlin, als Chemielehrer an die neugegründete Gewerbeschule zu kommen. Wöchentlich sollte er acht Stunden Chemieunterricht geben, die restliche Zeit stand für die Privatforschung zur Verfügung. Die Einnahmen von „400 Thalern jährlich, nebst einem besonderen Honorar für jede Vorlesung“ waren zwar nicht üppig, aber Wöhler meinte, für seine bescheidenen Ansprüche würde es reichen. Das für ihn bereitgestellte Laboratorium in der Niederwallstraße war „sehr freundlich und nett, aber kärglich eingerichtet“. Wegen der darin durchgeführten experimentellen Arbeiten sollte es jedoch bald berühmt werden.

Es begann damit, daß Wöhler einen Versuch wiederholte, den der dänische Physiker Oersted[20] in einer Fachzeitung publiziert hatte. Dieser hatte versucht, das „Radikal der Thonerde“ abzuscheiden, indem er Chlorgas über glühende, mit Kohlepulver vermengte Tonerde leitete. Was Oersted damals nicht wußte: Sein „Radikal“ war ein Metall, das Leichtmetall Aluminium.[21] Wöhler stellte zunächst eine größere Menge der flüchtigen Chlorverbindung (Aluminiumchlorid) her. Diese reduzierte er in kleinen Portionen mit metallischem Kalium „in Porzellantiegeln über der Spiritusflamme“. Als er das Reaktionsprodukt mit Wasser behandelte, erhielt er „ein graues Pulver, das bei näherem Hinsehen, besonders im Sonnenscheine, als aus lauter winzig kleinen Metallflittern bestehend erschien“. Im Achatmörser ließen sich die Flitter zu glänzenden Metallplättchen zusammendrücken, an der Luft verbrannte das Metall „mit einem Glanze, den das Auge kaum ertragen kann“.

Die Tragweite dieser Entdeckung konnte Wöhler nicht ahnen.[22] Aluminium war das erste Leichtmetall in der Technikgeschichte. Es ist heute das wichtigste Nichteisenmetall und mit einer Jahresproduktion von fast 30 Millionen Tonnen einer der bedeutendsten Werkstoffe im Fahrzeug- und Flugzeugbau, unentbehrlich für Haushaltsgeräte und Biertanks, für rostschützende Anstriche, Verpackungsfolien und tausend andere Anwendungsgebiete.

Tadel und Lob für den Pisseharnstoff

Obwohl Wöhler seine Entdeckung nicht geheimhielt, nahm die Öffentlichkeit keine Notiz von ihr. Es dauerte ein Vierteljahr, da bewies Friedrich Wöhler erneut einen erstaunlichen Spürsinn für wissenschaftliche Sensationen. Es gelang ihm der Wurf seines Lebens, eine Entdeckung von geschichtlicher Bedeutung. Am 22. Januar 1828 schrieb er seinem Gönner Berzelius nach Stockholm: „Ich kann sozusagen mein chemisches Wasser nicht halten und muß Ihnen sagen, daß ich Harnstoff machen kann, ohne dazu Nieren oder überhaupt ein Tier, sei es Mensch oder Hund, nöthig zu haben."

Wöhler hatte sich wieder mit seinen Lieblingen auseinandergesetzt, den Cyanen. Bei der Umsetzung von Kaliumcyanat mit Ammonsulfat fiel eine weiße, kristalline Substanz aus, die zu seinem großen Erstaunen chemisch identisch war mit „Pisseharnstoff". Damit kannte er sich gut aus: Schon während seiner Studienzeit hatte er sich mit menschlichem und tierischem Harn und deren Inhaltsstoffen beschäftigt. Wöhlers Arbeit über Harnstoff betrug nur vier Seiten, aber sie ließ die Fachwelt aufhorchen wie kaum eine Publikation zuvor. Wenn das stimmte, was dieser Wöhler schrieb, dann würde dies bedeuten, daß die chemischen Gesetze offensichtlich gleichermaßen für „tote Kristalle" wie für „Substanzen des Lebens" gültig waren.

Nicht nur die Fachleute waren elektrisiert. Die Philosophen fragten ungläubig: Es soll wirklich gelungen sein, einen von der Natur, d.h. von Gott, geschaffenen Stoff künstlich nachzubilden? Bisher galt als unumstößliche Wahrheit, daß für alle Materie, aus der die Lebewesen aufgebaut sind, eine nicht faßbare Größe verantwortlich ist, die „Lebenskraft“ (*vis vitalis*). Kirchliche Kreise waren empört: Wie kommt ein normaler Sterblicher dazu, dem Herrgott ins Handwerk zu pfuschen? Die Nachricht war sensationell, heute fast vergleichbar mit der Meldung, man habe auf dem Mars einen menschlichen Unterkieferknochen gefunden.

Nachdem sich der Entrüstungs- und Begeisterungssturm gelegt hatte, konnte sich Wöhler vor lobenden Zuschriften kaum retten. Berzelius schrieb: „Aluminium und künstlicher Harnstoff werden als Edelsteine in Ihrem Kranze eingeflochten sein.“ Und sein Freund Justus Liebig meinte: „Du kommst mir in deinen Arbeiten vor wie der Mann aus dem indischen Märchen, aus dessen Munde, wenn er lachte, Rosensträuße fielen.“

Was damals niemand wissen konnte: 1828, das Jahr der Harnstoffsynthese, war das Geburtsjahr der Organischen Chemie, des Zweigs der Chemie, der in der Folge zahllose Farbstoffe, Kunststoffe, lebensrettende Heilmittel, synthetische Werkstoffe und Lacke hervorbringen sollte und damit zu einem wichtigen Pfeiler der modernen Zivilisation wurde. Lediglich Liebig hatte eine Vorahnung: „Lieber Freund, die Philosophie der Chemie wird aus Deiner Arbeit den Schluß ziehen, daß die Erzeugug aller organischen Materialien ... in unseren Laboratorien nicht allein als wahrscheinlich, sondern als gewiß betrachtet werden muß.“

Auf Freiersfüßen nach Kassel – früher Tod der Ehefrau Franziska

Friedrich Wöhler, gerade 28 Jahre alt, gefeierter Wissenschaftler, durch königlichen Erlaß zum Professor ernannt, stand auf dem Höhepunkt seines Ruhmes. Doch das Hochgefühl hielt nicht lange an. Wenige Wochen später erkrankte er infolge

„vielen Stubensitzens, Schreibens und Einatmen von Stinkereyen" lebensgefährlich. Der Arzt verordnete ihm eine Badekur. Auf der Rückreise von Wiesbaden, wo er „3 Wochen lang gebadet und Wasser und ebensoviel Wein getrunken" hatte, besuchte er seinen Onkel, den Justizrat Wöhler, in Kassel. Ziel dieses Abstechers war jedoch weniger der Onkel selbst, sondern dessen 18jährige Tochter Franziska, ein „zierliches, zartes Mädchen mit dunkelbraunem Haar und dunklen, bedeutungsvollen Augen".

Bald wurde die Verlobung, zehn Monate später die Hochzeit gefeiert. Am ersten Pfingsttag des Jahres 1831 brachte Franziska ihr erstes Kind zur Welt, einen Jungen, benannt nach dem Großvater August.[23] Gerade in jenen Tagen brach in Berlin die Cholera aus. Wöhler brachte die Mutter und das neugeborene Kind eilends nach Kassel in Sicherheit. Flehentlich bat Franziska ihren Mann, nicht nach Berlin zurückzukehren, solange dort die Cholera so gräßlich wütete.[24] Wöhler nahm drei Monate unbezahlten Urlaub, aber als diese Zeit verstrichen war, war die Gefahr in Berlin noch immer nicht gebannt.

Wie gerufen, flatterte ein Brief ins Haus: Ob Wöhler an der geplanten Gewerbeschule in Kassel die chemische Professur übernehmen wolle? Wöhler sagte mit Freuden zu. Nun hatte er einen Grund, Berlin zu verlassen. Im Frühsommer 1832 – er war gerade mit den Planungen für das neu einzurichtende Vorlesungslabor beschäftigt –, starb seine junge Frau bei der Geburt der Tochter Sophie. Wöhler war untröstlich und zu keiner Arbeit mehr fähig. Justus Liebig, mit dem Wöhler seit einiger Zeit befreundet war, schrieb ihm: „Wenn wir Dir auch keinen Trost geben können, so sind wir vielleicht doch imstande, Dein Leid Dir tragen zu helfen. Komme zu uns, lieber Wöhler!"

Der Trauernde nahm die Einladung nach Gießen an und versuchte, seinen Kummer durch Arbeit zu vergessen. Die gemeinsame Aufgabe, Bittermandelöl zu untersuchen, nahm die beiden Freunde vier Wochen lang voll in Anspruch. Die gemeinsame Veröffentlichung „Über das Radikal der Benzoesäure“ erregte in Fachkreisen berechtigtes Aufsehen. Sie zeigte, daß der Benzoylrest bei der Überführung von Benzoesäure in Benzoylchlorid, Benzamid, Benzoeäther usw. unverändert erhalten bleibt. „Diese Publikation hat den Weg in den dunklen Wald der organischen Chemie eröffnet.“ Seit dieser Zeit war die Beziehung zwischen Liebig und Wöhler ein vielzitiertes Beispiel für eine kongeniale Männerfreundschaft.

Nach Kassel zurückgekehrt, nahm Wöhler seine Vorlesungen an der Gewerbeschule wieder auf. Innerlich ruhiger geworden, konnte er sich auf neue Forschungen konzentrieren. Er unternahm verschiedene Reisen ins Ausland, auch wenn die tage- und wochenlangen Fahrten in der Postkutsche strapaziös waren. Zunächst reiste er nach Frankreich, „um Fabrikationen aller Art, besonders die chemischen“, kennenzulernen. Als Chemielehrer an einer Gewerbeschule wollte Wöhler nicht nur Kathederwissen verbreiten, sondern auch die Grundlagen der chemischen Technik lehren.

In Paris machte er die Bekanntschaft „aller Nobilitäten der Wissenschaft, von denen ich mit vieler Artigkeit behandelt wurde“, darunter von Arago, Thénard, Ampère und vor allem von Joseph Louis Gay-Lussac.[25] Der Name Wöhler war schon weit über die Grenzen seines Heimatlandes hinausgelangt. Der französische Chemiker Dumas[26] schenkte ihm zum Abschied Platinrückstände, aus denen Wöhler zu Hause die höchst seltenen Metalle Iridium und Osmium isolierte. Auf die Darstellung „exotischer“ Metalle hatte sich Wöhler schon früher spezialisiert und erstmalig Yttrium und Beryllium[27] aufgefunden.

Die nächste Reise ging nach England. Auch dort besuchte er „viele technische Etablissements“ in Birmingham und Manchester. Mit der ersten und bis dahin einzigen Eisenbahn der Welt konnte er nach Liverpool weiterreisen, was ihm große Freude bereitete. In London traf er mit Michael Faraday[28] zusammen. Dieser kannte Wöhler nur von seinen Veröffentlichungen. Weil sein Besucher so jugendlich schlank aussah, fragte er ihn erstaunt: „Sind Sie etwa der Sohn des berühmten Chemikers Friedrich Wöhler?“

Auch privat ging es wieder aufwärts: Im Februar 1834 verlobte sich Friedrich Wöhler mit Julie Pfeiffer, einer Freundin der verstorbenen Frau, „wie diese eine unbefangene reine Natur, ein klarer Verstand, eine reine Weiblichkeit. Ich bin so glücklich, ich lebe von neuem auf und fühle mich in die schöne Zeit der Illusionen zurückversetzt". Im Juli wurde Hochzeit gefeiert. Aus der glücklichen Ehe mit Julie gingen vier Kinder hervor.

1836 zeichnete sich ein neuer Wechsel ab. An der medizinischen Fakultät der Universität Göttingen war das Ordinariat für Chemie und Pharmazie neu zu besetzen, und Wöhler stand auf der Vorschlagsliste als Nr. 1. Die Chemie hatte nur an wenigen deutschen Universitäten ein eigenständiges Ordinariat, sie wurde noch immer als Hilfswissenschaft der Heilkunde eingestuft. Der Mediziner Wöhler nahm den ehrenvollen Ruf gerne an. Die Professur war mit dem Amt eines Generalinspekteurs des Apothekenwesens verknüpft. Göttingen sollte seine letzte Berufsstation sein.

Viermal in der Woche las Wöhler in aller Frühe von 6 bis 7 Uhr über organische, an sechs Tagen von 9 bis 10 Uhr über anorganische Chemie. Anschließend leitete er ein Praktikum bis 12 Uhr. Nachmittags besuchte er die Apotheken, abends schrieb er an seinem *Compendium für Chemie*. Der wissenschaftliche Ruf des neuen Professors lockte immer mehr Studenten nach Göttingen. Göttingen war eine erste Adresse für junge Menschen, die sich für die Chemie interessierten. Wöhler war kein hinreißender Redner, aber sein Vortrag war klar und didaktisch geschickt aufgebaut. Im Gegensatz zu vielen Kollegen verstand er es, auch die weniger Gebildeten anzusprechen. Der Hörsaal und die Laboratorien waren bald überfüllt, das chemische Institut mußte alle zwei bis drei Jahre erweitert werden. Aber auch die Forschungsarbeiten durften nicht zu kurz kommen, das hatte Wöhler seinem Freund Liebig versprochen. Die praktische Laborarbeit befriedigte ihn mehr als die trockene Theorie. Sein Wahlspruch „Probieren geht über studieren!“ ist heute ein geflügeltes Wort.

Wertvoller Schlangenkot

Das wichtigste Untersuchungsobjekt war zunächst die Harnsäure, weil Wöhler sich hiervon Aufschluß über den biologischen Stoffwechsel erhoffte. Harnsäure gab es nicht zu kaufen. Wie war dieser chemische Stoff zu bekommen? Liebig hatte herausgefunden, daß Schlangenkot zu fast 90% aus Harnsäure besteht. Studenten wurden beauftragt, überall im Land, wo Menagerien oder Tierschauen auftraten, gegen Geld und gute Worte von den Schlangenbändigern die Exkremente der Reptilien zu ergattern. So kamen mit der Zeit einige Pfund der wertvollen Fäkalie zusammen. Es folgten Untersuchungen über Cocain[29] aus den Coca-Blättern und über Opiumbasen[30] aus dem Milchsaft der Schlafmohns. Die im Mohn enthaltenen Alkaloide waren infolge des Opiumkriegs zwischen England und China (1840-1842) zu trauriger Berühmtheit gelangt.

Aus einem Blasenstein isolierte Wöhler Xanthin,[31] aus Chinarinde[32] gewann er den neuen organischen Stoff Hydrochinon,[33] dessen starke Reduktionswirkung ihn verblüffte. Der Zufall half mit, als er 1857 verunreinigtes Aluminium in Salzsäure auflöste und dabei Siliciumwasserstoff (Silan) nachweisen konnte. Das alles waren für die Fachwelt hochinteressante Befunde. Doch sie hatten bei weitem nicht die wissenschaftlich-technische Bedeutung wie die vorangegangenen Entdekkungen Aluminium und Harnstoff.

Doch Wöhler gelang erneut eine sensationelle Ersttat. 1862 stellte er aus Calcium und Kohle Calciumcarbid her. Als er das weiße Pulver in Wasser auflösen wollte, entwich ein Gas, das mit sehr heller, weißer Flamme brannte. Es war Acetylen.[34] Auch dabei war ihm die Tragweite seiner Entdeckung nicht voll bewußt. Erst um die Jahrhundertwende wurde das Autogenschweißen entwickelt, bei dem das Acetylengas die zum Schmelzen des Eisens benötigte hohe Temperatur von 3000 °C liefert. August Wilhelm Hofmann sagte später in seinem Nachruf: „Alle Arbeiten Wöhlers aufzuzählen, wäre gleichbedeutend mit dem Entschlusse, ein Compendium der Chemie zu schreiben."

Ebenso fruchtbar wie Wöhlers Tätigkeit als Forscher und Lehrer war sein Wirken als wissenschaftlicher Autor. Weit über 250 Bücher und Aufsätze, publiziert vor allem in den von Liebig gegründeten *Annalen der Chemie und Pharmacie*, tragen seinen Namen. Der Grund für seine unermüdliche Schriftstellerei könnte der gleiche sein, der ihn nach eigenem Bekunden veranlaßte, sein Buch *Beispiele zur Übung der analytischen Chemie* zu schreiben: „Das Buch soll dazu dienen, mir die ungeheure Langeweile zu ersparen, ein und dieselbe Sache 1000mal zu predigen."

Wo Wöhler die Zeit hergenommen hat für die vielfältigen Forschungen, für seine schriftlichen Arbeiten und sonstigen Verpflichtungen, das blieb auch für seine Biographen ein Rätsel. Offensichtlich wußte er seine Zeit gut einzuteilen: „Die einzige Stunde, die mir täglich übrig bleibt, verwende ich abends zum Spazierenreiten." Während seines ganzen Lebens ist Wöhler immer gerne gereist. Nie hat er auf den Sommerurlaub, auf seine Bergwanderungen verzichtet. Tirol und das Salzkammergut, Lugano und das Südtiroler Pustertal waren beliebte Reiseziele, in Montreux am Genfer See waren Herr und Frau Wöhler gern gesehene Stammgäste. Zusammen mit der Familie Liebig verbrachten sie mehrere Urlaubswochen in Bad Gastein und im Bayerischen Wald, mit Schönbein[35] und seinem Freundeskreis trafen sie sich in den Savoyer Alpen.

Zu Lebzeiten schon ein Denkmal

Wöhler hatte – im Gegensatz zu seinem Freund Liebig – einen ausgeglichenen Charakter, er strahlte die Ruhe des Lebenskünstlers aus. Im Umgang mit seinen Kollegen und Studenten war er besonnen und versöhnlich, in der Kritik niemals verletzend, in den Vorlesungen und Prüfungen zeigte er einen wohltuenden Humor. Wenn es darum ging, aufgeregte Gemüter zu beschwichtigen, hatte er immer das richtige Wort parat. Eine hitzige Diskussion mit seinem Freund Liebig schloß er einmal mit folgenden Worten ab: „Justus, versetze Dich in das Jahr 1900, wo wir wieder zu Kohlensäure, Ammoniak und Wasser aufgelöst sind, und unsere Knochenerde vielleicht wieder der Knochen von einem Hund ist, der unser Grab verunreinigt – wen kümmert es dann, ob wir in Frieden oder in Ärger gelebt haben?"

Kein Wunder, daß seine Schüler für ihn schwärmten. Auch im Kollegium der Universität war er eine Vaterfigur. Die preußischen Behörden schätzten sich glücklich, eine solch herausragende Forscherpersönlichkeit im Lande zu haben. Seine Beliebtheit und das hohe Ansehen, das er in der ganzen wissenschaftlichen Welt genoß, führte dazu, daß er im Alter mit Ehrungen aller Art geradezu überschüttet wurde. Er war schließlich vielfacher Ehrendoktor und Ehrenbürger, in vielen Vereinen Ehrenmitglied. Napoleon ernannte Wöhler zum Ritter der Ehrenlegion, und vom Preußenkönig erhielt er den Orden *Pour le mérite*.

Zum 80. Geburtstag hatten sich seine ehemaligen Schüler etwas Besonderes ausgedacht: Wöhler sollte zu Lebzeiten ein Denkmal erhalten. Ein Brustbild, als großes Relief in carrarischem Marmor[36] gemeißelt, wurde feierlich enthüllt. Wöhler bedankte sich gerührt: „Diese Gaben sind mir wie ein glänzender Lichtstrahl, der den Abend meines Lebens erleuchtet und neu belebt." Wöhler starb im 83. Lebensjahr an den Folgen eines Ruhranfalls. Seine letzten Worte: „Wie leid tut es mir, daß ich das ganze Haus in Bewegung setze." In Göttingen, wo er mehr als die Hälfte seines Lebens zugebracht hatte, fand er seine letzte Ruhestätte.

Die Sache mit Liebigs Fleischextrakt

Justus Freiherr von Liebig, deutscher Chemiker
* 12. Mai 1803 in Darmstadt
† 8. Februar 1873 in München

Wer einmal in einem Chemielabor gearbeitet hat, kennt den Liebigkühler, einen doppelwandigen Gegenstromkühler aus Glas. Hausfrauen wissen, daß sie mit „Liebigs Fleischextrakt" Suppen und Soßen verfeinern und wohlschmeckende Bouillons bereiten können. Allerdings beruht die Namensgebung in beiden Fällen auf einem kleinen Mißverständnis: Der Liebigkühler wurde von dem deutschen Chemiker Christian Ehrenfried Weigel erfunden, und auch die Vermarktung des Fleischextrakts geht nicht direkt auf Liebig zurück – die Dosen tragen seinen Namen lediglich aus Werbegründen. Mit so „nebensächlichen" Erfindungen wie der Form eines Destillationskühlers oder dem Vertrieb von Bouillonkonzentrat hätte sich Liebig, der größte deutsche Chemiker des 19. Jahrhunderts, sicherlich nicht abgegeben. Sein Forschungsinteresse lag auf ganz anderem Gebiet. Er hat entdeckt, daß Pflanzen „Hunger haben", daß sie ohne Nährstoffe ebensowenig gedeihen können wie Menschen und Tiere. Diese Entdeckung trägt nun wiederum nicht den Namen Liebig, aber sie ist von größter Bedeutung. Hätte es zu jener Zeit einen „Nobelpreis für Lebensretter" gegeben, Justus von Liebig wäre wohl der erste Preisträger gewesen: Mit seiner Theorie der Pflanzenernährung hat er Millionen Menschen vor dem Hungertod bewahrt.

Im Kirchenbuch der Kurfürstlich-Hessischen Residenz Darmstadt ist unter dem Jahr 1803 diese Eintragung zu lesen: „Den 14. Majo ist dem Bürger und Handelsmann Herrn Georg Liebich und dessen Ehefrau Caroline geb. Möserin, ein Sohn Jo-

Justus von Liebig (1803–1873)

hann Justus getauft worden. Geb. 12. Morgens um halb 9." Mit Bleistift hat später jemand daruntergeschrieben: „Gestorben 1873 in München als weltberühmter Chemiker." Das sind die „Eckdaten" des vielleicht bedeutendsten deutschen Naturwissenschaftlers des 19. Jahrhunderts.

Justus Liebig ist in der Kaplaneigasse in Darmstadt geboren, in einem Hinterhaus mit niedrigen Zimmern und kleinen Fenstern. Ob das freudige Ereignis am 4., am 12. (wie im Kirchenbuch zu lesen ist) oder erst am 13. Mai stattgefunden hat: Darüber streiten sich noch die Historiker. Doch das ist nicht der einzige Streit, der sich an der Person Liebig entzündet hat. In seinem Forscherleben gab es kaum einen Konflikt, dem er aus dem Wege gegangen wäre.

Rohrzucker als Grundlage des Liebigschen Wohlstands

Liebigs Mutter war eine originelle Frau, zwar nicht hochgebildet, doch resolut, mit scharfer Zunge, gesundem Menschenverstand und offensichtlich auch mit Erwerbssinn ausgestattet. Gerade noch rechtzeitig, bevor Napoleon 1806 die Kontinentalsperre verhängte, hatte sie einen großen Posten Rohrzucker eingekauft, weit mehr, als die Familie benötigte. In der Zeit des Mangels konnte sie den Zucker mit schönem Gewinn verkaufen. Der Erlös reichte, um der Familie Liebig einen gewissen Wohlstand zu verschaffen.

Johann Georg Liebig, der Vater, war „Materialist", aber nicht in der heutigen Bedeutung. Sein Beruf entsprach etwa dem des Drogisten. In seinem Ladengeschäft verkaufte er Seifen und Salben, Firnisse, Farben und andere Chemiewaren des täglichen Bedarfs. Sein Geschäft war in Darmstadt wohlbekannt, hatte es doch eine viel beachtete Kuriosität aufzuweisen: In den Abendstunden war der Verkaufsraum hell beleuchtet, nicht etwa durch Kerzen oder Ölfunzeln, sondern – für die damalige Zeit sensationell – durch Gasflammen. Seine Lampen „mit brennender Luft" verschafften Vater Liebig den Ruf eines Alchemisten, eines Hexenmeisters.

Vor der Stadt, auf der „Kuhschwanzwiese", betrieb Vater Liebig eine Farbküche, dort kochte er Lackfirnisse, fabrizierte Wagenschmiere, bereitete Schuhcreme und Läusepulver. Diese „Hexenküche" war für den jungen Justus ein Paradies. Hier roch es so gut, hier durfte er dem Vater Handlangerdienste leisten und zusehen, wie unter dessen fachkundiger Hand Beizen, Fleckenmittel und wohlriechende Essenzen entstanden. Wenn Vater Liebig ein Rezeptbuch brauchte, schickte er seinen Filius in die nahe Hofbibliothek. Auf diese Weise lernte Justus den Bibliothekar kennen, und dieser half dem aufgeweckten Jungen, seinen Wissensdurst zu stillen. „Ich las die Bücher, wie sie eben auf den Brettern aufgestellt waren, von oben nach unten, von links nach rechts. Für ihren Inhalt war mein 14jähriger Kopf wie der Magen eines Straußes."

Am liebsten hielt sich Justus jedoch auf dem Jahrmarkt auf: „Auf dem Markte in Darmstadt sah ich einem herumziehenden Händler allerlei ab, wie er Knallsilber zu seinen Knallerbsen machte. Aus den rothen Dämpfen, die sich bildeten, als er sein Silber auflöste, sah ich, daß er Salpetersäure dazu nahm und dann eine Flüssigkeit, mit der er den Leuten schmutzige Rockkragen reinigte und die nach Branntwein[1] roch."

Sehnlichster Berufswunsch des jungen Justus: Chemiker

Schon als Schüler wußte Justus genau, welchen Beruf er ergreifen würde. „Als der ehrwürdige Rektor des Ludwig-Georgs-Gymnasiums mir die ergreifendsten Vorstellungen über meinen Unfleiß machte, wie ich die Plage meiner Lehrer und der Kummer meiner Eltern sei, und was ich denn dächte, was einst aus mir werden sollte, und ich ihm zur Antwort gab, daß ich ein Chemiker werden wolle, da brach die Klasse – und der gute Mann selbst – in ein unauslöschliches Gelächter aus."[2] Ein Chemiker wolle er werden! Einen solchen Beruf gab es ja gar nicht, man konnte ihn weder erlernen noch studieren. Noch nicht.

Der Verlachte selbst würde später dafür sorgen, daß diesem Mangel abgeholfen wurde.

Justus war „fanatisch einseitig". In den Werkstätten der Gerber und der Färber, beim Schmied und beim Messinggießer fühlte er sich zuhause. Dem Seifensieder nebenan sah er beim Seifekochen zu und war stolz, als es ihm in der väterlichen Farbküche gelang, ein Stück weiße Seife, mit Terpentinöl parfümiert, selbst herzustellen. In der Schule zeigte er bei weitem nicht diese Wißbegier. Im Gegenteil, „mein Platz war immer einer der untersten" und „der entgegengesetzte von dem, auf welchem man Prämien erhielt". Justus hatte „an der Schule so wenig Freude, wie sie an ihm".[3]

So konnte sich der schöne Traum, Chemiker zu werden, nicht erfüllen.

Durchschlagender Erfolg in der Dachkammer

Nachdem Justus an der Hürde der Sekunda zum zweitenmal gescheitert war, nimmt Vater Liebig seinen 15jährigen Sprößling an der Hand und bringt ihn nach Heppenheim, damit er in der dortigen Apotheke einen vernünftigen Beruf erlerne. Apotheker Pirsch, der Lehrherr, ist mit seinem Lehrling anfangs sehr zufrieden. Im Labor findet sich Justus schnell zurecht, schließlich ist er mit chemischen Produkten bereits gut vertraut. Doch wirkliches Interesse an der Apothekerei kann sich der junge Mann nicht abgewinnen. Pillendrehen, Salbenreiben „und hinter dem Rezeptiertisch für einen Kreuzer Läusesalbe zu verkaufen", das ist nicht nach seinem Geschmack. „Chemiker will ich werden, und nicht Apotheker!"

Ob es nun des jungen Liebigs Desinteresse ist oder vielmehr die unbändige Lust an heimlichen Experimenten: Schon nach zehn Monaten findet die Lehre ein abruptes Ende. In seiner Dachkammer – der Lehrling hat wieder einmal verbotenerweise mit Knallsilber[4] experimentiert – gibt es eine Explosion, die Kammer ist voller Qualm, das Fenster liegt auf dem Dach, und im Dach selbst klafft ein großes Loch. Das geht dem Herrn Apotheker denn doch zu weit. Er schickt den Lehrling nach Darmstadt zurück. Dort macht sich Justus in Vaters Farbküche nützlich; er versucht sich an der Herstellung von Bremer Blau und Wiener Grün,[5] betätigt sich als Bote, schmökert in der Hofbibliothek in alten Alchemistenbüchern und liegt im übrigen dem Vater in den Ohren, er möge ihn doch endlich auf die Universität schicken.

Es geschieht – aus heutiger Sicht – ein kleines Wunder: Der erst 17 Jahre alte Justus Liebig darf studieren, obwohl er kein Abiturzeugnis in der Tasche hat, ja noch nicht einmal eine abgeschlossene Lehre nachweisen kann. Professor Carl Kastner,[6] Chemiker an der Universität Bonn, will es mit ihm probieren. Mehr noch: Er fördert den Jungen nach Kräften, läßt ihn Vorlesungen hören, gibt ihm kleine Spezialaufgaben im Labor und macht den engagierten Gehilfen bald zu seinem Assistenten.

Ein Jahr später darf Justus Liebig angehenden Medizinern bereits Nachhilfeunterricht in Chemie geben. Als Kastner an die Universität Erlangen berufen wird, nimmt er seinen Schützling mit.

Liebig stürzt sich ins Studium – und ins Studentenleben. Weil er in der Silvesternacht 1821/22 „obrigkeitliche Personen mit beleidigenden Äußerungen bedacht und dem Polizeiwächter Schramm den Hut vom Kopf gestoßen hat", bekommt er drei Tage Karzer. Über sein Erscheinungsbild – wirre Haare, keckes Ziegenbärtchen, Couleurband – rümpfen die Bürger die Nase. Im übrigen aber ist er ein fleißiger Student. Bald erscheinen die ersten Veröffentlichungen, sie betreffen sein Lieblingsthema, das Knallsilber.

Je tiefer Liebig in die Wissenschaft eindringt, um so mehr ist er von seinem Lehrer Kastner enttäuscht. Dessen Vortrag sei „ungeordnet, unlogisch, ganz wie eine Trödelbude der Wissenschaft". Kastner spürt selbst, daß er dem intelligenten Schüler nicht mehr viel zu bieten hat und schlägt ihm vor, nach Paris zu gehen. Dort sei das Fach Chemie viel weiter entwickelt als in Deutschland. Kastner bittet bei der großherzoglichen Regierung um ein Reisestipendium für Liebig, das auch bewilligt wird. 330 Gulden für ein halbes Studienjahr in Paris müssen ausreichen.

Studentenrevolte und Flucht ins „Ausland"

Kurz vor der Abreise tritt eine Komplikation ein. Sie ist typisch für den jungen Feuerkopf. Liebig, inzwischen der Landsmannschaft *Rhenania* beigetreten, beteiligt sich an einem Streit mit Erlanger Bürgern, der in eine solche Keilerei ausartet, daß die hessische Regierung eine Esquadron Kavallerie in die Stadt schickt. Die Studenten bewaffnen sich mit Säbeln, es kommt zu einer Straßenschlacht. Vor der militärischen Übermacht müssen Liebig und seine Kommilitonen aus der Stadt fliehen, ihre Studentenbuden werden durchsucht, aufrührerische Schriften sowie 50 Ellen Couleurbänder beschlagnahmt.

Als die Randalierer eine Woche später nach Erlangen zurückkehren, liegen bereits die Haftbefehle vor. Liebig flieht erneut, sicherheitshalber ins „Ausland“, nach Darmstadt. Aber dort warten schon die Gendarmen auf ihn, er wird verhört und arretiert, nach einigen Tagen, auf persönliche Intervention des Großherzogs, jedoch wieder freigelassen.

Justus Liebig ist gerade 19 Jahre alt, als er in Paris ankommt. An der Sorbonne lehrt Gay-Lussac,[7] der bekannteste französische Chemiker. Die Klarheit seines Vortrags, die hohe Kunst des Experimentierens und seine Meisterschaft in der Beweisführung sind für Liebig eine Offenbarung. „Eitel auf das wenige Wissen kam ich hierher und finde mich auf einmal unter Leuten, unter denen ich selbst der kleinste bin.“ Zum erstenmal ist Liebig gefordert. Er büffelt Chemie und Physik und Französisch, besucht alle Vorlesungen und arbeitet im Labor bis spät in die Nacht. Begeistert schreibt er seinen Eltern: „Die Wissenschaft ist hier nicht mehr der alte Gaul, den man nur zu satteln braucht, um auf ihm zu reiten, sie ist ein geflügeltes Pferd, das, immer mehr entweichend, ich zu erreichen strebe.“

Einladung durch einen Unbekannten

Aus dem halben Jahr Paris werden anderthalb Jahre. Liebig nutzt jede freie Minute für weitere Versuche mit den Knallsäuren. Er entdeckt Knallkupfer, Knallzink, Knalleisen und andere Fulminate, fertigt darüber eine Arbeit an und reicht sie bei der französischen Akademie der Wissenschaften ein. Bei der nächsten Sitzung, am 28. Juli 1823, wird seine Schrift durch Gay-Lussac vorgetragen[8] und mit Beifall bedacht. Dieser Erfolg macht Liebig glücklich und bringt ihm darüber hinaus eine wichtige Bekanntschaft ein. Während er die mitgebrachten Präparate und Gerätschaften einpackt, wird er von einem Landsmann angesprochen. „Mit der gewinnendsten Freundlichkeit wünschte der den Gegenstand meiner Studien ... von mir zu erfahren. Wir trennten uns, ohne daß ich, aus Unerfahrenheit und Scheu, zu fragen wagte, wessen Güte an mir Theil genommen hatte". Liebig weiß nicht, wer der freundliche ältere Herr ist. Nachdem sie längere Zeit miteinander geplaudert haben, lädt ihn der Unbekannte für den nächsten Tag zum Mittagessen ein.

Ein paar Tage später wird Liebig gefragt, warum er nicht zu Tisch erschienen sei, Alexander von Humboldt[9] und seine Gäste, darunter auch Gay-Lussac, hätten auf ihn gewartet. Liebig läuft sofort los, um sich bei dem großen Naturforscher zu entschuldigen. „Diese Unterhaltung ist der Grundstein meiner Zukunft gewesen", erinnert sich Liebig später.

Blitzkarriere durch Protektion – unfreundlicher Empfang in Gießen

Innerhalb von knapp sechs Monaten stellt Liebig seine Dissertationsschrift fertig. Sie trägt den Titel: „Über das Verhältnis von der Mineralchemie zur Pflanzenchemie". Da die Arbeit in deutscher Sprache abgefaßt ist und deswegen in Paris nicht angenommen wird, schickt er sie mit der Post nach Erlangen zu Professor Kastner. Der sorgt dafür, daß ihm die Universität – *in absentia* und ohne jede Prüfung – den Doktortitel[10] verleiht. Einige Monate später erhält der Großherzog einen Brief aus Paris. Absender: Alexander von Humboldt. Darin heißt es, „der Doktor Liebig habe durch überragendes Talent, tiefgründige Kenntnis der Chemie und den Scharfsinn seines Geistes das königliche Institut von Frankreich in Erstaunen versetzt", und Humboldt empfiehlt dem Herzog, „Herrn Liebig die Gunst seiner besonderen Protektion angedeihen zu lassen. Er wird ein Professor sein, der unserem Vaterlande Ehre macht".

Schon im folgenden Monat wird Liebig, gerade 21 Jahre alt, „ohne weitere Befragung" zum außerordentlichen Professor der Chemie an der Universität Gießen ernannt, mit einem Jahresgehalt von 300 Gulden. Er ist der jüngste Professor in deutschen Landen. Liebig sagt später selbstbewußt, er habe „die Erfahrung gemacht, daß ein ausgesprochenes Talent bei allen

Menschen eine unwiderstehliche Begierde erweckt, es auch zur Entwicklung zu bringen".

Man kann nicht sagen, daß Liebig an seiner neuen Wirkungsstätte mit offenen Armen empfangen wurde, im Gegenteil. „Meine Anstellung in Gießen war den meisten Professoren ein Greuel, da man sie darüber nicht gefragt hatte." Das Professorenkollegium bestand aus altehrwürdigen Honoratioren, des jungen Kollegen Bildungsgang entsprach absolut nicht ihren Vorstellungen. Hinzu kam, daß Liebigs Spezialgebiet, das Knallsilber, in ihren Augen fast etwas mit Goldmacherei zu tun hatte. Vor allem aber: Der Lehrstuhl für Chemie war schon besetzt. Wilhelm Zimmermann, ein Theologe, dachte nicht daran, seinen Stuhl zu räumen. Kein Wunder, daß sich da Spannungen aufbauten.

Die meisten Kollegen zeigten offene Ablehnung gegenüber dem Parvenü, „lediglich einige Professoren mit heiratsfähigen Töchtern verhielten sich wohlwollend neutral". Als der junge Professor zum Sommersemester 1825 genau das gleiche fünfstündige Kolleg über anorganische Chemie ankündigte wie der Ordinarius selbst, als der Hörsaal beim eloquenten Neuling übervoll, beim altgedienten Lehrstuhlinhaber dagegen gähnend leer war – da war das Maß voll. Zimmermann beantragte ein Auslandstipendium. Als ihm dieses abgeschlagen wurde, suchte er den Freitod in der Lahn. Für Justus Liebig war das ein schwieriger Start in das Berufsleben.

Schwierig war Liebigs Beginn auch im Hinblick auf die räumlichen Bedingungen. Als Hörsaal stand nur ein halbverfallenes Gartenhaus im botanischen Garten zur Verfügung. Liebig drängte auf einen Neubau. Doch die hessischen Behörden fühlten sich nicht bemüßigt, dem jungen Professor, der sie mit Eingaben bombardierte und einen ziemlich unverschämten Ton anschlug, die nötigen Mittel für einen Neubau zu bewilligen. Nach harten Auseinandersetzungen erzielte Liebig schließlich einen Teilerfolg. Ihm wurde das ehemalige Wachtlokal[11] der Infanteriekaserne auf dem Seltersberg zur Verfügung gestellt.

Die Einrichtung war denkbar primitiv: In der Mitte ein gemauerter Herd für das Sandbad, in einer Ecke ein zweiter

Ofen mit einer Retorte, an den Wänden einfache Holztische für acht Studenten; keinen Stuhl, kein fließendes Wasser, kein Abzug. Zum Lüften mußte man Türen und Fenster öffnen. In der früheren Gewehrkammer waren zwei Waagen[12] aufgestellt, und nur in der offenen Vorhalle, in der kurz zuvor noch die Schildwachen patroulliert waren, konnte mit stinkenden Substanzen experimentiert werden. Einen Arbeitsraum für den Professor gab es nicht; im Obergeschoß stand ein karges Schlafzimmer zur Verfügung. Geräte und Präparate, Retorten und Tiegel, Flaschen und Reibschalen, alles hatte der Professor aus eigener Tasche zu bezahlen. Dabei war Liebigs finanzielle Situation „sehr beengt". Sein Gehalt betrug nur 800 Gulden im Jahr,[13] der Institutsetat war mit 300 Gulden dotiert und reichte gerade, den Labordiener zu bezahlen.

Ein große Zahl prominenter Schüler

Dennoch: In diesen dürftigen, beengten Verhältnissen wurde Chemiegeschichte geschrieben. Die kleine Wachtstube war der einzige Platz in Deutschland, wo angehenden Chemikern ein mit praktischen Übungen verbundener Chemieunterricht geboten wurde. Das sprach sich herum. Immer mehr Studenten kamen nach Gießen, auch aus England, Frankreich, sogar aus Amerika. „Wir arbeiteten, wenn der Tag begann, bis zur sinkenden Nacht. Zerstreuungen und Vergnügungen gab es in Gießen nicht. Die einzigen Klagen, die sich stets wiederholten, waren die des Dieners, welcher am Abend, wenn er reinigen sollte, die Arbeitenden nicht aus dem Laboratorium bringen konnte." Bald mußte im Labor in zwei Schichten gearbeitet werden.

Was Liebig seinen anfangs neun, später bis zu 40 Schülern bieten konnte, war genau das, was er sich in Erlangen immer gewünscht hatte: Vorlesungen und praktische Übungen, die sich gegenseitig ergänzen und von jedem Studenten eigenständiges Handeln verlangen. Die Experimentalvorlesung nach dem Gießener Modell wurde später an allen Universitäten ein-

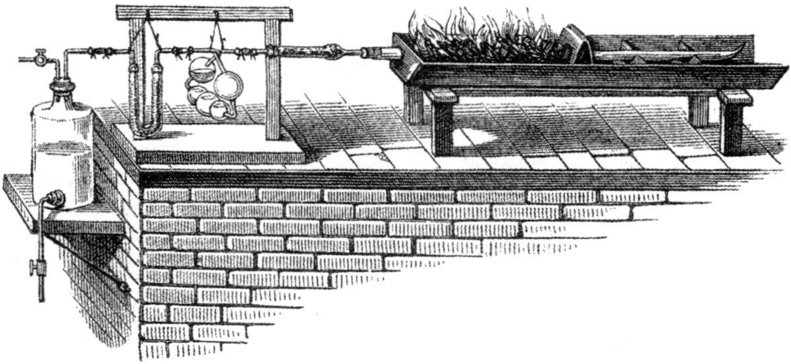

Liebigsche Elementar-Analyse, Holzschnitt um 1830

geführt. Nach 15 Jahren Lehrtätigkeit konnte Liebig 1839 endlich einen Erweiterungsbau einweihen, das damals modernste Laborgebäude der Welt.

Liebigs Format als akademischer Lehrer zeigt sich nicht zuletzt in der großen Anzahl hervorragender Naturwissenschaftler, die seiner Schule entstammen. Liebigs „wissenschaftlicher Stammbaum" umfaßt rund 100 illustre Namen, darunter zahlreiche Nobelpreisträger. Jahr für Jahr wurden aus seinem Gießener Laboratorium wichtige Ergebnisse veröffentlicht. Liebig entdeckte hier das Chloroform, das später als Narkosemittel[14] in der Medizin eingesetzt wurde. Er stellte Chloral her, das erste synthetische Schlafmittel.[15] Die praktische Chemie kam nicht zu kurz. 1835 entwickelte Liebig eine neue Methode zur Herstellung von Silberspiegeln. Bis dahin wurde das Glas einfach mit einer Schicht giftigen Quecksilbers unterlegt. Liebigs Verfahren war wesentlich komplizierter: Das Glas wurde zunächst in einer Zinnsalzlösung „aktiviert", dann mit einer Versilberungslösung aus Silbernitrat, Ammoniak, Ätznatron und Traubenzucker beschichtet, schließlich mit einer Schutzlackierung versehen. An diesem Verfahren zur Spiegelfabrikation hat sich bis heute nicht viel geändert.

Von ungleich größerer Bedeutung waren die von Liebig eingeführten analytischen Untersuchungsmethoden, besonders die quantitative Bestimmung von Kohlenstoff, Wasserstoff und Sauerstoff in organischen Verbindungen.[16] Mit Hilfe dieser Analysenmethoden konnten erstmals wichtige Fragen beantwortet werden. Welche chemischen Bestandteile enthält die Pflanze? Woher kommen diese Substanzen? Was geht mit diesen Bestandteilen im Lebensprozeß der Pflanzen vor sich? Welche Anforderungen stellen die Fruchtpflanzen an den Boden?

Katastrophale Mißernten und ein neues Verständnis des Pflanzenwachstums

Solche Fragen hatten in jenen Jahren eine beängstigende Aktualität gewonnen. In der ersten Hälfte des 19. Jahrhunderts war Deutschland noch ein ausgesprochenes Agrarland. Mehr als die Hälfte der Bevölkerung arbeitete in der Landwirtschaft, mehr als 90 Prozent der Menschen lebten auf dem Land oder in Kleinstädten. Ackerbau und Viehzucht waren die Lebensgrundlage, von der Erntemenge und den Preisen für landwirtschaftliche Produkte hing das Wohl der Bevölkerung ab. Eine katastrophale Mißernte[17] hatte 1816 zu einer dramatischen Hungersnot und Teuerung geführt. In immer kürzeren Abständen folgten weitere Mißernten. Zahlreiche bäuerliche Betriebe waren schon unter den Hammer gekommen, immer mehr Bauern wanderten nach Amerika aus, „dem Land der unbegrenzten Möglichkeiten, wo das Korn noch voll auf den Halmen stand, wo man auf jungfräulichem Boden Rekordernten erzielen konnte“. Große Ackerflächen in Deutschland wurden nicht mehr bewirtschaftet, weil der Ertrag so gering war, daß sich ein Anbau nicht mehr lohnte.

Liebig fühlte sich durch das bäuerliche Elend herausgefordert. Er machte sich daran, mit Hilfe der von ihm entwickelten Elementaranalysen tiefere Einblicke in das chemische und biologische Geschehen zu gewinnen. Allmählich kristallisierte sich für ihn eine neue Theorie des Pflanzenwachstums heraus. „Die Pflanzen entnehmen der Ackerkrume Nährsalze und machen dadurch den Boden ärmer. Wenn die Ertragsfähigkeit der Felder nicht verlorengehen soll, dann müssen dem Acker die verbrauchten Bestandteile wieder zugeführt werden." Wenn diese Theorie stimmte, so hoffte er, müßte es gelingen, „die dringendste Frage des Jahrhunderts zu beantworten", die Frage nämlich, wie man den immer schrecklicher werdenden Hungersnöten Einhalt gebieten könnte.

Je mehr Liebig über diese Frage nachdachte, um so klarer erkannte er, daß die Mißernten auf die Verarmung der Böden an Nährstoffen zurückzuführen sind. Auf eine solche Idee waren die verzweifelten Bauern bisher nicht gekommen. Daß Kartoffeln und Rüben, Weizen und Mais zum Wachstum Nährsalze benötigen, das wurde an den Landwirtschaftsschulen nicht gelehrt. In wenigen Monaten schrieb Liebig seine Erkenntnisse nieder. Sein Buch *Die organische Chemie in ihrer Anwendung auf Agrikulturchemie und Physiologie*[18] war ein Meilenstein in der Geschichte der Landwirtschaft. Doch Liebig erntete mit seiner Theorie nur Spott und eine Menge Ärger. Man glaubte ihm nicht. Wie konnte „ein deutscher Professor, der nie Landwirt gewesen, der nie den Pflug geführt, nie den Acker bearbeitet hat, wie konnte der von seinem Schreibtisch aus diktieren, wie der Landwirt seinen Acker behandeln muß?"

„Seifenblasen, die zerplatzen"

Auch unter den Chemikerkollegen entbrannte über die Agrikulturchemie ein Meinungsstreit von äußerster Härte. Die meisten Forscher glaubten noch immer, die Pflanze erzeuge „in sich selbst die mineralischen Salze, und zwar durch die ihr innewohnende Lebenskraft (*vis vitalis*)". Man hielt die von Liebig propagierten Thesen schlichtweg für Hirngespinste. Sogar sein guter Freund Berzelius[19] äußerte sich abfällig über die Liebigsche Theorie: „Deine Art, Wissenschaft zu behandeln, gibt eine unterhaltsame Lesung. Allein, sie ist aus farbenspielenden Seifenblasen aufgebaut, die von einer genauen Prüfung weggeblasen werden und zerplatzen, ohne Spuren zu hinterlassen." Und an anderer Stelle: „Nein, es thut mir leid, zu sehen, daß ein solches Genie eine falsche Richtung einschlägt." Das Fatale war: Die Kritiker schienen recht zu behalten. Liebig hatte die schlechteren Karten, seine schöne Theorie wurde von der Praxis nicht bestätigt. Der in England nach seinem Rezept großtechnisch hergestellte „Patentdünger"[20] – Pottasche verschmolzen mit kohlensaurem Kalk – zeigte auf den Feldern keinerlei Wirkung.

Der Streit um die nicht beweisbare Düngetheorie Liebigs dauerte 15 Jahre und überschattete die letzten Jahre seiner Lehr- und Forschertätigkeit in Gießen. Auf die öffentlich geäußerten Zweifel an seinen wissenschaftlichen Erkenntnissen reagierte Liebig mit Bitterkeit, Sarkasmus und Polemik. Immer deutlicher zeigten sich nun Charakterzüge, die eine Zusammenarbeit mit ihm erschwerten. Liebig war ein Wahrheitsfanatiker, der sich nie der Mehrheitsmeinung anpaßte. Gegen Lüge und Betrug kämpfte er mit Leidenschaft, gegen Dummheit war er unerbittlich. Mit dichterischem Schwung der Rede wußte er die Menschen mitzureißen, aber ebenso mit schroffer Kritik zu verletzen. Grobheit zog er jedem lauen Kompromiß vor, auch wenn dadurch eine Freundschaft in die Brüche ging.

Liebig war ein Feuerkopf, ihm fehlten Ruhe und Abgeklärtheit. Seine Schüler fürchteten seine Zornausbrüche, doch sie liebten seinen ironischen Witz. Ein Student berichtete ihm stolz, er habe ein universelles Lösungsmittel entdeckt. Liebig: „Was verstehen Sie denn unter universell?" – „Nun, eine Flüssigkeit, in der man alles auflösen kann". – „Das ist ja großartig. Und worin wollen Sie diese Flüssigkeit aufbewahren?" Ein anderes Beipiel: Als Liebig seine Studenten einmal mit hochexplosiven Chemikalien laborieren ließ, wandte sich einer der Studenten an ihn, zwei Reagenzgläser in der Hand. „Herr Professor, wenn ich den Inhalt dieser beiden Gläser vermische, erhalte ich dann Knallquecksilber?" – „Sie nicht mehr" war Liebigs knappe Antwort.

Aus geringfügigem Anlaß kam es 1852 zum Streit mit der hessischen Regierung. Als Liebig die Konsequenz zog und einen Ruf nach München annahm, war das Kollegium in Gießen nicht traurig. Die Spannungen waren unerträglich geworden. In München war für ihn ein neues chemisches Institut gebaut worden, „die schönste und größte chemische Anstalt der Welt“. Hier konnte Justus von Liebig – 1845 war er in den Freiherrnstand erhoben und geadelt worden – mit größerer Ruhe seinen Forschungen nachgehen, zumal er weniger Lehrverpflichtungen zu erfüllen hatte.

Jetzt endlich erkannte Liebig den Grund für die Unwirksamkeit des „Patentdüngers“. Er war von dem Grundgedanken ausgangen, daß die Düngemittel im Wasser unlöslich sein müssen, damit die Salze vom Regen nicht in die Tiefe des Bodens geschwemmt werden, außerhalb der Reichweite der Wurzeln. Das war eine falsche Theorie. Die Wurzeln können die Nährstoffe nur in Wasser gelöst aufnehmen. Der „Patentdünger“ aber war in kaltem Wasser unlöslich. Was Liebig erst später erkannte: Calcium und Kalium reichen für die Pflanzenernährung nicht aus, phosphorsäure-, stickstoff- und magnesiumhaltige Salze sind für die grünen Pflanzen genauso lebenswichtig. „Jeder dieser Nährstoffe ist für die Entwicklung unentbehrlich, ebenso wie Licht und Wasser. Leben und Gedeihen einer Pflanze sind durch die Gegenwart aller dieser Faktoren bedingt, fehlt ein einziger, so bleibt der Überschuß des anderen wirkungslos. Der Ertrag ist von der Menge desjenigen Stoffes abhängig, von dem am wenigsten vorhanden ist.“

Das ist „Liebigs Gesetz des Minimums“, das der sprachgewaltige Forscher mit folgendem Vergleich verdeutlichte: „Nimm ein Holzfaß und fülle es mit Wasser. Der Wasserstand wird immer so hoch sein, wie die kürzeste Faßdaube lang ist.“

„Liebigs Gesetz“ und Ende der Hungersnöte

Liebigs Erleuchtung kam für die Landwirtschaft viele Jahre zu spät. Es hatte in Europa wieder eine Serie von schlimmen Mißernten gegeben, die zu Hungersnöten und zur Verarmung der Landbevölkerung führten. Seit 1844 litt die Bevölkerung unter

Der Hörsaal im chemischen Institut Justus von Liebigs in München

einer extremen Verteuerung der Grundnahrungsmittel. Die Sterblichkeitsrate schnellte in die Höhe, allein in Oberschlesien starben im Frühjahr 1847 rund 16000 Menschen an Hungertyphus. Die Hilfsmaßnahmen des Staates waren unzureichend, es folgte eine tiefgreifende Wirtschaftskrise, die daraus entstehende Massenarmut löste starke soziale Spannungen aus. Sie führten im Frühjahr 1848 in fast allen europäischen Ländern zu revolutionären Unruhen.

Nachdem in den 60er Jahren des 19. Jahrhunderts die Mineralstofftheorie von der Wissenschaft anerkannt und von den Landwirten akzeptiert wurde, setzte sich in den meisten Ländern die Düngung mit Pflanzennährstoffen schnell durch. In England und Deutschland wurden die ersten Düngemittelfabriken[21] gebaut, die Landwirtschaft konnte die Hektarerträge der Felder wieder deutlich steigern. Die Zeit der Hungersnöte ging zu Ende, die Einkünfte der ländlichen Bevölkerung verbesserten sich, die Auswandererzahlen gingen rapide zurück. Kein Zweifel: Justus von Liebig hat mit seiner Lehre von der Pflanzenernährung die Lebensbedingungen der Menschheit entscheidend verbessert. „Kein Mensch hat so vielen anderen Menschen das Lebenkönnen ermöglicht.“[22] Als Liebig seine „Agrikulturchemie“ schrieb, konnten drei Bauern gerade einen Städter ernähren. Heute ernährt ein Landwirt 30 Verbraucher, weil auf dem gleichen Acker bis zu 80mal soviel geerntet werden kann wie in der Mitte des vorigen Jahrhunderts.

Lebensrettender Fleischtrank

In München beschäftigte sich Liebig mit Fragen des Chemismus im menschlichen Körper und der optimalen Ernährung. Er untersuchte nicht nur Körpersäfte und Ausscheidungsprodukte, Muskeleiweiß und Fettgewebe, sondern bearbeitete auch so praxisnahe Fragen wie etwa die Herstellung eines schmackhaften und zugleich haltbaren Brotes und die Zubereitung von Branntwein aus Vogelbeeren. Sogar Rezepte für Säuglingssuppen, für Backpulver und eine neue Art von Sauerkraut standen auf seinem Forschungsplan. Seine Vorliebe für Vollkornbrot und Pumpernickel übertrug er auf die Familie. Liebigs Frau Henriette,[23] die Kinder und Enkel stellten sich jahrelang freiwillig als „Versuchskaninchen“ zur Verfügung.

Ein spezielles Arbeitsgebiet war die Zusammensetzung des Fleisches. Hier vermutete Liebig den Schlüssel zur Aufklärung der damals noch weitgehend unbekannten Stoffwechselvorgänge im menschlichen und tierischen Körper. Sein Interesse für dieses Problem wurde in den ersten Januartagen des Jahres 1854 geweckt, als die Tochter Emma des englischen Sodafabrikanten James Muspratt,[24] damals Gast im Liebigschen Haus, schwer an Typhus erkrankte. Die Ärzte hatten sie schon fast aufgegeben. Das Mädchen konnte keine Nahrung mehr aufnehmen, ihr Gesundheitszustand verschlimmerte sich von Tag zu Tag. Liebig kaufte vier Pfund mageres Rindfleisch, hackte es sehr fein, gab zwei Liter kaltes Wasser und etwas Salzsäure dazu und erhitzte das Ganze ganz langsam auf 70 °C. Nach einigen Stunden hatte sich das Fleisch weitgehend aufgelöst. Diesen Fleischtrank *(Infusum)* flößte er der schwerkranken Patientin löffelweise ein, geduldig Stunde um Stunde, Tag und Nacht. Nach zwei Tagen trat eine merkliche Besserung ein, am vierten Tag war Emma Muspratt über dem Berg.

Liebig war glücklich über diesen Erfolg und schrieb für die von ihm herausgegebenen *Annalen der Chemie*[25] eine kleine Notiz mit der Überschrift „Eine neue Fleischbrühe für Kranke“. Acht Jahre später meldete sich bei Liebig ein Herr Giebert aus Hamburg und unterbreitete ihm ein Angebot. In Uruguay, wo er lange Zeit gearbeitet habe, schlachte man jährlich Hunderttausende von Ochsen, Rindern und Schafen nur ihrer Häute und Felle wegen. Für das Fleisch sei kein Bedarf, es werde in die Flüsse geworfen. Er habe zufällig Liebigs Aufsatz in den *Annalen* gelesen, und sein Rezept zur Herstellung eines Fleischtranks bringe ihn auf die Idee, in Südamerika „Anstalten zur Gewinnung von Fleischextrakt“ zu errichten, um auf diese Weise die immensen Fleischberge zu „verflüssigen“. Die Fleischbrühe könnte man zu pastenartiger Konsistenz eindicken. Der Fleischextrakt ließe sich ohne Schwierigkeiten nach Europa exportieren.[26] Ob Liebig mit ihm zusammenarbeiten wolle?

Liebig war sofort Feuer und Flamme. Er erklärte sich bereit, dem zu gründenden Unternehmen seinen Namen zu geben, „als Gewähr für gute Qualität und Unverfälschtheit des Fleischextraktes“. Zwei Jahre später wurde in Fay Bentos am Unterlauf des Uruguay die *Liebig's Extract Company Ltd.* gegründet. Riesige Schlachthäuser entstanden und Fabrikanlagen, in denen das Fleisch von 200000 Rindern und Ochsen verarbeitet werden konnten. Die mit Justus von Liebigs Konterfei geschmückten Extrakttöpfchen fanden reißenden Absatz in den Ländern der Alten Welt. In Deutschland erzielte die Halbe-Pfund-Dose den stolzen Preis von fünf Mark. Doch das schreckte die Frauen vom Kauf nicht ab, eine Messerspitze des Konzentrats reichte bereits aus, um eine Tasse wohlschmeckender Bouillon zuzubereiten und einem absolut fleischlosen Kartoffelgericht den Geschmack einer Fleischspeise zu verleihen.

Begehrte Sammelbilder

Herr Giebert war ein einfallsreicher Geschäftsmann. Um sich vor Konkurrenz zu schützen, ließ er auf jeder Verpackung den beschwörenden Hinweis anbringen: „Nur ächt, wenn jeder Topf den Namenszug J. v. Liebig in blauer Farbe quer über der Etikette trägt! Man hüte sich vor Fälschungen und Nachahmungen!" Außerdem setzte er ein Instrument ein, das auf den Gebieten Werbung und Drucktechnik Geschichte machen sollte. Fleißige Käufer wurden mit farbigen Sammelbildern belohnt, als „Anerkennung für treue Kundschaft" und als „Ansporn zum stetigen Verbrauche". Die in Paris nach einem eigens dafür entwickelten, neuartigen Verfahren[27] gedruckten Bildchen zeigten farbige Motive von Pflanzen und Tieren, Darstellungen von fernen Ländern und fremden Völkern, Szenen aus Opern und Operetten, Illustrationen aus Märchen und Heldensagen. Auf keinem der naiv-treuherzigen Genrebildchen durfte jener kleine Topf fehlen, um den es vor allem ging: Liebig's Fleischextrakt.

Ein Sammelboom setzte ein. Die Erwachsenen legten goldverzierte Alben an, die Kinder schacherten um die vielfarbigen Bildchen beim Murmelspiel, auf dem Schulhof wurde gefeilscht und getauscht, und am Kindergeburtstag waren die Liebigbilder begehrte Geschenke. Bald erreichten einige Serien Auflagen in Millionenhöhe – und die Viehherden in Südamerika begannen sich zu lichten. Gieberts Kalkulation war aufgegangen.

Die Liebig Sammelbilder sind das erste Beipiel des Einsatzes von farbigen Drucksachen für Werbezwecke. Noch heute werden Alben mit Liebigbildern im Antiquariat feilgeboten, zu Preisen, die den damaligen Wert des Fleischextrakt-Töpfchens weit übersteigen. Justus von Liebig hatte von dem Reklame-Rummel wenig Nutzen, außer, daß der Name Liebig auf einmal in aller Munde war.

Durch die Sammelbilder wurde Liebig berühmter als durch seine Forschungsergebnisse.

Explosion vor königlichem Publikum

In England war es schon seit langer Zeit Sitte, für den gebildeten Laien chemische Vorlesungen zu halten.[28] Als Liebig nach München übergesiedelt war, beschloß er, die Tradition der großen „Abendvorlesungen“ auch in Deutschland zu übernehmen. Sein Anliegen war es, die Naturwissenschaften zu einem Fach der Allgemeinbildung werden zu lassen. Zu seiner Überraschung wurden die Vorlesungen gut besucht, vor allem von den Damen der gehobenen Münchner Gesellschaft. Die Veranstaltungen entwickelten sich zunehmend zu einem gesellschaftlichen Ereignis. Sogar der bayerische Hof fand Gefallen daran, so daß Liebig auch für ihn und für geladene Gäste gesonderte Experimentalvorträge abhalten mußte.

Bei einer der ersten Vorlesungen, zu der der bayrische König Ludwig I., die Königinnen Therese[29] und Maria sowie diverse Prinzessinnen und Prinzen, Gräfinnen und Grafen erschienen waren, gab es einen peinlichen Zwischenfall. Liebig demonstrierte die Verbrennung von Schwefelkohlenstoff mit Stickoxidgas, ein schönes Experiment, das er in seiner normalen Vorlesung schon oft gezeigt hatte. Das hohe Publikum war „über das prachtvoll aufblitzende hellblaue Licht entzückt“ und bat den Vortragenden, das Experiment zu wiederholen. Der Assistent, der den zweiten Versuch vorbereitete, verwechselte jedoch die Gasflaschen. Statt Stickoxid schloß er eine Flasche mit Sauerstoffgas an. „Mit einem Knalle, gleich einem Pistolenschuss, wurde das Glasgefäß in tausend Stücke zerrissen.“

Die Trümmer flogen durch den ganzen Saal, das adlige Publikum war starr und sprachlos vor Schreck. „Königin Therese blutete aus einer zollangen Wunde an ihrer Wange“, auch andere Gäste bemerkten blutende Stellen. Liebig selbst wurde am Körper und an der linken Hand verletzt. Ein großer Glassplitter hatte sich in seine Tabaksdose gebohrt. Der Vorfall fand ein breites Echo in den Gazetten, hatte für Liebig aber keine nachteiligen Konsequenzen. Die Königin schickte ihm eine

Woche später einen Brief: „Die Wunden sind geheilt, und wir sind eminent interessant geworden." Der Vorlesungszyklus wurde planmäßig fortgesetzt.

Die Liebigsche Welt im Glase

Das Thema einer populärwissenschaftlichen Vortragsreihe in der Aula der Münchner Universität war die Assimilation des Kohlenstoffs. Neben Liebigs Vorlesungspult stand immer ein Glasgefäß mit Wasserpflanzen, Goldfischen und Wasserschnecken.[30] Das Besondere dabei war: Das Gefäß war allseitig geschlossen.[31] Liebig wollte damit demonstrieren, daß Pflanzen und Tiere unter Luftabschluß leben können, weil die Pflanzen den Sauerstoff erzeugen, den die Tiere zum Atmen brauchen. Umgekehrt leben die Wasserpflanzen von der Kohlensäure, welche die Fische abgeben. Liebig nannte dies „den Kreislauf des Lebens".

Königin Marie[32] war von „Liebig's kleiner Welt im Glase" so entzückt, daß sie beim Meister ein solches Glashaus für ihren Salon bestellte. Es dauerte nicht lang, da wollten auch andere Damen von Rang auf das schöne Spielzeug nicht verzichten. Bald gehörte das hübsche Arrangement in München zur Einrichtung fast jeden Salons, die gehobene Gesellschaft ließ sich von Handwerkern richtige Miniaturausgaben von Gewächshäusern im victorianischen Stil bauen, um darin kleine Urwaldlandschaften zu pflanzen, Salamander krabbeln und kleine Bachfische schwimmen zu lassen. Ein Aquarium oder Terrarium im Wohnzimmer wurde große Mode und breitete sich in Windeseile über ganz Europa[33] aus.

Die Lärmtrompete der Wissenschaft

„Liebig war von Gestalt nicht groß, eher schmächtig. Über einer imposanten Nase wölbte sich ein hoher Schädel, sein Blick war voll Feuer und Neugier, die dünnen Lippen schienen ewig zu lächeln."[34] Wenn er sich auch ständig über die „literarische Hausknechtsarbeit" und das „verfluchte Bücherschreiben" beschwerte, war Liebig ein glänzender Schriftsteller. Seine Aufsätze und Briefe sind mit bestem Sprachgefühl gestaltet. Die von ihm verfaßten *Chemischen Briefe*[35] gehören zu den Klassikern der populären naturwissenschaftlichen Literatur des 19. Jahrhunderts. Liebig verstand es wie kaum ein anderer, komplizierte Vorgänge verständlich auszudrücken.

Nicht ganz so gut gelang ihm das in freier Rede. Seine Vortragsweise war manchmal stockend und zögernd, jedoch immer mit großer Lautstärke. In Gießen führte er deswegen den Spitznamen „die Lärmtrompete". Andere bezeichneten ihn abfällig als „Schwadroneur der Wissenschaft". Sein Freund Wöhler schrieb: „Noch nie ist der Welt klarer gesagt worden, was Chemie ist." Und Jakob Grimm[36] resümierte: „Die Chemie kauderwelschte in latein und deutsch. Aber in Liebigs Mund wurde sie sprachgewaltig."

Auf der Weltausstellung 1867 in Paris wurde Liebig zum Präsidenten gewählt und für die „Erfindung" des Fleischextrakts mit dem großen Preis ausgezeichnet. Nach der Verleihung wurde er von Kaiser Napoleon III. zum Diner eingeladen. „Die Unterhaltung während des Essens war so ununterbrochen, daß ich kaum essen konnte", heißt es in einem Brief an seine daheim gebliebene Frau. Für Liebig, der immer gerne andere Länder besuchte, war diese Auslandsreise die letzte. Nach München zurückgekehrt, erkrankte er schwer. Es dauerte Monate, bis er sich wieder einigermaßen erholte. In einem Brief an Wöhler heißt es: „Wir sind nicht mehr die alten Hessen. Ich bin jetzt ein 65jähriger Greis, freilich noch ganz lebenslustig mit ziemlich kindlichem Sinn, kann aber kaum noch über einen Graben springen, geschweige über ein galoppierendes Pferd, was mir sonst ein Leichtes war."

Freund Wöhler riet ihm besorgt, sich gesund zu ernähren. „Mache einmal den Versuch und ändere Deine Lebensweise. Laß morgens im Bett die Tasse schwarzen Kaffees weg, frühstücke ordentlich, nimm bis zum Mittagessen kein weiteres Frühstück ein, rauche weniger und nicht so starke Zigarren, trinke bei Tisch nur weißen und keinen roten Wein, vor allem, laß die Arzneien weg ... und arbeite weniger!"

Liebigs letztes Forschungsziel: Lösliches Kaffeepulver

Die guten Ratschläge seines Freundes fanden bei Liebig kein Gehör. Kaum war er wieder auf die Beine gekommen, widmete sich der leidenschaftliche Kaffeetrinker einer neuen Aufgabe. Wie kann man die bei Rekordernten anfallenden Kaffeeüberschüsse der süd- und mittelamerikanischen Länder konservieren? Beim Fleischextrakt war das ganz einfach. Man kocht das Fleisch aus und dampft die Brühe bis zur Trockene ein. Warum sollte dieses Verfahren nicht auch beim Kaffee gelingen? Liebig beschäftigte sich also mit der Entwicklung eines wasserlöslichen Kaffee-Extrakts.[37] Wöhler, der ihn in seinem Labor besuchte, berichtete: „Man traf ihn im Laboratorium fast immer beim Kaffeekochen. Jeder, der ihn besuchte, mußte soviel Kaffeeproben kosten, daß ihm etwas zittrig zumute wurde. Er selbst hat sich sicherlich durch den vielen Kaffee sehr geschadet, er klagte immer über Schlaflosigkeit. Er hatte nicht gelernt, so wie Weinhändler zu kosten, ohne die Probe zu schlucken."

Nicht nur, daß Liebig an dieser Aufgabe scheiterte, er ruinierte auch seine Gesundheit. Zu wenig Schlaf, zuviel Coffein, keine Schonung, das konnte auf die Dauer nicht gutgehen. Es stellten sich Herzprobleme ein, ein Karbunkel im Nacken bereitete ihm heftige Beschwerden. Der Versuch, Linderung durch eine Badekur in Wiesbaden zu finden, brachte wenig Erfolg. Anfang April 1873 schrieb er an Wöhler: „Ob man wohl im Alter an Schlaflosigkeit, ohne eigentliche Krankheit, zu Grunde geht?"

Es war nicht die Schlaflosigkeit, sondern eine Lungenentzündung, die seinem Leben am 18. April 1873 ein Ende setzte.

In seiner Rede zu Liebigs 150. Geburtstag am 12. Mai 1953 sagte der damalige Bundespräsident Theodor Heuß: „Liebig hat mit Vehemenz die Naturwissenschaft zu einer Sache der allgemeinen Bildung gemacht. Denn dieser Mann, der die Methoden der Forschung neu gestaltete, der einer ganzen Wissenschaft einen neuen Rhythmus aufzwang, hat sich mit seiner Stellung als Forscher, als Bildner einer ganzen Generation nicht begnügt. Er war zugleich Propagandist und Popularisator."

Anhang

Zeittafel 1650–1850
der in diesem Buch beschriebenen Entdeckungen
und Erfindungen

1655 Glauber errichtet in Amsterdam die ersten chemischen Handwerksbetriebe.
1709 Böttger erfindet in Dresden das europäische Porzellan.
1766 Cavendish bemerkt bei der Auflösung von Metallen in Säuren die Entwicklung von Wasserstoffgas.
1769 Scheele findet bei der Untersuchung des Weinsteins die erste organische Säure, die Weinsäure. Weitere organische Säuren folgen: Citronensäure (1784), Apfelsäure (1785), Gallussäure (1786) und Milchsäure (1780).
1771 Scheele entdeckt Ammoniak, Schwefelwasserstoff und die Fluorwasserstoffsäure.
1772 Scheele entdeckt bei der Reaktion von Calziumnitrat und Schwefelsäure den Sauerstoff.
1772 Lavoisier weist das Prinzip von der Erhaltung der Masse nach und erkennt, daß die Luft ein zusammengesetzter Stoff ist.
1772 Cavendish bemerkt einen Luftbestandteil, der die Verbrennung nicht unterhält: den Stickstoff.
1774 Scheele entdeckt den Arsenwasserstoff und erkennt das Chlor als Element.
1775 Lavoisier beweist, daß Sauerstoff bei der Verbrennung und Atmung unentbehrlich ist.
1781 Cavendish gelingt die Synthese von „künstlichem" Wasser.
1783 Scheele isoliert aus Olivenöl das Glycerin und aus dem Farbstoff Berliner Blau die Blausäure.
1787 Lavoisier legt in Zusammenarbeit mit drei französischen Wissenschaftlern die erste systematische Nomenklatur der Chemie vor.
1789 Klaproth entdeckt die Elemente Uran und Zirkonium.
1789 Leblanc erfindet eine Methode zur Herstellung von künstlichem Soda. Es ist das erste „großtechnische" Fabrikationsverfahren in der Chemie.
1792 Klaproth entdeckt im Mineral Rutil das Metall Titan.
1797 Klaproth findet (zeitgleich mit Vauquelin) in einem Mineral das Element Chrom.

1798 Klaproth erkennt Tellurium als Element.
1801 Dalton formuliert das Partialdruckgesetz.
1802 Gay-Lussac beschreibt das nach ihm benannte Gesetz über die Wärmeausdehnung der Gase.
1803 Berzelius entdeckt (gemeinsam mit Klaproth und Hisinger) im Schwerspat das Element Cer.
1803 Berzelius setzt die Elektrolyse zur Gewinnung reiner Metalle ein.
1803 Dalton postuliert die chemische Atomtheorie.
1804 Dalton findet das Gesetz der multiplen Proportionen.
1807 Davy isoliert durch Schmelzelektrolyse die Alkalimetalle Natrium und Kalium, im folgenden Jahr auch die Elemente Barium, Strontium, Calcium und Magnesium.
1808 Gay-Lussac formuliert das „Gesetz der multiplen Volumina für Gase".
1815 Davy erfindet die Grubenlampe.
1815 Berzelius führt symbolische Kurzbezeichnungen für chemische Elemente ein.
1818 Berzelius entdeckt im Bleikammerschlamm das Element Selen und veröffentlicht die erste Atomgewichtstabelle.
1819 Döbereiner isoliert aus Kaffeebohnen das Koffein.
1823 Liebig und Wöhler machen die Beobachtung, daß zwei verschiedene Stoffe gleiche Bruttoformeln besitzen können (Isomerie).
1823 Döbereiner erfindet ein Feuerzeug, bei dem sich Wasserstoff an Platinmohr entzündet. Es ist das erste Beispiel einer „Katalyse".
1823 Faraday gelingt die Verflüssigung von Gasen.
1824 Wöhler gewinnt aus Dicyan die Oxalsäure.
1824 Berzelius entdeckt in einem Bachkiesel das Element Silizium.
1825 Faraday isoliert aus Kokereigas den Kohlenwasserstoff Benzol.
1827 Wöhler gewinnt aus Tonerde das Metall Aluminium.
1828 Wöhler gelingt die Isolierung von Beryllium und Yttrium.
1828 Wöhler synthetisiert den Harnstoff und begründet damit die „Organische Chemie".
1829 Berzelius entdeckt in einem norwegischen Mineral das Element Thorium.
1829 Döbereiner findet das Prinzip der „Dreiheit" (Triaden) und legt damit den Grundstein zum Periodensystem der chemischen Elemente.
1830 Berzelius prägt den Begriff „Isomerie".
1831 Liebig verbessert mit dem „Fünfkugel-Kaliapparat" die organisch-chemische Elementaranalyse.
1832 Liebig und Wöhler veröffentlichen eine gemeinsame Arbeit über das Benzoylradikal und begründen damit die für das Verständnis der organischen Chemie bedeutsame Radikaltheorie.
1833 Faraday findet bei der Elektrolyse das nach ihm benannte Äquivalentgesetz und prägt die Begriffe Anode und Kathode, Anion und Kation.

1833 Wöhler entwickelt eine Darstellungsmethode für die Elemente Iridium und Osmium aus Platinrückständen.
1833 Berzelius entdeckt die Polymerie und veröffentlicht seine Theorie der „chemischen Affinitäten“.
1834 Runge isoliert aus dem Steinkohlenteer Anilin und begründet damit die Farbenchemie.
1835 Liebig erfindet ein Verfahren zur Herstellung von Silberspiegeln.
1835 Berzelius prägt den Begriff „katalytische Kraft“.
1839 Liebig führt in Gießen die praxisorientierte Chemikerausbildung ein.
1840 Liebig publiziert sein Werk *Die organische Chemie in ihrer Anwendung auf Agricultur und Physiologie* und begründet damit die Agrikulturchemie.
1855 Liebig formuliert das „Gesetz des Minimums“, nach dem der am wenigsten verfügbare Nährstoff den Ernteertrag bestimmt.

Denkmäler, Museen und Grabstätten

Jöns Jakob Berzelius

Stockholm. Berzelius Museum, Swedish Academy of Sciences, Lilla Frescativvägen 4: Chemikalien, Instrumente, Möbel, Bücher usw. aus dem Besitz von Berzelius.
Berzelius-Park: Bronzedenkmal.
Friedhof Solna: Grabmal.
Museum of Technology, Museivägen 7: Geschichte der schwedischen Chemie.

Väversunda Sögard, Östergötland. Geburtshaus.

Johann Friedrich Böttger

Dresden. Casematten (Böttgers Gefängnis) unter der Brühlschen Terrasse.
Mathematisch-Physikalischer Salon im Zwinger: Brennspiegel und Brennlinsen von W. Tschirnhaus, mit denen Böttger gearbeitet hat.

Meißen. Auf der Albrechtsburg: Das erste Brennhaus der Porzellanmanufaktur.
Staatliche Porzellan-Manufaktur: Steinzeug-Büste aus Böttger-Steinzeug (1810 von A. Weger).

München. Deutsches Museum: Brennlinse von Tschirnhaus, verwendet von Böttger.

Schleiz. Erinnerungstafel am Rathaus.

Henry Cavendish

Cambridge. Madingley Road: Cavendish Laboratory, Universität Cambridge.

Chesterfield, Bakewell-Derbyshire. Im „Chatsworth House", dem Stammsitz der Familie Cavendish und der Herzöge von Devonshire, befindet sich ein Teil des Nachlasses von Henry Cavendish. (Besichtigung nur für Fachleute nach schriftlicher Voranmeldung.)
Derby, Midlands. Grabmal in der Familiengruft der Cavendishs in der All Saints' Church.
London. 11, Bedford Square: Gedenktafel an Cavendishs Wohnhaus.
National Museum of Science & Industry, Exhibition Road: Vitrine mit Laborgeräten.

John Dalton
Birmingham. Museum of Science and Industry, New Hall Street: Bücher und Instrumente.
London. Science Museum, Exhibition Road: Geräte und Andenken.
Manchester. Metropolitan University, J. Dalton building area, Chester Street: Dalton-Denkmal.
Museum of Science and Industry, Liverpool Road, Castlefield: In der Measuring up!-Galerie Meßgeräte, Laborausrüstung und „personalia" von Dalton.
Townhall: Daltonstatue im Eingangsbereich.

Sir Humphry Davy
Genf. Friedhof Plain-Palais: Grabstein.
London. Faraday Museum, Albermarle street: Darstellung der Experimente Davys.
Westminster Abtei: Gedenktafel.

Johann Wolfgang Döbereiner
Jena. Anlagen im Fürstengraben: Gedenkstein (1851) mit Bronzetafel.
Johannisfriedhof, Philosophenweg: Grabmal.
Schaeffermuseum : Originalmodelle des Feuerzeugs.
Villa Hellfeld am Neutor: Gedenktafel.
Vor dem Neubau des Sektionsgebäudes für Chemie: Statue.

Michael Faraday
London. Faraday Museum, Albermarle Street: Zahlreiche Apparate, Bilder, Schriften, Bücher usw.
Hampton Court Green (SW von London): Altersitz.
High-Gate-Friedhof: Grabstein.

Joseph Louis Gay-Lussac
Paris. Friedhof Père-Lachaise, Boulevard Ménilmontant: Grabdenkmal.
Saint Leonard de Noblat (Département Haute-Vienne), Rue Jean Girodoux: Musée Gay-Lussac, mit zahlreichen Exponaten zum Leben und Wirken von Gay-Lussac.
Place Gay-Lussac: Geburtshaus.

Johann Rudolph Glauber

Karlstadt am Main. Markt: Glauber-Brunnen aus Buntsandstein mit der Inschrift „Prüfet alles und behaltet das Gute. J. R. Glauber 1604".
Stadtgeschichtliches Museum: Bücher und Geräte.

Martin Heinrich Klaproth

Berlin. Dorotheenstädtischer Friedhof, Chausseestr.126: Erinnerungstafel, gestiftet von der Firma Siemens zu Klaproths 250. Geburtstag.
Museum für Naturkunde, Invalidenstraße: Teile der Mineraliensammlung von Klaproth.

Wernigerode am Harz. Liebfrauenkirchplatz, Burgstrasse 38, an der Stelle des früheren Geburtshauses: Gedenktafel.

Antoine Laurent de Lavoisier

München. Deutsches Museum: Nachbildung eines Laboratoriums aus der Zeit von Lavoisier.

Paris. Musée National des Techniques, 292 rue Saint-Martin: Sammlung mit Glasgeräten, Instrumenten, Waagen usw. aus dem Besitz von Lavoisier. – Das in manchen Büchern abgebildete Lavoisier-Denkmal wurde 1942 zerstört.

Nicolas Leblanc

Paris. Ehrenhof des Conservatoire des arts et metiers, 292, Rue St. Martin: Bronzeplastik. – Das Grab ist verschollen.

Justus von Liebig

Darmstadt. Kaplaneigasse, hinter dem Justus-Liebig-Haus: Denkmal (gemeinsam mit E. Merck).
Justus-Liebig-Haus der Volkshochschule: Gedenktafel. An dieser Stelle stand Liebigs Geburtshaus.
Luisenplatz: Denkmal vor der Engel-Apotheke (allegorische Frauengestalt, gestaltet von H. Jobst, 1913).

Gießen. Liebig-Museum im ehemaligen Wachthaus, Liebigstraße 12: Hörsaal mit den originalen Bänken; Laboratorium von 1824.
Ostanlage: Säule mit Liebig-Büste.

Heppenheim a. d. Bergstraße. Liebig-Apotheke auf dem Großen Marktplatz: Gedenktafel, „...hier arbeitete als Lehrling Justus v. Liebig."

Köln. Chemische Fabrik Köln-Kalk, Kalker Hauptstraße: Gedenktafel mit Medaillon.

Ludwigshafen a. Rh. Historische Präsenz-Bibliothek der Chemie, Edinburger Weg 10: Dr.-Emil-Heuser-Liebigiana, umfangreichste Liebig-Sammlung mit über 8000 Veröffentlichungen von und zu Liebig.

München. Deutsches Museum: Nachbau des Laboratoriums von Liebig mit Originalinstrumenten.

Maximiliansplatz: Denkmal. „Von dankbaren Schülern und Freunden errichtet".
Südfriedhof: Grabmal (Nr. 40-11-12) mit Bronzebüste.
Bad Salzhausen (Stadtteil von Nidda am Vogelsberg). Gedenktafel an der Kapelle in der Kurallee. Früher: Bittersalzfabrik und Laboratorium. 1824 hatte Liebig dort die Solequellen untersucht und Vorschläge zu ihrer Nutzung ausgearbeitet.

Friedlieb Ferdinand Runge
Billwerder bei Hamburg. Billdeich 140: Gedenktafel mit Medaillon am Geburtshaus.
Oranienburg. Friedhof: Grabdenkmal (Obelisk), gestiftet von der Deutschen Chemischen Gesellschaft.
Kreismuseum, Breite Straße 1: Rungezimmer.
Vor dem damaligen Laborgebäude: Bronze-Standbild
Mühlenstraße 29: Teil des Wohnhauses.

Carl Wilhelm Scheele
Köping. Scheele-Apotheke mit der historischen Einrichtung.
Stralsund. Fährstraße 23: Geburtshaus („Scheelehaus"), Gedenkstein. Im Foyer des Scheele-Hauses Gedenktafel und Medaillenbildnis.
Stockholm. Nordiska Museet, Linnégatan 87: Scheele-Ecke, Porzellan- und Holzgefäße aus der Scheele-Apotheke.

Christian Friedrich Schönbein
Basel. Foyer der Alten Aula, Universität: Marmorbüste.
Friedhof auf dem „Wolfgottesacker": Grabstein.
Oberer Rheinweg 93: ehemaliges Wohnhaus.
Metzingen, Baden-Württemberg. Reutlinger Straße 2 (am Marktplatz): Gedenktafel am Geburtshaus.

Friedrich Wöhler
Frankfurt/Main, Eschersheim. Wöhlerheim, Stiftung von Friedrich Wöhlers Vater: Gedenktafel am Geburtshaus.
Göttingen. Chemisches Institut: Büste aus Marmor über dem Eingang.
Herbartschule, in der Nähe des Chemischen Instituts: Bronze-Standbild auf Porphyr-Sockel, errichtet 1890 durch Geldspenden der *Deutschen Chemischen Gesellschaft*.
Hospitalstraße 10 (heute Seminargebäude), wo Wöhler 1836–1882 wohnte: Relief mit Brustbild aus carrarischem Marmor, eingeweiht 1880 aus Anlaß des 80. Geburtstages.
Museum Göttinger Chemie, Tammannstraße 4: Apparate von Wöhler.
Stadtfriedhof am Groner Tor, Feld 4: Grabstätte mit der Inschrift: „Von Gott zu einer höheren Tätigkeit abberufen, ruht hier die sterbliche Hülle".

Anmerkungen

Johann Rudolph Glauber, S. 13–22

1 *Glauberus redivivus oder Der von Falschen und Gifftigen Zungen ermordtete und mit Lügen und Lästermäulern gleichsam begrabene, nun aber durch Hülff und Zeugnuss der Wahrheit wieder aufgestandene Johann Rudolff Glauber ...*". Verlegt in Franckfurt 1656.
2 hermetisch: geheimnisvoll, okkultistisch.
3 Paracelsus, Theophrastus Bombastus von Hohenheim (1493–1541), Arzt und Begründer der „Iatrochemie".
4 Campherbäume (*Laurus camphora*) wachsen in China und Japan.
5 Ammoniak.

Johann Friedrich Böttger, S. 23–38

1 Don Dominico Emanuele Caetano Graf Ruggieri.
2 König Friedrich I. von Preußen (1657–1713).
3 In der Literatur wird fälschlich auch 1685 als Geburtsjahr genannt.
4 Geldeintreiber.
5 R. Lullus (1235–1315), spanischer Edelmann und Offizier, führte ein ausschweifendes Leben, trat in den Franzsikanerorden ein und verfaßte zahlreiche alchemistische Handschriften. Auf einer Missionsreise in Tunis wurde er von Mohammedanern erschlagen.
6 Paracelsus, Theophrastus Bombastus von Hohenheim (1493–1541), Arzt, Naturforscher, Alchemist und Philosoph.
7 Vitriolöl = Schwefelsäure.
8 Johannes Kunckel von Löwenstern (1630–1703), Alchemist und Glasforscher, Erfinder des Rubinglases.
9 Regulus: ein ausgeschmolzener Metallklumpen.
10 Losprechung: erfolgreicher Abschluß der Lehre.
11 Die Krönung des prunk- und machtsüchtigen Königs fand am 18. Januar 1701 in Königsberg statt.
12 Ein angeblich von Böttger erschmolzener Goldregulus wird noch heute in Dresden aufbewahrt.
13 August II., der Starke, (1670–1733), Kurfürst von Sachsen und König von Polen.
14 Der „Große Nordische Krieg" dauerte von 1700 bis 1706.
15 das sog. Probierhaus oder Goldhaus, an der Südwestecke des Schlosses, neben der Hofapotheke.
16 Hermetik = Alchemie, Magie.
17 Bergrat von Freiberg.
18 Ehrenfried Walther von Tschirnhaus oder Tschirnhausen (1651–1708), Physiker und Philosoph, Freund von Leibniz.

19 Arcanum = Geheimnis, Wundermittel.
20 Die Schweden besiegten 1706 die Sachsen bei Fraustadt und zwangen August zum Verzicht auf die polnische Krone.
21 Vom 5. September 1706 bis 22. September 1707.
22 Heute Jungfernbastei (Brühlsche Terrasse, am Elbufer).
23 1717 tauschte August der Starke sogar 600 sächsische Kavalleristen gegen 150 Porzellanstücke aus dem preußischen Schloß Oranienburg.
24 siehe Anm. 8.
25 Gottfredi Merkers, *Archontologia cosmica* (1649).
26 Das Wort Barzelin oder Porzellan stammt aus dem lateinisch-italienischen Wort porzella = kleines Schwein. Porzellana ist eine Kaurischneckenart, deren Schale porzellanartig weiß und glatt ist.
27 „Frittenporzellan".
28 heutige Bezeichnung: Böttgersteinzeug.
29 Kaoline sind Aluminiumsilikate verschiedener Zusammensetzung. Der Name kommt von dem Berg Kauling in China, der bedeutendsten Fundstätte von Porzellanerde.
30 Diese Rezeptur wurde später noch mehrmals geändert.
31 Ob und in welchem Umfang W. von Tschirnhaus an der Erfindung beteiligt war, läßt sich nicht mehr exakt rekonstruieren. Er war fünf Monate zuvor gestorben.
32 Böttger mußte unter Eid versichern, Sachsen nicht zu verlassen und das „Arcanum" der Porzellanherstellung niemals preiszugeben.
33 Quecksilberdämpfe sind geruchlos, aber stark toxisch. Bei längerer Einwirkung schädigen sie das Nervensystem.

Henry Cavendish, S. 39–51

1 Lord Charles Cavendish hat u.a. das Maximal-Minimal-Thermometer erfunden.
2 Der Zitterrochen sendet Stromschläge bis zu 200 Volt aus.
3 Arsentrioxid, As_2O_3.
4 NO_2.
5 Den Begriff „Gas", dem das griechische Wort *chaos* zugrundeliegt, prägte der belgische Privatgelehrte Jan Baptista van Helmont (1577–1644).
6 *Experiments on Factitous Air* (Experimente mit künstlicher Luft).
7 Calciumcarbonat.
8 Das Kohlendioxid wurde vor Cavendish bereits von Joseph Black (1728–1799) entdeckt.
9 J. Priestley (1733–1804); der eigentliche Entdecker des Sauerstoffs war C.W. Scheele s. S. 63.
10 Fast zur selben Zeit wie der junge Student Daniel Rutherford (1749–1819), dem die Entdeckung heute zugeschrieben wird.
11 Mephitisch, genannt nach der Götttin Mephitis, der Beherrscherin erstickender Dämpfe.

12 Lord Rayleigh (1842–1919), Entdecker des Argon.
13 Sir William Ramsay (1852–1916) entdeckte die Edelgase Helium, Neon, Krypton und Xenon.
14 Eudiometer, erfunden von St. Hales. Das Prinzip beruhte auf der Reaktion von Sauerstoff mit Stickstoffmonoxyd durch einen Zündfunken.
15 Der Metalleudiometer war eine verbesserte Ausführung des bis dahin gebräuchlichen Glaseudiometers.
16 Antoine Laurent de Lavoisier (1743–1794), s. S. 77.
17 Charles Blagden.
18 James Watt (1736–1819) war mit J. Priestley befreundet und hatte ihm gegenüber die Vermutung geäußert, daß das Wasser aus „Sauerstoff und Phlogiston" besteht.
19 Zitat eines Zeitgenossen, Lord Brougham.
20 James Clerk Maxwell (1831–1879), Physiker, bekannt durch die „Maxwell-Gleichungen".
21 Charles Auguste de Coulomb (1736–1806), Coulombsches Gesetz.
22 „He was the richest of all learned man, and very likely also the most learned of all the rich", Nachruf von J. B. Biot, französischer Physiker (1774–1862).

Nicolas Leblanc, S. 52–62

1 Antoine-François de Fourcroy (1755–1809), Professor der Chemie, später Unterrichtsminister und Begründer der *École Polytechnique*. Er spielte in der Französischen Revolution eine zwielichtige Rolle: Seine Unterschrift steht unter dem Todesurteil für seinen berühmten Kollegen Lavoisier (s. S. 77).
2 Rachitis.
3 Tuberkulose.
4 Louis Philippe II., Joseph Orléans (1747–1793), ab 1791 „Philippe Égalité".
5 Doppelsalz Kaliumaluminiumsulfat, häufig verwendet als Rasierstein.
6 Die Erscheinung der Polymorphie und Isomorphie (die Eigenschaft chemischer Verbindungen, in mehreren kristallinen Modifikationen aufzutreten) wurde 1818 von Eilhard Mitscherlich (1794–1883) aufgeklärt.
7 *Cristallotechnique, ou essai sur les phénomnès de la cristallisation ...*, Paris 1802.
8 Livre war sowohl die gesetzliche Währungseinheit vor Einführung des Franc 1795 als auch eine Gewichtseinheit (Pfund).
9 Die Bezeichnung „Pottasche" kommt von dem Gewinnungsverfahren: Die Holzasche wurde mit Wasser ausgelaugt, die Lauge in Töpfen (Pötten) eingedampft.
10 Barilla ist eine Strandpflanze (spanisch *salsola*, italienisch *soda*, daher die Bezeichnung Soda). Die aus verbrannten Barillapflanzen entstehen-

de natriumcarbonathaltige Asche wurde im Handel ebenfalls als Barilla bezeichnet.

11 Kernseife ist eine harte Seife, im Unterschied zu der aus Pottasche hergestellten Schmierseife.

12 Jean Darcet (1725–1801), der erste Professor am *Collège de France*, später Direktor der Porzellanmanufaktur von Sèvres.

13 Michel Jean Jerôme Dizé (1764–1852).

14 Natriumsulfat, benannt nach J. R. Glauber (1604–1670), s. S. 13.

15 Weiße Kalke (Calciumcarbonat), aus der Kreidezeit stammende Ablagerungen von Muscheln.

16 Siehe H. Schelenz, *Chemische Industrie* 40/1917, S. 278.

17 Der Vertrag wurde am 12. Januar 1790 auf 20 Jahre abgeschlossen.

18 Das Sodapatent war eines der ersten Verfahrenspatente.

19 Auch in Deutschland wurde 1802 eine kleine Sodafabrik gebaut, in Schönebeck an der Elbe.

20 James Muspratt (1793–1886).

21 August Wilhelm Hofmann (1818–1892), Professor der Chemie in London, Bonn und Berlin, Begründer der *Deutschen Chemischen Gesellschaft* 1867, geadelt 1888.

Carl Wilhelm Scheele, S. 63–76

1 Das heutige Göteborg in Südschweden.

2 Verkaufsraum der Apotheke.

3 Anders Jahan Retzius (1742–1821), später Professor in Lund.

4 Joseph Priestley (1733–1804), englischer Prediger und Privatgelehrter.

5 Die elementare Natur des Chlors wurde erst 1810 von Davy (1778–1829), s. S. 126, entdeckt. Er bezeichnete das Gas als *chlorine* (von griechisch *chloros* = gelbgrün).

6 Georg Ernst Stahl (1659–1734), Professor der Medizin und Chemie in Halle. Begründer der Phlogistontheorie.

7 J. Priestley (1733–1804), entdeckte den Sauerstoff 1774 beim Erhitzen von Quecksilberoxid, einem Mittel gegen Geschlechtskrankheiten.

8 Antoine Laurent de Lavoisier (1743–1794), s. S. 77, beanspruchte die Sauerstoffentdeckung 1775.

9 Erfunden von dem Berliner „Farbenkünstler" Diebach, daher der Name „Berliner Blau".

10 Cyanwasserstoff, HCN.

11 Schwefelswasserstoff, H_2S.

12 auch als „Schweinfurter Grün" bezeichnet.

Antoine Laurent de Lavoisier, S. 77–90

1 Maximilien de Robespierre (1758–1794), Jurist, Führer des Revolutionstribunals. Er starb zwei Monate nach Lavoisier selbst auf dem

Schafott. Manchmal wird das Zitat auch dem Richter Coffinhal zugeschrieben.

2 Die Jakobiner waren ein politisch einflußreicher Klub, benannt nach ihrem Versammlungsort im Kloster Saint-Jacques in Paris.

3 *Traité élémentaire de chimie* (1789).

4 Georg Ernst Stahl (1659–1734), Professor in Halle an der Saale.

5 Nach der Lehre von Aristoteles (384–322) existieren vier Grundelemente: Feuer, Wasser, Erde und Luft.

6 Joseph Priestley (1733–1804), freigeistiger Theologe in England und Amerika.

7 Carl Wilhelm Scheele (1742–1786), Apotheker und Privatgelehrter in Schweden, s. S. 63.

8 Die Bezeichnung *Oxygène* verwendete Lavoisier erst vier Jahre später.

9 100 Jahre vor Lavoisier hatte bereits der englische Arzt John Mayow (1643–1679) die Atmungs- und Verbrennungsvorgänge nahezu richtig gedeutet.

10 Die erste Knallgasexplosion und damit die synthetische Herstellung von Wasser gelang Lavoisier am 24. Juni 1784. Die Versuchsanordnung stammte allerdings von Cavendish, sie war Lavoisier zugespielt worden.

11 Die Verbrennung des Diamanten führte Lavoisier bereits 1773 vor.

12 Antoine-François de F. Fourcroy, Claude Louis Berthollet und Guyton de Morveau.

13 Sein Buch *Méthode de nomenclatur chimique* begründete die noch heute gültige, binäre Nomenklatur der anorganischen Chemie.

14 1790 hatte die französische Nationalversammlung eine Kommission mit der Schaffung eines neuen Einheitensystems beauftragt. Sie bestimmte am 7. April 1795 den Meter als Einheit der Länge. Lavoisier war 1793 aus der Kommission entlassen worden.

15 Jean-Paul Marat (1743–1793), Mediziner, radikaler Wortführer der Sansculotten. Mit ihm begannen die Massenmorde während der französischen Revolution.

16 Marat wurde am 13. Juli 1793 von Charlotte Corday d'Armont ermordet.

17 Profoß = Stockknecht.

18 Heute: *Place de la Concorde*.

19 Joseph Louis Lagrange (1763–1813), französischer Mathematiker.

20 Antoine François de Fourcroy (1755–1809), Professor am *Jardin du Roi*, Unterrichtsminister.

Martin Heinrich Klaproth, S. 91–101

1 Wendland'sche Apotheke in der Mohrenstraße.

2 Die Universität Berlin wurde 1809 von Wilhelm von Humboldt (1767–1835) gegründet.

3 Andreas Sigismund Marggraf (1709–1782), Direktor des chemischen Laboratoriums der Akademie der Wissenschaften in Berlin.
4 Apothekergehilfe, der die pharmazeutischen Präparate mischt.
5 Gegründet von Valentin Rose (1736–1771), Erfinder des gleichnamigen Metalls.
6 Antoine Laurent de Lavoisier (1743–1794), s. S. 77.
7 Georg Ernst Stahl (1659–1734), Professor der Medizin in Halle.
8 Die im Laufe einer Analyse erhaltenen Niederschläge mußten durch fortgesetztes Trocknen oder Glühen bis zur absoluten Gewichtskonstanz gebracht werden.
9 Zitat Jöns Jakob Berzelius (1779–1848), s. S. 141.
10 Wertvolles Silbererz.
11 Wulfenit, ein molybdenhaltiges Bleierz.
12 Erst später stellte sich heraus, daß es sich nicht um das reine Uranmetall, sondern um Uranoxid handelte.
13 Sir Friedrich Wilhelm Herschel (1738–1822), deutsch-englischer Astronom, Entdecker der Infrarotstrahlung.
14 Henri Becquerel (1852–1908), französischer Physiker.
15 Was Klaproth gefunden hatte, war in Wirklichkeit unreines Zirkoniumoxid; metallisches Zirkonium wurde erst 1824 von Jöns Jakob Berzelius (1779–1848) isoliert, s. S. 141.
16 Die Entdeckung des Chroms erfolgte 1797 zeitgleich, aber unabhängig von Nicolas Vauquelin (1763–1829), dem allgemein das Erstrecht zugesprochen wird.
17 Jöns Jakob Berzelius (1779–1848), s.S. 141.
18 August Wilhelm von Hofmann (1818–1892), Mitbegründer und erster Präsident der *Deutschen Chemischen Gesellschaft* (1867).
19 Manna, der süße, eingedickte Saft einer Eschenart, wurde als Abführmittel verwendet.
20 Guano, die halbfossilen Exkremente von Seevögeln, wird heute noch als Düngemittel verwendet. Die Ablagerungen an der Küste von Chile sind bis zu 80 m dick.
21 Hans Werner Schütt, *Chemie in unserer Zeit*, 23/1989, S. 50–52.
22 Archäologische Chemie.
23 *Beiträge zur chemischen Kenntnis der Mineralkörper*, erschienen zwischen 1795 und 1815.
24 Der Vorschlag kam von Wilhelm von Humboldt.
25 Die heutige Humboldt-Universität Unter den Linden.
26 S. Anm. 18.

John Dalton, S. 102–114

1 Benjamin Franklin (1706–1790), amerikanischer Politiker und Naturwissenschaftler, Erfinder des Blitzableiters.
2 Die Farbenblindheit wurde im Jahr 1792 entdeckt; Dalton war damals 26.

3 Dyschromasie.
4 Dalton blieb unverheiratet.
5 *Meteorological Observations and Essais* (1793).
6 NO_2 und N_2O_3.
7 Daltons Partialdruck-Gesetz (1803).
8 Die Abhandlung trägt das Datum vom 21. Oktober 1803, gedruckt wurde sie erst im November 1805.
9 Dies ging über die Lehre des griechischen Philosophen Demokrit weit hinaus. Diese besagte, daß alle Materie letztlich aus unendlich vielen, unteilbaren (atomos = unteilbar), jedoch gleichen Teilchen zusammengesetzt sei.
10 Allgemeine Anerkennung fand die Atomtheorie zwischen 1911 und 1913 durch die Atom(hüllen)modelle von E. Rutherford (1871–1937) und Niels Bohr (1885–1962).
11 Joseph Louis Gay-Lussac (1778–1850) war 1804 mit einem Wasserstoffballon bis auf 7376 m aufgestiegen und hatte dort Luftproben gesammelt (s. S. 115).
12 Daltons Gesetz der multiplen Proportionen.
13 J. J. Berzelius (1779–1848), s. S. 141, bezeichnete die Daltonschen Symbole als „grauenhaft".
14 Das dreibändige Werk erschien zwischen 1808 und 1827.
15 J. P. Joule (1818–1889), Mitbegründer der Wärmelehre, „Joulesches Gesetz der Stromwärme". Nach Joule ist die SI-Einheit der Energie benannt.
16 *Philosophiae Naturalis Principia Mathematica,* kurz *Prinzipia.*
17 Insgesamt soll Dalton in seinem Leben 200 000 Wetterdaten registriert haben.
18 Wilhelm Ostwald (1853–1932), deutscher Chemiker, Physiker und Philosoph, Nobelpreis für Chemie 1909.

Joseph Louis Gay-Lussac, S. 115–125

1 Claude-Louis Berthollet (1748–1822), einer der angesehensten Naturforscher seiner Zeit.
2 Die von Berthollet erfundene „Chlorbleiche" hatte am Ende des 18. Jhs. in vielen Textilfabriken Eingang gefunden. Das bräunliche Baumwollgewebe wurde mit Hilfe von Kaliumhypochlorit (*Eau de Javelle,* benannt nach der Fabrik) weißgebleicht.
3 Repetitor = Hilfslehrer, Aufseher.
4 Gay-Lussacsches Gesetz: $V_t = V_0\ (1 + a \cdot t)$, wobei a = 1/273 ist. Das Gesetz gilt strenggenommen nur für ideale Gase.
5 Die Bezeichnung „absoluter Nullpunkt" stammt von John Dalton (1766–1844), s. S. 102.
6 Das *Institut de France* war die Dachorganisation der fünf französischen Akademien.

7 Jean-Baptiste Biot (1774–1862), französischer Physiker.
8 Die Charlière, benannt nach dem französischen Ballonpionier Jaques Alexandre César Charles, war ein mit Gummilösung imprägnierter, mit Wasserstoffgas gefüllter Freiballon. Erster Aufstieg am 5. Juni 1783.
9 John Dalton (1766–1844), englischer Naturforscher, s. S. 102.
10 Anekdote nach einer Überlieferung durch Dominique François Jean Arago (1786–1853), französischer Physiker, Direktor des Pariser Observatoriums.
11 Sir Humphry Davy (1778–1829), s. S. 126.
12 Louis-Jacques Thenard (1777–1857), Professor in Paris.
13 Davy hatte 1807 aus 2000 Volta-Säulen ein kleines Elektrizitätswerk gebaut, um aus Salzschmelzen die Metalle abscheiden zu können (s. S. 133).
14 Die Sorbonne wurde bereits im 13. Jh. durch Robert von Sorbon gegründet, dem Hofkaplan Ludwigs des Heiligen.
15 Die Elementsymbole (z.B. H für Wasserstoff, O für Sauerstoff) kamen erst zehn Jahre später durch den schwedischen Chemiker Jöns Jakob Berzelius in Mode, s. S. 141.
16 Diese Hypothese hatte erstmals Graf Amadeo Avogadro (1776–1856) aufgestellt.
17 Nach einem Bericht von D. F. Arago (1786–1853).
18 Auf diese Entdeckung kam er durch eine Beobachtung des Salpetersieders Courtois (1777–1838). Dessen Katze hatte eine Flasche mit Vitriol (Schwefelsäure) umgestoßen, die Säure vermengte sich mit der Asche von Meeresalgen, wobei violette Dämpfe entwichen.
19 Die Blausäure wurde erstmals 1783 von Carl Wilhelm Scheele aus Berliner Blau gewonnen (s. S. 73). Es gelang ihm aber nicht, die Konstitution aufzuklären.
20 Ein Radikal ist ein Element, das ein ungebundenes Elektron besitzt. Gay-Lussac bewies, daß sich u.U. auch zusammengesetzte Elemente (etwa C und N) wie Radikale verhalten. Später zeigte es sich allerdings, daß das Cyan kein Radikal ist, sondern eine dimere Verbindung.
21 Justus von Liebig (1803–1873), s. S. 233.
22 Nach dem (inzwischen längst veralteten) Bleikammerverfahren.
23 Das Wort Pipette ist aus dem französischen Wort pipe = (Tabaks-)-Pfeife abgeleitet. Eine *pipette* ist ein kleines Pfeifchen.
24 1832 war Gay-Lussac zum „Pair de France“ ernannt worden.
25 „Lieben wir uns bis zum letzten Augenblick, wahrhaftige Liebe ist das einzige Glück“ (Arago in seiner Biographie von Gay-Lussac).
26 „Ach wie schade ist es doch, jetzt schon gehen zu müssen; gerade jetzt, wo es anfängt, richtig lustig zu werden.“

Sir Humphry Davy, S. 126–140

1 Antoine Laurent de Lavoisier (1743–1794), französischer Chemiker, s. S. 77.

2 Das Gesetz über die Umwandlung von Arbeit in Wärme wurde erst 1847 durch James Prescott Joule aufgestellt.
3 Samuel Mitchell. Das Distickstoffmonoxid hatte 1773 als erster Joseph Priestley synthetisiert.
4 Distickstoffoxid, N_2O.
5 Lachgas – diese Bezeichnung stammt von Davy – wird als Inhalationsnarkotikum verwendet.
6 das *Pneumatische Institut* in Bristol
7 In diesem Buch schlug er das Lachgas als Anaesthetikum bei Zahnbehandlungen vor. Der Hinweis wurde damals jedoch nicht beachtet. Erst 44 Jahre später griff der Amerikaner Horace Wells diese Idee auf.
8 Graf Rumford, früher Sir Benjamin Thompson (1753–1814). 1785 war er bayerischer Kriegsminister, begründete in München den Englischen Garten und erfand die Rumford-Suppe. Rumford heiratete später Lavoisiers Witwe.
9 Daher die Bezeichnung „Penny-Vorlesungen".
10 Zitat des Faraday-Biographen Pearce Williams.
11 Alessandro Guiseppe Antonio Graf Volta (1745–1827), italienischer Physiker.
12 Jöns Jakob Berzelius (1779–1848), zitiert aus dem Reisetagebuch Sommer 1812, s. S. 141.
13 Michael Faraday (1791–1867), englischer Naturwissenschaftler, Davys Nachfolger, s. S. 169.
14 Joseph Louis Gay-Lussac (1778–1850), Professor der Physik und Chemie in Paris, s. S. 115.
15 André Marie Ampère (1775–1836), französischer Physiker.
16 Courtois entdeckte das Jod 1811 in dem aus Strandpflanzen gewonnenen Soda.
17 So benannt wegen der blauen Dämpfe (griechisch *iodes* = veilchenfarbig).
18 Sir Joseph Banks (1743–1820), Mitbegründer der *Royal Society*.
19 *Consolations in Travel, or the Last Days of a philosopher*, in: *The Collected works of Sir H. Davy*, London 1839.

Jöns Jakob Berzelius, S. 141–154

1 *Nova analysis aquarum Medariensum.*
2 Adjunkt: Gehilfe, der einem Beamten beigeordnet ist.
3 Von dieser Hochschule wird der Nobelpreis für Medizin verliehen.
4 In Österreich ist der Begriff Eprouvette z. T. noch heute gebräuchlich.
5 Das Papier aus langfaseriger Masse konnte nur im Winter hergestellt werden. In noch feuchtem Zustand mußte es gefrieren. Es wurde weltbekannt als „schwedisches Filterpapier".
6 Die „Berzeliuslampe" fand in der ganzen Welt Verbreitung. Sie wurde erst 1857 durch den Bunsenbrenner abgelöst.

7 Gummischläuche gab es erst 20 Jahre später, nach der Erfindung der Gummivulkanisation durch Charles Goodyear (1839).
8 Die Lötrohrprobierkunst ist eine sehr alte schwedische Methode zur Bestimmung der Minerale.
9 Die erste Atomgewichtstabelle wurde 1803 von John Dalton (1766–1844) erstellt, s. S. 102.
10 Das erste chemische Forschungslaboratorium richtete Justus von Liebig 1824 in Gießen ein, s. S. 233.
11 Friedrich Wöhler (1800–1882) arbeitete 1823/24 mit Berzelius zusammen, s. S. 214.
12 Die erste Katalyse wurde 1823 von Döbereiner beobachtet, s. S. 167.
13 Richard Kuhn (1900–1967), entdeckte 1931–33 die Vitamine A und B12.
14 Adolf Butenandt (1903–1995), isolierte 1931 das Sexualhormon Androsteron.
15 Als Isomerie wird die Erscheinung bezeichnet, daß chemische Verbindungen mit gleichen Bruttoformeln unterschiedliche Strukturformeln aufweisen können.
16 Allotropie: Elemente in zwei Erscheinungsformen, z. B. Kohlenstoff als Diamant und Graphit.
17 „Alle chemischen Vorgänge spielen sich ab zwischen ganz bestimmten Gewichtsmengen der beteiligten Stoffe."
18 Fulminate sind die sehr explosiven Salze der Knallsäure.
19 John Dalton (1766–1844), Begründer der Atomtheorie, s. S. 102.
20 Fast gleichzeitig mit dem Berliner Chemieprofessor Martin Heinrich Klaproth (1743–1817), s. S. 91. Über die Priorität gab es zwischen den beiden Erfindern einen heftigen Streit, der aber schnell beigelegt wurde.
21 William Hyde Wollaston (1766–1628).
22 1817 hatte sich Berzelius finanziell an einer Schwefelsäurefabrik in Gripsholm beteiligt. Das Unternehmen endete wieder mit einem Fiasko.
23 Sefström isolierte zwar die schön gefärbten Metallsalze, nicht aber das reine Metall. Dies gelang 1867 dem englischen Chemieprofessor Sir E. Roscoe (1833–1915).
24 Der Name stammt aus dem sächsischen Erzbergbau. Die wolframhaltigen Erze störten die Reduktion des Zinnsteins. Die Bergleute glaubten, sie reißen das Zinn fort, „wie der Wolf das Schaf".
25 *Anil* ist das portugiesische Wort für Indigo.
26 Friedrich Wöhler (1800–1882), Professor der Chemie in Göttingen, s. S. 214.
27 Berzelius wurde schon mit 26 Jahren zum Präsidenten der Schwedischen Akademie der Wissenschaften ernannt. Seit 1818 war er ihr ständiger Sekretär.
28 *Lärbok i Kemien*, 3 Bände, Uppsala 1808–1818.

Johann Wolfgang Döbereiner, S. 155–168

1 Münchberg bei Hof.
2 Justus von Liebig (1803–1873), einer der bedeutendsten deutschen Chemiker, Begründer der Agrikulturchemie, s. S. 233.
3 E. Erlenmeyer (1825–1909), Erlenmeyersche Synthesen, Erlenmeyerkolben.
4 M. H. Klaproth (1743–1817), Professor der Chemie und Mineralogie in Berlin, s. S. 91.
5 Die Straßburger Universität war im Zug der französischen Revolution geschlossen worden.
6 Zwischen Hof und Bayreuth.
7 Adolph Ferdinand Gehlen, Professor an der Universität München, Herausgeber des *Journals für Chemie, Physik und Mineralogie*.
8 Johann Friedrich August Göttling (1755–1809), Verfasser des ersten Lehrbuchs der Chemie für Hochschulstudenten.
9 Vermerk in den Universitätsakten.
10 Berufungen an die Universitäten Bonn, Halle, München, Würzburg und Dorpat lehnte er ebenso ab, wie das Angebot des Zaren, ihn mit dem erblichen Adelstitel zu beleihen, wenn er in seine Dienste träte.
11 Aktionäre waren der Herzog von Weimar und seine Familie.
12 Später die „pharmakologische Anstalt".
13 Nach dem Umzug kamen weitere drei Kinder hinzu.
14 Stöchiometrie (von griechisch *stocheia* = Grundstoff und *metron* = Maß): die Lehre von der mengenmäßigen Beschreibung chemischer Reaktionen.
15 Geheimhalten.
16 Dimitri Iwanowitsch Mendelejew, russischer Chemiker (1834–1907). Schreibweise häufig auch Mendelejeff.
17 Erfinder der Sicherheitszündhölzer auf der Basis von rotem Phosphor war Döbereiners Schüler Rudolph Christian Boettger, Professor in Frankfurt am Main (1844).
18 Die Bezeichnung „Katalyse" stammt von Jöns Jakob Berzelius, s. S. 141.

Michael Faraday, S. 169–182

1 Stadtteil von London, heute „Elephant & Castle".
2 Kondensator.
3 Sir Humphry Davy (1778–1829), s. S. 126.
4 Die *Royal Institution* war 1799 auf Vorschlag von Graf Rumford (Erfinder der gleichnamigen Suppe) zur Förderung der Wissenschaften gegründet worden.
5 Stickstofftrichlorid, eine hochexplosive Verbindung.
6 Jean Baptiste André Dumas (1800–1884).
7 Distickstoffmonoxid, Inhalationsnarkotikum.

8 Sicherheitslampe von Davy, s. S. 126.
9 Hans Christian Oersted (1777–1851), dänischer Physiker.
10 Die Verbesserung optischer Gläser geht auf den deutschen Physiker Joseph von Fraunhofer (1787–1826) zurück.
11 Julius Robert Mayer (1814–1878) formulierte 1845 das Gesetz von der Erhaltung der Energie.

Friedlieb Ferdinand Runge, S. 183–198

1 Johann Wolfgang Döbereiner (1780–1849), s. S. 155.
2 Die Methode war nicht ganz neu: Bereits im Mittelalter träufelten sich die Damen Tollkirschensaft in die Augen, um den begehrten „feurigen Blick" zu bekommen.
3 Chinarinde wurde aus tropischen Cinchona-Bäumen gewonnen.
4 Weißes, bitter schmeckendes Pulver, das häufig gegen Malaria, Grippe und Fieber eingesetzt wurde. Zeitgleich (1820) isolierten auch Pelletier und Caventou den Wirkstoff aus der Chinarinde.
5 Johann Christian Poggendorf (1796–1877), Professor der Physik, Verfasser des *Handwörterbuchs der exakten Naturwissenschaften.*
6 Zitat nach Hoffmann von Fallersleben (1797–1874), dem Dichter des Deutschlandliedes.
7 Aus Runges Patent, eingereicht am 4. 11. 1822.
8 Runge wird Professor für Technische Chemie an der Universität Breslau.
9 Robert Wilhelm Bunsen (1811–1899), Professor der Chemie in Heidelberg.
10 Die *Preußische Seehandlung* wurde 1772 von Friedrich dem Großen gegründet, um „unter preußischer Flagge Seeschifffahrt zu betreiben".
11 Jöns Jakob Berzelius meinte nach seinem Besuch 1829, er habe keine zweite Chemiefabrik dieses Umfangs gesehen, weder in Frankreich, noch in England.
12 Türkischrotöl ist sulfatiertes Rizinusöl, das schon im Mittelalter für das Färben von Baumwolle, Wolle und Seide eingesetzt wurde.
13 Der englische Fabrikant Wise brachte 1803 erstmals Schreibfedern aus Stahl in den Handel. Sie hatten den Nachteil, daß sie rosteten, wenn saure Tinte verwendet wurde.
14 Die Tinte enthält heute organische Farbstoffe.
15 Salmiak, *salum ammoniakum* = Ammoniumchlorid.
16 Salmiakgeist = verdünnte Ammoniaklösung.
17 Die Bezeichnung Phenol stammt von dem elsäßischen Chemiker Charles Gerhard (1816–1856).
18 Phenol wurde 1867 von dem englischen Chirurgen Jodeph Baron Lister als Antisepticum in der Wundbehandlung eingeführt.
19 Robert Koch (1843–1910), Arzt und Mikrobiologe in Berlin.

20 Calciumchloridhypochlorid, stark desinfizierendes und desodorierendes Pulver. Die „Rungesche Chlorkalkprobe“ ist ein spezifischer Nachweis für Anilin.
21 Die Bezeichnung Anilin ist ein Kunstwort aus dem portugiesischen Wort für Indigo: *anil*. Runge nannte das Anilin noch „Kyanol“, aus griechisch *kyanos* = blau und lateinisch *oleum* = Öl, also Blauöl.
22 Aminoverbindungen wie Pyridin, Anilin usw.
23 Henry William Perkin (1838–1907).
24 Zehn Jahre zuvor hatte Carl Ludwig von Reichenbach (1788–1869) Paraffin bereits im Holzteer entdeckt. Davon wußte Runge jedoch nichts.
25 August Wilhelm von Hofmann (1818–1892), Chemieprofessor in London, Bonn und Berlin, Begründer der *Deutschen Chemischen Gesellschaft*.
26 Bericht über die *Chemische Analyse der organischen Basen im Steinkohle-Theeröl*.
27 Zwei Ausgaben: *Zur Farbenchemie. Musterbilder ...*, 1850, und *Der Bildungstrieb der Stoffe, veranschaulicht in selbständig gewachsenen Bildern*, 1855. Etwa 15–20 dieser Bücher befinden sich als große Raritäten in verschiedenen Bibliotheken.
28 Archer John Porter Martin (geb. 1910) und Richard Laurence Millington Synge (geb. 1914) teilten sich den Nobelpreis für Chemie 1952.
29 Er widmete das Rezept für den weichen, gut verdaulichen Gurkensalat den „Mitgliedern der weitverzweigten zahnlosen Gesellschaft“. Die meisten älteren Menschen hatten damals große Zahnlücken.
30 *Hauswirthschaftliche Briefe*, 1. und 2. Dutzend, Berlin 1866, Oranienburg 1867, Nachdruck Leipzig 1988.
31 Die Produktion von künstlichem Dünger begann in Deutschland einige Jahre später: 1857 in Heufeld, Oberbayern, 1858 in Biebrich am Rhein.
32 König Friedrich Wilhelm IV. von Preußen.
33 In Höchst am Main: *Meister Lucius & Brüning*, heute *Hoechst AG*; in Biebrich: *Kalle & Comp.* , heute Werk der *Hoechst AG*; in Elberfeld: *Friedrich Bayer et comp.*, heute *Bayer AG*.

Christian Friedrich Schönbein, S. 199–213

1 Herausgeber von *Dinglers Polytechnisches Journal*.
2 Friedrich Wilhelm Joseph Schelling (1775–1854), bedeutender Vertreter der Naturphilosophie.
3 Friedrich August Fröbel (1782–1852), Pädagoge, gründete 1837 eine „Pflege-, Spiel- und Beschäftigungsanstalt für Kleinkinder“, den ersten deutschen Kindergarten.
4 Joseph Louis Gay-Lussac (1778–1850), Professor für Chemie und Physik, s. S. 115.
5 André Marie Ampère (1775–1836), Professor für Physik, Entdecker der Elektrodynamik.

6 Ozon selbst ist geruchlos; der Geruch stammt von der Verunreinigung durch Stickoxide.
7 Jöns Jakob Berzelius (1779–1848), Professor der Chemie in Stockholm.
8 Wenn ein Element in verschiedenen Formen vorliegt, werden diese als allotrope Modifikationen bezeichnet.
9 Hermann Haering (Hrsg.), *Schwäbische Lebensbilder*, Band 2, Stuttgart 1941.
10 Zaponlacke.
11 Frederick Scott Archer (1813–1857) veröffentlichte das „Collodium-Naßverfahren" 1851. Es hatte den unschätzbaren Vorteil, daß eine Porträtsitzung nur 10 bis 20 Sekunden dauerte, während die Kunden bei Daguerre noch 20 Minuten stillsitzen mußten, damit die Aufnahme einigermaßen scharf wurde.
12 Celluloid ist ein Kunstwort aus Cellulose und -id (ähnlich).
13 Das Patent wurde John W. Hyatt 1869 erteilt, die Produktion künstlicher Billardkugeln lief bereits im selben Jahr an.
14 Mathias Schweizer (1818–1860) löste Nitrocellulose in einer wäßrigen Kupfersalzlösung auf, „Schweizers Reagens".
15 Graf Hilaire de Chardonnet (1839–1924). Die „Kunstseide" war immer noch leicht entflammbar und sehr teuer, sie hatte aber dennoch großen Erfolg.
16 Alfred Nobel (1833–1896), schwedischer Chemiker und Industrieller, Erfinder des Dynamits.
17 Joseph Wilbrand erfand das TNT 1863, aber erst 1891 wurde seine Eignung als Sprengstoff entdeckt.

Friedrich Wöhler, S. 214–232

1 Sauerstoff, von Carl Wilhelm Scheele 1772 entdeckt, s. S. 63.
2 Alessandro Graf Volta (1745–1827) hatte 1780 die Volta-Säule erfunden, die erste brauchbare Stromquelle für höhere Spannungen.
3 Karl Theodor Reichsfreiherr von Dalberg (1744–1817), Erzbischof von Mainz, Fürstprimas des Rheinbundes, ab 1810 Großherzog von Frankfurt.
4 Friedrich Adolf Wilhelm Diesterweg (1790–1861), Reformator des preußischen Volksschulwesens.
5 Georg Kahlbaum, *Ein Jugendbildnis in Briefen*, erschienen 1900.
6 Durch Umsetzung mit dem Wasser entsteht Wasserstoff, daher die violette Farbe.
7 Jod wurde 1811 von dem französischen Seifensieder Courtois in der Asche von Strandpflanzen entdeckt.
8 Friedrich Stromeyer (1776–1835).
9 Die Isolierung gelang 1817 aus dem bei der Schwefelsäureproduktion anfallenden „Bleikammerschlamm".

10 Vitriol ist die veraltete Bezeichnung für die Sulfate zweiwertiger Metalle (Eisen, Zink, Kupfer usw.).
11 „Über das Selen ...“, 1921veröffentlicht in *Gilberts Annalen*.
12 Blaue Malerfarbe aus Kaliumhexacyanoferrat.
13 Alte Bezeichnung für Hexacyanoferrate, früher hergestellt durch Glühen von eingetrocknetem Blut.
14 Später wurde diese Erscheinung für die Herstellung eines Scherzartikels, der bekannten „Pharaoschlange“, ausgenutzt.
15 Leopold Gmelin (1788–1853), Professor der Medizin und Chemie, bekannt durch das *Handbuch der theoretischen Chemie*, 1819. Das Gmelin-Institut der *Max-Planck-Gesellschaft* in Frankfurt trägt seinen Namen.
16 Kaliumtetraoxalat, Mittel zum Entfernen von Rost- und Tintenflecken, Textilhilfsmittel.
17 Mit allen Zeichen des Lobes.
18 Friedrich Wöhler, *Jugenderinnerungen eines Chemikers*, Berichte der Deutschen chemischen Gesellschaft, 8. Jg., Berlin 1875.
19 Nähere Beschreibung s. S. 147.
20 Hans Christian Örsted (1777–1851), nach dem früher die Einheit der magnetischen Feldstärke benannt war.
21 Der Name kommt von *alumen*, dem lateinischen Wort für Alaun. Das Doppelsalz Alaun wird schon seit Plinius' Zeiten in der Gerberei verwendet.
22 Die großtechnische Herstellung von Aluminium begann erst 1886 durch elektrolytische Zerlegung des Bauxits.
23 August Wöhler jr. verwaltete später das großväterliche Landgut in Rödelheim.
24 Die Choleraepidemie von 1831 erfaßte ganz Europa. Etwa ein Prozent der Bevölkerung fiel ihr zum Opfer.
25 Joseph Louis Gay-Lussac (1778–1850), Professor in Paris, Gasgesetze, „Gay-Lussac-Turm“ für die Schwefelsäurefabrikation, s. S. 115.
26 Jean Baptiste André Dumas (1800–1884), Professor der Chemie in Paris und Landwirtschaftsminister, Dampfdichtebestimmung nach Dumas.
27 Beryllium, entdeckt 1828, ist um ein Drittel leichter als Aluminium und wird u.a. für die Herstellung von Röntgenfenstern, Uhrfedern und chirurgischen Instrumenten verwendet.
28 Michael Faraday (1791–1867), englischer Naturwissenschaftler, s. S. 169.
29 Cocain wurde erstmals im Wöhlerschen Labor durch seinen Schüler Niemann isoliert.
30 siehe dazu Matthias Seefelder, *Opium*, München 1990.
31 Stoffwechselprodukt der höheren Tiere. Name von griechisch *xanthos* = gelb.
32 Aus dem in Indonesien und Peru wachsenden Chinarindenbaum (*chinona*).
33 Dihydroxybenzol, wird als Entwickler in der Photographie verwendet.
34 Ein sehr reaktionsfreudiger, ungesättigter Kohlenwasserstoff.

35 Christian Friedrich Schönbein (1799–1868), Professor der Chemie in Basel, s. S. 199.

36 Die Gedenktafel, gestaltet von dem Berliner Bildhauer E. Lürssen, ist an dem früheren chemischen Labor in Göttingen, Hospitalstraße 10, angebracht. Dort wohnte Wöhler von 1836 bis zu seinem Tod.

Justus von Liebig, S. 233–256

1 Das Rezept zur Herstellung der Knallerbsen kannten schon die alchemistischen Quacksalber. Der Branntwein diente als Reduktionsmittel zur Umwandlung von Silbernitrat zu Silberazid.

2 Die wörtlichen Zitate stammen aus Liebigs Briefen und seinen biographischen Aufzeichnungen.

3 Theodor Heuß in seiner Gedächtnisrede 1953.

4 Silberfulminat, Initialsprengstoff. Die Geschichte von der Explosion im Dachstuhl stammt von Liebigs späterem Schüler Carl Vogt. Ob sie den Tatsachen entspricht, ist nicht verbürgt.

5 Blaue bzw. grüne Kupfersalze für Malerfarben.

6 Carl W. G. Kastner (1783–1857), Professor in Heidelberg und Halle, ein Bekannter und Kunde von Liebigs Vater.

7 Joseph Louis Gay-Lussac (1778–1850), s.S. 115.

8 Liebigs Sprachkenntnisse reichten nicht aus, um seine Arbeit selbst vortragen zu können.

9 Alexander v. Humboldt (1769–1859), deutscher Naturforscher und Weltreisender.

10 Die Promotionsurkunde wurde bisher noch nicht gefunden.

11 Das heutige Liebigmuseum.

12 Die Analysenwaagen, damals noch ohne Dämpfung ausgestattet, waren das „Heiligtum der Chemiker".

13 Nach heutigen Maßstäben entsprach das einem Monatsgehalt von etwa 400 DM.

14 Erstmals 1847 durch den schottischen Arzt Sir J. Y. Simpson für Operationen verwendet. Nachdem 1853 Queen Victoria unter Zuhilfenahme von Chloroform entbunden worden war, nannte man das Mittel „*Narcose à la reine*".

15 Chloralhydrat wurde 1869 als Schlafmittel eingeführt, wegen seiner toxischen Wirkung aber bald von anderen Schlafmitteln verdrängt.

16 Organische Elementaranalyse mit Hilfe des „Fünfkugelapparats". Dieses von Liebig erfundene Gerät wurde später zum Wahrzeichen der Gießener Schule.

17 Die Mißernte von 1816 – „das Jahr ohne Sommer" – war die Folge eines gewaltigen Vulkanausbruchs in Indonesien (Tambora). Aschewolken hatten die gesamte Nordhalbkugel verfinstert und im Sommer die Reifung der Feldfrüchte verhindert. Den Zusammenhang zwischen dem Vulkanausbruch und der Mißernte hatte man damals noch nicht erkannt.

18 Erschienen 1840.
19 Jöns Jacob Berzelius (1779–1848), s. S. 141. Später ging die Freundschaft mit Liebig in die Brüche.
20 Erstmals 1843 von der englischen Firma *Muspratt & Co.* in Liverpool hergestellt und mit großem Werbeaufwand angepriesen.
21 Liebig beteiligte sich 1857 selbst an einer Superphosphatfabrik in Heufeld, Oberbayern.
22 Theodor Heuß in seiner Gedenkrede 1953.
23 Liebig war seit 1826 mit Henriette Moldenhauer, der Tochter eines Hofkammerrats in Darmstadt, verheiratet. Das Ehepaar hatte fünf Kinder.
24 James Muspratt, Sodafabrikant in Liverpool, war mit der Familie Liebig befreundet.
25 Gegründet 1832 als *Liebigs Annalen der Pharmacie.*
26 Die Verarbeitung von Fleisch in Dosenkonserven und der Transport in Kühlwaggons war zu jener Zeit noch unbekannt.
27 Die lithographische Schnellpresse, erstmals 1869 in Paris eingesetzt, ermöglichte eine Massenherstellung farbiger Drucksachen. Für die Liebig-Sammelbilder wurde 1872 ein besonders aufwendiges, chromolithographisches Spezialverfahren mit 12 Farben plus Gold oder Silber verwendet.
28 Die bekanntesten öffentlichen Vorlesungen hielten Sir Humphry Davy (1778–1829), s.S. 126, und sein Schüler Michael Faraday (1791–1867), s.S. 169.
29 Gemahlin von König Ludwig I.
30 Liebig hatte das Glasgefäß bei seinem Kollegen Warrington in London entdeckt.
31 Mit einer kleinen verschließbaren Öffnung für das Fischfutter.
32 Königin Maria von Bayern, Gemahlin Max II. (1811–1864).
33 1861 wurde im Pariser Zoo ein festes Aquarienhaus gebaut, 1869 folgte der Zoologische Garten Berlin.
34 Zitat aus Alois Schenzinger, Anilin, Berlin 1937.
35 Seit 1844.
36 Jakob Grimm (1785–1863), Sprach- und Literaturwissenschaftler.
37 Die Herstellung des ersten löslichen Kaffee-Extrakts gelang 1936 dem Schweizer Lebensmittelchemiker Max Morgenthaler (1901–1980) durch Sprühtrocknung.

Literaturverzeichnis

1. Geschichte der Chemie, allgemein

Brock, William: Viewegs Geschichte der Chemie. Wiesbaden 1997
Deutsches Museum (Hg.): Reihe Kulturgeschichte der Naturwissenschaften und der Technik, Reinbek bei Hamburg 1985

Krätz, Otto: Faszination Chemie, 7000 Jahre Kulturgeschichte der Stoffe und Prozesse. München 1990
Lexikon der Naturwissenschaften. Heidelberg 1996
Osteroth, Dieter: Soda, Teer und Schwefelsäure. Der Weg zur Großchemie, Hamburg 1985
Paturi, Felix: Chronik der Technik. Dortmund 1988
Strube, Wilhelm: Der historische Weg der Chemie. Leipzig 1989
Trueb, Lucien F.: Die chemischen Elemente, ein Streifzug durch das Periodensystem. Stuttgart 1996

2. Biographische Sammelwerke

Bugge, Günther (Hg.): Das Buch der großen Chemiker. 2 Bände, Berlin 1930, Nachdruck Weinheim 1965
Falkenhagen, Hans: Die Naturwissenschaft in Lebensbildern. Stuttgart 1948
Heinig, Karl (Hg): Biographien bedeutender Chemiker. Berlin 1968
Krafft, Fritz: Große Naturwissenschaftler. Von Thales bis Heisenberg. Biographisches Lexikon (mit Bibliographie), Düsseldorf 1995
Ostwald, Wilhelm: Große Männer. Band 1, Leipzig 1919
Pötsch, Winfried: Lexikon bedeutender Chemiker. Frankfurt 1989
Sachtleben, Rudolf und Armin Hermann: Große Chemiker. Stuttgart 1960

3. Einzelbiographien (Auswahl)

Berzelius

Dunsch, Lothar: Jöns Jakob Berzelius, Biographien hervorragender Naturwissenschaftler, Band 85. Leipzig 1986.
Jorpes, Johan E.: Berzelius, his life and work. Berkeley 1970
Söderbaum, Henrik: Berzelius. In : G. Bugge (s. o. unter 2), Band I

Böttger

Bott, Gerhard (Hg.): Böttgersteinzeug und frühes Meißener Porzellan. Ausstellung im Germanischen Nationalmuseum Nürnberg, 1982
Goder, W.: Die Erfindung des europäischen Porzellans. Leipzig 1982
Hoffmann, Klaus : Johann Friedrich Böttger. Berlin 1990
VEB Porzellan (Hg.): Frühzeit und Gegenwart. J. F. Böttger zum 300. Jahr der Entdeckung des Porzellans. Festschrift, Dresden 1982
Zimmermann, Ernst: Die Erfindung des Meissener Porzellans. Berlin 1908

Cavendish

Berry, Arthur John: Henry Cavendish. His life and scientific work. London 1962
Lockemann, Georg: Cavendish. In: Bugge (s. o. unter 2), Band I
Wilson, George: The Life of the Honourable Henry Cavendish. London 1851

Dalton
Dalton, Jonathan: My brother John. 1996
Ostwald, Wilhelm: Dalton. In: Bugge (s. o. unter 2), Band I
Partington, James Riddick: John Dalton. Endeavour 1948
Patterson, Elisabeth: Dalton and the Atomic Theorie. New York 1970
Thackray, Arnold: John Dalton. Critical assessment of his life and science. Cambridge 1972

Davy
Crowther, James Gerald: Große englische Forscher. Berlin 1948, S. 15–74
Dunsch, Lothar: Humphry Davy. In: Biographien hervorragender Naturwissenschaftler, Band 62. Leipzig 1982
Knight, David: Humphry Davy, science and power. Oxford 1992
Ostwald, Wilhelm: Davy. In: Bugge (s. o. unter 2), Band I

Döbereiner
Linke, Dietmar: Johann Wolfgang Döbereiner und sein Beitrag zur Chemie. In: *Zeitschrift für Chemie* 21/1981, S. 309
Mittasch, Paul Alwin: Döbereiner, Goethe und die Katalyse. Stuttgart 1951
Mittasch, Paul Alwin und E. Theis: Von Davy bis Deacon. Berlin 1932
Prandtl, Wilhelm: Deutsche Chemiker in der 1. Hälfte des 19. Jahrhunderts. Weinheim 1956

Faraday
Hermann, Armin: Faraday. In: *Bild der Wissenschaft* 9/1967, S. 649
Hermann, Armin: Michael Faraday. In: Die Großen der Weltgeschichte. München 1975, S. 517
Lemmerich, Jost: Michael Faraday, Erfinder der Elektrizität. München 1991
Schütz, Wilhelm: Michael Faraday. Leipzig 1982
Williams, L. Pearce: Michael Faraday. A Biography. London 1965

Gay-Lussac
Bloch, Max: Gay-Lussac und Thenard. In: Bugge (s. o. unter 2), Band I
Lehmann, Klaus Dieter: Gay-Lussac. In: *Bild der Wissenschaft* 9/1978, S. 78

Glauber
Gugel, Kurt: Johann Glauber. Kurzer Abriß. Feier zum 350. Geburtstag, Karlstadt 1954
Link, Arnulf: Glauber. Leben und Werk. Dissertation 1993, Universität Heidelberg
Walden, Paul: Glauber. In: Bugge (s. o. unter 2), Band I

Klaproth
Bugge, Günther: Klaproth. In: Bugge (s. o. unter 2), Band I

Dann, Georg: Martin Heinrich Klaproth. Ein deutscher Apotheker. Berlin 1958
Engel, Michael (Hg.): Von der Phlogistik zur modernen Chemie. Symposium, Berlin 1994
Schütz, Hans-Werner: In: *Chemie in unserer Zeit* 2/ 1989, S. 50

Lavoisier
Poirier, Jean-Pierre: Antoine Laurent de Lavoisier. Paris 1993
Speter, Max: Lavoisier. In: Bugge (s. o. unter 2), Band I
Szabadvary, Ferenc: Biographien hervorragender Naturwissenschaftler, Band 84, Leipzig 1987
Szabadvary, Ferenc: Lavoisier, der Forscher und seine Zeit. In: Große Naturforscher, Band 36, 1973

Leblanc
Bloch, Max: Leblanc. In: Bugge (s. o. unter 2), Band I
Osteroth, Dieter: Soda, Teer und Schwefelsäure. Hamburg 1985
Schelenz, Hermann: Leblanc. In: *Chemiker Zeitung* 31/1907, S. 29
Schelenz, Hermann: Leblanc. In: *Chemische Industrie* 40/1917, S. 278

Liebig
Brock, William: Liebig und Hofmann in ihren Briefen. Weinheim 1984
Kohnt, Adolph: Justus von Liebig. Gießen 1904
Krätz, Otto: Liebig. In: Kurt Fassmann: Die Großen der Weltgeschichte. München 1975, S. 692
Paolini, Carlo: Justus v. Liebig. Bibliographie sämtlicher Veröffentlichungen. Heidelberg 1968
Volhard, Jacob: Justus v. Liebig. 2 Bände, Leipzig 1909
Runge
Harsch, Günther und Heinz Bussemas: Bilder, die sich selber malen. Köln 1985
Rehberg, Max: Friedlieb Ferdinand Runge, der Entdecker der Teerfarben. Oranienburg 1935
Runge, Friedlieb Ferdinand: Hauswirthschaftliche Briefe. Berlin 1866, Nachdruck Leipzig 1988
Schwenk, Ernst F.: Spielereien eines genialen Erfinders. *Hoechst Heute* 93, S. 44
Zahn, Joachim: Dr. Gift und die ersten Anilinfarbstoffe. Bayer-Berichte 1985, S. 47

Scheele
Cassebaum, Heinz: Carl Wilhelm Scheele. Biographien hervorragender Naturwissenschaftler, Band 58, Leipzig 1982
Lockemann, Georg: In: Bugge (s. O. unter 2) Band I

Lockemann, Georg: Carl Wilhelm Scheele als Mensch und Forscher. In: *Pharmazeutische Zeitung* Nr. 48/1981, S. 604
Poth, Peter: Festschrift der Stadt Stralsund. Greifswald 1934, S. 91
Schwedt, Georg: Auf dem Weg von der Alchemie ... In: *Chemie Labor Betrieb*, 37/1986, S. 216
Zekert, Otto: Carl Wilhelm Scheele. In: Große Naturforscher, Band 27, Stuttgart 1963

Schönbein
Christian Friedrich Schönbein, 150 Jahre Entdeckung des Ozons. Sonderreihe A der Metzinger Heimatblätter, 1989
Färber, Eduard: Schönbein. In: Bugge (s. o. unter 2), Band I, S. 458
Hermann, G.: Schönbein, Entdecker des Ozons. In: *Zeitschrift für Meteorologie* 32/1982
Kahlbaum, Georg und E. Schaer: Christian Friedrich Schönbein. Leipzig 1899/1901
Schwedt, Georg: Schönbein. In: *Chemie für Labor und Betrieb* 8/1986, S. 396

Wöhler
Valentin, Johannes: Friedrich Wöhler. Große Naturforscher, Band 7, Stuttgart 1949
Winderlich, Rudolf/Wöhler: In: Bugge (s. o. unter 2), Band I
Wöhler, Friedrich: Jugenderinnerungen eines Chemikers. Berlin 1875

Abbildungsverzeichnis

Personen- und Sachregister

Kursive Zahlen verweisen auf Abbildungen zum Stichwort